Methodik zur Gestaltung des Wiederanlaufs der Lithium-Ionen-Batteriezellproduktion

Methodology for Designing Re-Ramp-Up in Lithium-Ion Battery Cell Production

Von der Fakultät für Maschinenwesen
der Rheinisch-Westfälischen Technischen Hochschule Aachen
zur Erlangung des akademischen Grades eines
Doktors der Ingenieurwissenschaften
genehmigte Dissertation

vorgelegt von

Mario Marcel Kehrer

Berichter/in:

Univ.-Prof. Dr.-Ing. Achim Kampker, MBA
apl. Prof. Dr.-Ing. Dipl.-Wirt.-Ing. Heiner Hans Heimes

Tag der mündlichen Prüfung: 03. November 2023

ERGEBNISSE AUS DER ELEKTROMOBILPRODUKTION

Mario Kehrer

Methodik zur Gestaltung des Wiederanlaufs der Lithium-Ionen-Batteriezellproduktion

Herausgeber:
Univ.-Prof. Dr.-Ing. Achim Kampker, MBA

Band 27

PEM | RWTH AACHEN UNIVERSITY

Bibliografische Information der Deutschen Nationalbibliothek
Die Deutsche Nationalbibliothek verzeichnet diese Publikation in der Deutschen Nationalbibliografie; detaillierte bibliografische Daten sind im Internet über https://portal.dnb.de abrufbar.

Mario Kehrer:

Methodik zur Gestaltung des Wiederanlaufs der Lithium-Ionen-Batteriezellproduktion

1. Auflage, 2023

Gedruckt auf holz- und säurefreiem Papier, 100% chlorfrei gebleicht.

Wissenschaftsverlag des Instituts für Industriekommunikation und Fachmedien
an der RWTH Aachen
Steinbachstr. 25, 52074 Aachen
Internet: www.apprimus-verlag.de, E-Mail: info@apprimus-verlag.de

Druck: CPI Druckdienstleistungen GmbH, Ferdinand-Jühlke-Straße 7 I 99095 Erfurt

ISBN 978-3-98555-192-7

D 82 (Diss. RWTH Aachen University, 2023)

Vorwort

Die vorliegende Arbeit entstand während meiner Zeit als wissenschaftlicher Mitarbeiter am Chair of Production Engineering of E-Mobility Components der Rheinisch-Westfälischen Technischen Hochschule Aachen.

Mein ausdrücklicher Dank gilt Herrn Professor Achim Kampker für die Möglichkeit der Promotion sowie das in mich gesetzte Vertrauen. Hervorheben möchte ich das von ihm geschaffene, einzigartige Umfeld der Elektromobilitätsforschung, welches mich für meine Promotion nach Aachen brachte. Mein besonderer Dank gilt Herrn Professor Heiner Heimes für die Übernahme des Koreferats sowie die Förderung meiner Leistung und persönlichen Entwicklung, die eine grundlegende Voraussetzung für die Entstehung der vorliegenden Arbeit war. Weiterhin danke ich Herrn Professor Stefan Pischinger für die Übernahme des Vorsitzes sowie Herrn Professor Robert Schmitt für die Übernahme des Beisitzes.

Wesentlich zur Entstehung dieser Arbeit beigetragen hat der intensive wissenschaftliche Diskurs mit den Kolleginnen und Kollegen. Stellvertretend möchte ich mich insbesondere bei Dr. Christoph Schön, Dr. Andreas Haunreiter, Dr. Saskia Wessel, Dr. Ansgar vom Hemdt, Dr. Christian Offermanns, Benjamin Dorn und Moritz Frieges bedanken. Für die gegenseitige Motivation unter der sich fortwährend verändernden Arbeitssituation danke ich Esben Schukat, Dr. Patrick Treichel, Sven Windau, Moritz Beyer, Dr. Ruben Förstmann und Falko Fiedler. Außerdem möchte ich mich bei meinen Abschlussarbeiterinnen und Abschlussarbeitern sowie studentischen Mitarbeiterinnen und Mitarbeitern, stellvertretend bei Jannick Fiedler, Simon Theres und Stefan Strobel für ihren unermüdlichen Einsatz bedanken. Herzlichst danke ich Dr. Felix Kempf, Christopher Bockel genannt Rickermann, Marcel Laux und Basil Gnädinger für den gegenseitigen Ansporn und die gemeinsame Studienzeit in der Universitätsbibliothek, welche den Grundstein für diese Arbeit gelegt haben.

Mein größter Dank gilt meiner Familie, vor allem meinen Eltern und meinem Bruder für ihren Rückhalt sowie das Schaffen eines geborgenen Umfeldes. Meinen Großeltern danke ich dabei für die frühe Motivation zur Bildung. Diese Arbeit widme ich meiner Familie, ohne ihre bedingungslose Unterstützung wäre sie nicht möglich gewesen.

Aachen, im November 2023

Mario Kehrer

Kurzfassung

Seit einigen Jahren befindet sich die Automobilindustrie in einem disruptiven Wandel hin zur Elektromobilität, bei der die Fahrzeuge mit gespeicherter Energie aus Lithium-Ionen-Batteriezellen versorgt werden. Der Bedarf an Batteriezellen steigt mit der Anzahl produzierter Fahrzeuge. Gleichzeitig wird die Batterietechnologie weiterentwickelt, sodass die Fertigung adaptierbar sein muss. Während der Produktion von Batteriezellen mit neuer Zellchemie oder neuem Zellformat fällt insbesondere beim Wiederanfahren der Fertigungslinie nach Unterbrechungen aufgrund einer nicht kontinuierlichen Prozessführung oder eines Produktwechsels Ausschuss an.

Daraus leiten sich der Handlungsbedarf und die Zielsetzung zur Reduktion des Ausschusses beim Wiederanlauf der Produktion von aktuellen und zukünftigen Lithium-Ionen-Batteriezellen ab. Die Untersuchung der Literatur auf bestehende Lösungsansätze zeigt, dass keine vollständige Lösung in den Handlungsfeldern der Anlauforganisation, der Prozessqualität und der Prozessgestaltung vorliegt. Aus diesem Grund wird eine Methodik zur Gestaltung des Wiederanlaufs der Lithium-Ionen-Batteriezellproduktion in drei Modulen erarbeitet.

Im ersten Modul werden die Prozesskette der vorliegenden Fertigungslinie aufgenommen sowie Produktspezifikationen untersucht und damit die Qualitätsmerkmale der Batteriezelle definiert. Im zweiten Modul werden die Wirkzusammenhänge zwischen den Stellgrößen als Prozessparameter und den Spezifikationen als Qualitätsmerkmale mit Wirknetzen analysiert. Für die einzelnen Prozessschritte und den Prozessverbund werden das Anlaufverhalten und die resultierende Produktivität in Produktionsleistungsgraphen untersucht. Dabei wird als Zielsetzung des Wiederanlaufs formuliert, die Wiederanlaufzeit und die Produktionsqualität zu verbessern. Als Analyseergebnis werden aus den Wirkzusammenhängen Qualitätskennfelder und aus den Produktionsleistungsgraphen Hochlaufkurven modelliert. Mit einer im Rahmen dieser Methodik entwickelten Isolinienwanderung in den Qualitätskennfeldern werden die Hochlaufkurven optimiert. Das letzte Modul dient der Überführung des Wiederanlaufmodells in einen Programmcode und der anschließenden Überprüfung des Optimierungsergebnisses. Abschließend wird die Methodik in der Praxis an einer Batteriezellproduktion validiert.

Abstract

For several years the automotive industry has been undergoing a disruptive shift towards electromobility where vehicles are powered by stored energy from lithium-ion battery cells. The demand for battery cells is increasing with the number of vehicles produced. At the same time battery technology is evolving and therefore manufacturing processes must be adaptable. During the production of battery cells of new cell chemistries or cell formats, scrap accumulates, especially when the production line is restarted after interruptions due to non-continuous manufacturing processes or a product change.

For this reason there is action required and the objective for reducing rejects during the re-ramp-up of production of current and future lithium-ion battery cells is derived. For this purpose, the literature is examined for existing solution approaches, whereby no complete solution is available in the fields of action of start-up organisation, process quality and process design. For this reason, a methodology for planning re-ramp-up in lithium-ion battery cell production is developed in three modules.

In the first module, the process chain of the existing production line is identified and product specifications are investigated for defining the quality characteristic of the battery cell. In the second module, the interdependencies between the control variables as process parameters and the specifications as quality characteristics are analysed with causal charts. For the individual process steps and the process chain, the start-up behaviour and the resulting productivity are examined in production performance graphs. The objective of the restart is to improve the re-ramp-up time and the production quality. As a result of the analysis, quality maps are modelled from the interdependencies and re-ramp-up curves from the production performance graphs. The re-ramp-up curves are optimised with an isoline migration in the quality maps developed within this methodology. The final module serves to transfer the re-ramp-up model into a programme code and to subsequently check the optimisation result. Finally, the methodology is validated on a battery cell production line.

Inhaltsverzeichnis

Abbildungsverzeichnis

Tabellenverzeichnis

Abkürzungsverzeichnis

ASI	American Supplier Institute
BMWK	Bundesministerium für Wirtschaft und Klimaschutz
BMBF	Bundesministerium für Bildung und Forschung
CATL	Contemporary Amperex Technology Co., Limited
CC	Constant Current für einen konstanten Strom in der Formierung
CE	Concurrent Engineering
CID	Current Interrupt Device, im Kontext der Rundzelle
CV	Constant Voltage für eine konstante Spannung in der Formierung
DIN	Deutsches Institut für Normung
eLab	Elektromobilitätslabor der RWTH Aachen
EUCAR	European Council for Automotive R&D
HT	Hochtemperatur im Produktionsschritt Aging
InTeAn	Intelligente Anlaufsteuerung, ein Projekt des Kompetenzclusters Intelligente Batteriezellproduktion
InZePro	Intelligente Batteriezellproduktion, ein Kompetenzcluster des Bundesministeriums für Bildung und Forschung
LFP	Lihtium-Eisen-Phosphat, im Kontext der Elektrodenchemie
MATLAB	Matrizen Laboratorium; Software der Firma MathWorks Inc.
NCA	Nickel-Cobald-Aluminiumoxid, im Kontext der Elektrodenchemie
NMC	Nickel-Mangan-Cobald, im Kontext der Elektrodenchemie
OEE	Overall Equipment Effectiveness
OEM	Original Equipment Manufacturer
PDU	Power Distribution Unit
PEM	Production Engineering of E-Mobility Components, im Kontext des Lehrstuhls der RWTH Aachen
PEP	Produktentstehungsprozess
PP	Prozessparameter
PTC	Positive Temperature Coefficient (englisch), auf deutsch positiver Temperaturkoeffizient, im Kontext eines Widerstands
Q	Qualitätsabhängigkeit im Kontext der Qualitätsabhängigkeitsmatrizen (Q-Matrizen)
QFD	Quality Function Deployment
QM	Qualitätsmerkmal
RT	Raumtemperatur im Produktionsschritt Aging

RWTH	Rheinisch-Westfälische Technische Hochschule
SE	Simultaneous Enginnering
SEI	Solid Elektrolyte Interface
SOP	Start of Production, ein Meileinstein im Produktionsanlauf
VDI	Verein Deutscher Ingenieure
VDMA	Verband Deutscher Maschinen und Anlagenbauer
v. l. n. r.	von links nach rechts

Symbolverzeichnis

Lateinische Zeichen

a	Steigungsparameter des logistischen Wachstums
A	Formeleinheit der gewählten Anodenchemie
A_{ideal}	Fläche der maximalen Produktivität ohne Wiederanlauf, im Kontext der Wiederanlaufkurven
$A_{no-scrap}$	Fläche der Ausschussvermeidung durch den optimierten Wiederanlauf, im Kontext der Wiederanlaufkurven
c	Verschiebungskonstante für die Verschiebung des Wendepunkts einer Wachstumskurve
c_j	Koeffizient j der Einflussgleichung
$c_{j,i}$	Koeffizient j der Einflussgleichung auf die Ausgangsgröße i
c_0	Absolutglied der Regressionsgleichung
$c_{0,i}$	Absolutglied des Versuchspunkts i
$\overrightarrow{c}$	Vektor der Koeffizienten $c_{j,i}$, im Kontext der Regressionsanalyse
$d(t)$	Störgröße einer Regelstrecke
e_i	Fehlerterm des Versuchspunkts i
$e(t)$	Regelabweichung einer Regeleinrichtung
$\overrightarrow{e}$	Vektor der Fehlerterme e_i
$f_{QM_i}(\overrightarrow{x})$	Funktion des Qualitätsmerkmals i in Abhängigkeit von dem Prozessparametervektor $\overrightarrow{x}$, im Kontext der Q-Graphen
F	Fehlerquadrate als Summe der Fehlerquadrate e_i^2
i	Fortlaufende Zählvariable, kontextabhängig
j	Fortlaufende Zählvariable, kontextabhängig
k	Fortlaufende Zählvariable, kontextabhängig
K	Formeleinheit der gewählten Kathodenchemie
$LiPF_6$	Lithium hexafluorophosphate englisch, auf deutsch Lithiumhexafluorophosphat
$LiCoO_2$	Lithium cobalt(III) oxide englisch, auf deutsch Lithium-Kobalt(III)-oxid
m	Fortlaufende Zählvariable, kontextabhängig, auch Anzahl der Stufen eines Versuchsplans
n	Fortlaufende Zählvariable, kontextabhängig, auch Anzahl der Versuchspunkte im Versuchsplan

N	Stückzahl im Zusammenhang mit der Produktionsleistung
p	Fortlaufende Zählvariable, kontextabhängig, auch Anzahl der Faktoren im Modell, für das ein Versuchsplan erstellt wird
Q	Qualitätskennfeld, im Kontext des Wiederanlaufmodells auch Q-Graph
Q_e	Verkettungsmatrix der Qualitätsabhängigkeitsmatrizen, im Kontext der Wirkzusammenhänge
Q_x	Qualitätsabhängigkeitsmatrix, im Kontext der Wirkzusammenhänge lokaler Qualitätsmerkmale
Q_z	Qualitätsabhängigkeitsmatrix, im Kontext der Wirkzusammenhänge globaler Qualitätsmerkmale
r	Anzahl der Prozessparameter, die auf ein Qualitätsmerkmal wirken
$\overrightarrow{r}$	Residuenvektor der Modelltreue
R^2	Bestimmtheitsmaß über die Güte eines Regressionsmodells
R^2_{korr}	korrigiertes Bestimmtheitsmaß über die Güte eines Regressionsmodells
S	Suchfeld mit Prozessparameterkonfigurationen, im Kontext der Isolinienwanderung
t	Variable für die Zeit
$u(t)$	Stellgröße einer Regelstrecke, die beeinflussbar ist
x	Laufvariablen für die Zeit
$x_{j,i}$	Werte der unabhängigen Variable j des Versuchspunkts i
x_t	Hochlaufdauer, bis die Produktivität den Zielwert y_t erreicht hat
$\overrightarrow{x}$	Prozessparametervektor aller Prozessparameterwerte x_j
$\overrightarrow{x_k}$	Prozessparametervektor im Versuchspunkt k, im Kontext der Messdatenaufnahme
X	Modellmatrix der unabhängigen Variable $x_{j,i}$
y	Produktivität, die dem logistischen Wachstum folgt
y_t	Zielwert des Qualitätsmerkmals (Produktivitätsziel) zum Zeitpunkt der Hochlaufdauer x_t
y_0	Startwert des Qualitätsmerkmals (Startproduktivität)
$y(t)$	Regelgröße einer Regelstrecke, die messbar ist
z_i	abhängige Variable des Versuchspunkts i
$z_i(\overrightarrow{x})$	Wert des Messpunktes i in Abhängigkeit von dem Prozessparametervektor $\overrightarrow{x}$
$z_{QM_i,k}$	Messwert des Qualitätsmerkmals i zur Prozessparameterkonfiguration k, im Kontext der Messdatenaufnahme
$\overrightarrow{z}$	Vektor der abhängigen Variable für alle Versuchspunkte
Z	Wert der zeitlichen Relevanz eines Prozessparameters, im Kontext der Isolinienwanderung

Griechische Zeichen

δ	Toleranzgabe in Prozent zur Weite des Qualitätskorridors, im Kontext der Isonlinienwanderung
δ_{UG}	Untere Toleranzgrenzen eines Qualitätsmerkmals, im Kontext der Isolinienwanderung
δ_{OG}	Obere Toleranzgrenzen eines Qualitätsmerkmals, im Kontext der Isolinienwanderung
Ψ	Potenzial zur Verbesserung der Ausbringung, im Kontext der Wiederanlaufkurven
$\omega(t)$	Führungsgröße eines Regelkreises in Abhängigkeit von der Zeit t

1 Einleitung

Ein schneller Produktionsanlauf ist Voraussetzung für eine wirtschaftliche Lithium-Ionen-Batteriezellproduktion.[1] Wegen der Weiterentwicklungen in der Produktarchitektur verändern sich sowohl die Batteriesysteme also auch die Batteriezellen.[2] Dies führt zu Wiederanläufen auf bestehenden Batteriezellproduktionslinien, wobei Ausschuss anfällt.[3] Neben der Produktarchitektur ist die Optimierung des Produktionsprozesses maßgebend, die gleichzeitig Voraussetzung für eine nachhaltige Batteriezellproduktion ist.[4] Für die Optimierung soll der Produktionsprozess der Lithium-Ionen-Batteriezellproduktion analysiert und für den Wiederanlauf parametriert werden.

In Kapitel 1.1 werden die Ausgangssituation und die Problemstellung dargestellt. Die vorhandenen Problemstellungen münden in Kapitel 1.2 in einer Zielsetzung für diese Arbeit. In Kapitel 1.3 wird die wissenschaftlichen Einordnung vorgenommen und die notwendige Forschungskonzeption erarbeitet. Daraus wird in Kapitel 1.4 die zentrale Forschungsfrage formuliert und in Teilforschungsfragen gegliedert. Der Aufbau der Arbeit wird darauf in Kapitel 1.5 beschrieben.

1.1 Ausgangssituation

Die nachhaltige Mobilität ist eine der wichtigsten Maßnahmen gegen den Klimawandel, um die kontinuierlich steigenden Emissionen der Menschen auf der Erde zu reduzieren.[5] Die Batterie gilt als Hauptbestandteil der Dekarbonisierung des Straßenverkehrs und Beschleuniger der Energiewende.[6] Für die Fahrzeugmontage müssen Batteriepacks und die darin zu verbauenden Batteriezellen produziert werden.[7] Zur Produktion der Batteriezellen müssen neben der Gewinnung von Rohmaterialien auch Produktionskapazitäten geschaffen werden. Um den zukünftigen Bedarf an Batteriezellen zu decken, wird die Produktionskapazitäten in Bezug auf das Jahr 2020 um einen Faktor größer 50 steigen.[8] Weltweit wird bis 2030 ein jährlicher Zuwachs von 30 % der Produktionskapazitäten für

[1] Vgl. Heimes et al. (Battery Atlas), 2022, S. 7
[2] Vgl. Kampker et al. (Battery System Architectures), 2023 S. 2
[3] Vgl. Kehrer et al. (Rejects in Production), 2021, S. 5
[4] Vgl. BMWK (Forschung Batteriezellfertigung), 2021, S. 1
[5] Vgl. Europäische Kommission (Europäischer Güner Deal), 2019, S. 12
[6] Vgl. Roland Berger und PEM der RWTH Aachen (Battery Monitor 2022), 2022, S. 5
[7] Vgl. Sarovic (Variantenrobuste Produkt-Produktionssysteme), 2018, S. 21
[8] Vgl. Heimes et al. (Battery Atlas), 2022, S. 7

Lithium-Ionen-Batterien erwartet.[9] Die Hersteller der Batteriezellen müssen folglich in kurzer Zeit neue Werke aufbauen und Produktionslinien installieren. Gleichzeitig findet eine rasante Weiterentwicklung der Batteriezelle statt, sodass in der Produktion zukunftsfähige Fertigungstechnologien eingesetzt werden müssen, um auch neue Zelltechnologien produzieren zu können. In Werken, die zunächst kleine Stückzahlen und dafür eine hohe Produktvielfalt abdecken wollen, sind häufige Wiederanläufe notwendig.[10] Auch Fabriken mit großen Stückzahlen müssen sich darauf einstellen, dass parallel zur steigenden Nachfrage an Batteriezellen durch die Automobilindustrie neue Batterietechnologien erforscht werden, die produziert werden müssen.[11] Dabei findet die Evolution der Batteriezelle entweder in den verwendeten Materialien, d. h. der Zellchemie, oder in den Dimensionen, d. h. dem Zellformat, statt. So hat sich beispielsweise die Batteriezelle des BMW i3 auf Basis der Zellchemie in der Menge an speicherbarer Energie verändert, d. h. die Kapazität der Zelle wurde von ursprünglich 60 Ah auf 94 Ah und schließlich auf 120 Ah pro Zelle weiterentwickelt.[12] Bei den anderen Elektrofahrzeugen wurden die Zellformate gewechselt. Die Firma TESLA, INC. hat das verwendete Zellformat ihrer Batteriezellen angepasst.[13] Dafür werden immer größere Rundzellen von einer 18650 zu einer 21700 hin zu einer 4680 sowie prismatischen Batteriezelle eingesetzt.[14] Eine vom effizienten Wiederanlauf abhängige Strategie ist die Entwicklung und Produktion der Einheitszelle der VOLKSWAGEN AG, die Einsparungen durch eine Optimierung im Zellformat, in den Produktionstechnologien und dem Recycling hat.[15] Mit der Wahl eines festen Zellformats wird die Zellchemie in Abhängigkeit von dem Fahrzeugtyp und für Innovationen in der Elektrochemie adaptiert.[16] Damit werden neue Materialien auf Fertigungslinien nach einem Wiederanlauf prozessiert. Zusätzlich wird deutlich, dass ein Automobilhersteller innerhalb einer Fahrzeuggeneration auf existierenden Linien neue Generationen von Batteriezellen verbaut. Das setzt voraus, dass der Fahrzeughersteller selbst oder ein Batteriehersteller innerhalb dieser Zeit ein neues Produkt entwickelt und produziert. Diese kurzen Entwicklungszyklen stellen die Batteriehersteller vor große Herausforderungen hinsichtlich des Prozessausschusses, der in der Fertigung von unreifen Produkten entsteht. Unabhängig von der Änderung der Produktspezifikation einer Batteriezelle fällt bei jedem Wiederanlauf Ausschuss im Produktionsprozess an.[17] Um eine Batteriezelle mit möglichst wenig Ausschuss zu fertigen, muss die **Unterstützung eines variantenrobusten Wiederanfahrprozesses der Lithium-Ionen-Batterieproduktion** möglich sein. Insgesamt

[9] Vgl. McKinsey & Company und Global Battery Alliance (Battery 2030), 2023, S. 2
[10] Vgl. Kehrer et al. (Rejects in Production), 2021, S. 3
[11] Vgl. Michaelis et al. (Roadmap Batterieproduktionsmittel 2030), 2023, S. 15
[12] Vgl. BMW Group (Datenblatt BMW i3), 2016, S. 1; BMW Group (Datenblatt BMW i3 und i3s), 2018, S. 1, S. 3
[13] Vgl. Tesla, Inc. (Tesla Impact Report), S. 66; Tesla, Inc. (Tesla Impact Report), S. 21
[14] Rundzellenbezichnung 18650, 21700, 4680: Die ersten zwei Ziffern definieren den Durchmesser und die folgenden zwei Ziffern die Länge der Zelle in Millimetern (siehe Kapitel 2.1.2)
[15] Vgl. Volkswagen AG (Power Day Pressemitteilung), 2021, S. 3
[16] Vgl. Volkswagen AG (Power Day Präsentation), 2021, S. 33
[17] Vgl. Kehrer et al. (Rejects in Production), 2021, S. 5

kann als Ausgangssituation zusammengefasst werden, dass es sich bei der Lithium-Ionen-Batteriezelle um eine Technologie handelt, die sich sowohl in der Zellchemie als auch im Format rasant verändert und zu häufigen Produktionsanläufen führt. Aufgrund der nicht vollumfänglich erfassten Wirkzusammenhänge zwischen den Prozessparametern und dem Produkt resultiert als Kernherausforderung der Lithium-Ionen-Batteriezellproduktion die Reduzierung des hohen Ausschusses.

1.2 Zielsetzung

Der Betrieb von Produktionslinien unreifer Technologien ist mit einem hohen Prozessausschuss verbunden. Insbesondere dann, wenn die Lithium-Ionen-Batteriezellen noch nicht standardisiert sind oder sich häufig in der Komposition ihrer Materialien oder in den Dimensionen und somit in den Spezifikation ändern. Neben dem Prozessausschuss in der produzierenden Linie gibt es in der Lithium-Ionen-Batteriezellfertigung Wiederanlaufverluste, die sich aus dem Abschalten der Linie aufgrund eines Variantenwechsels oder einer Fertigungsunterbrechung wegen eines Fehlers oder einer batchweisen Komponentenbereitstellung ergeben. Im Bereich der Kleinserie belaufen sich die Wiederanlaufverluste auf mehr als 40 % des gesamten Ausschusses.[18] Daraus wird deutlich, dass jedes Anfahren in der Anlagenparametrisierung und der Einschaltreihenfolge untersucht werden muss. Damit an der existierenden Fertigungslinie möglichst wenig Veränderungen an den Maschinen und Anlagen vorgenommen werden müssen, muss die Wiedereinschaltreihenfolge optimal ausgelegt werden. Das übergeordnete Ziel dieser Arbeit lässt sich folgendermaßen formulieren:

Aufbau einer Methodik zur Gestaltung des Wiederanlaufs der Lithium-Ionen-Batteriezellproduktion

Diese Zielsetzung wird für die Umsetzung in die folgenden drei Teilziele untergliedert:

I. *Identifikation aller relevanten Qualitätsmerkmale und Stellgrößen des Gesamtprozesses,*

II. *Ausschussoptimierte Auswahl der Einschaltreihenfolge von Fertigungsfolgen beim Wiederanfahren einer Lithium-Ionen-Batteriezellproduktion,*

III. *Gestaltung des Wiederanlaufs der Lithium-Ionen-Batteriezellproduktion.*

Aus den ersten beiden Teilzielen wird deutlich, in welchen Schritten das Ziel erreicht werden kann. Das erste Teilziel fordert, dass die Wirkzusammenhänge zwischen den Qualitätsmerkmalen und Stellgrößen, d. h. den Prozessparametern in der Batteriezellproduk-

[18] Vgl. ebd., 2021, S. 3

tion, für den Wiederanlauf geklärt werden. Die Parametrisierung der Stellgrößen inklusive der zugehörigen Einschaltreihenfolge mit dem Ziel eines minimalen Ausschusses wird durch das zweite Teilziel verfolgt. Das dritte Teilziel schließt die finale Gestaltung und Umsetzung des Wiederanlaufs der Lithium-Ionen-Batteriezellproduktion ein.

1.3 Wissenschaftstheoretische Einordnung der Arbeit

In diesem Kapitel wird die vorliegenden Arbeit mit ihrer Erkenntnisperspektive in eine Wissenschaftssystematik eingeordnet sowie eine Forschungsmethodologie und das damit verbundene Vorgehen beschreiben. Dabei wird die grundlegende Erkenntnisperspektive in Kapitel 1.3.1 hergeleitet und anschließend die Forschungsmethodologie an einem heuristischen Bezugsrahmen in Kapitel 1.3.2 erläutert.

1.3.1 Grundlegende Erkenntnisperspektive

Die vorliegende Arbeit muss in das Spektrum der Wissenschaften eingeordnet werden. Die grundlegende Erkenntnisperspektive soll dabei in die Wissenschaftssystematik nach P. Ulrich et al. und damit in das Spektrum der Wissenschaften eingeordnet werden.[19] P. Ulrich et al. formulieren den Oberbegriff Wissenschaftstheorie, der verschiedene Disziplinen der Wissenschaft beinhaltet.[20] Ergebnisse wissenschaftlicher Tätigkeit werden als wissenschaftliche Erkenntnisse bezeichnet und lassen sich in Kategorien einer Wissenschaftssystematik nach Abbildung 1.1 einordnen.

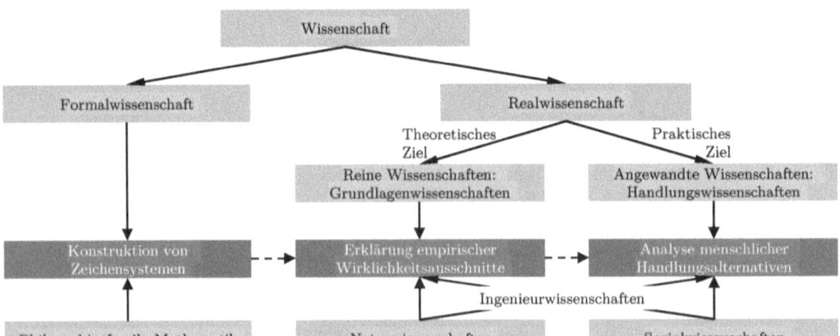

Abb. 1.1: Wissenschaftssystematik nach P. Ulrich et al.[21]

[19] Vgl. P. Ulrich et al. (Grundlagen der Betriebswirtschaftslehre), 1976, S. 305
[20] Vgl. ebd., 1976, S. 305
[21] Vgl. P. Ulrich et al. (Grundlagen der Betriebswirtschaftslehre), 1976, S. 305; Döring (Auftragsabwicklung im Werkzeugbau), 2010, S. 4

In Abbildung 1.1 wird die Aufgliederung in Formalwissenschaft und Realwissenschaft vorgenommen. Dabei befasst sich die Formalwissenschaft mit der Konstruktion von Zeichensystemen im Rahmen von Sprachen, weshalb Philosophie, Logik und Mathematik den Formalwissenschaften zugeordnet werden.[22] Die Realwissenschaften untergliedern sich in die reinen und die angewandten Wissenschaften. Verfolgt die Realwissenschaft ein theoretisches Ziel, so handelt es sich um eine reine Wissenschaft, die auch als Grundlagenwissenschaft bezeichnet werden kann. Diese ist der Erklärung empirischer Wirklichkeitsausschnitte dienlich, sodass die Naturwissenschaften den Grundlagenwissenschaften zugeordnet werden. Wird in den Realwissenschaften ein praktisches Ziel verfolgt, spricht man von angewandten Wissenschaften, die auch als Handlungswissenschaften bezeichnet werden. Darin werden menschliche Handlungsalternativen analysiert, sodass Sozialwissenschaften wie die Betriebswirtschaftslehre den Handlungswissenschaften zugeordnet werden. Im technischen Bereich umfassen die Handlungswissenschaften die **Ingenieurwissenschaften**, die jedoch an der Schnittstelle zwischen den Grundlagen- und den Handlungswissenschaften positioniert sind.[23] Die Zielsetzung der vorliegenden Arbeit zur Identifikation von Qualitätsmerkmalen und Stellgrößen, der Auswahl der Einschaltreihenfolge und der Gestaltung des Wiederanlaufs der Lithium-Ionen-Batteriezellproduktion kann den angewandten Handlungswissenschaften zugeordnet werden.[24] Mittels dieser zur Betriebswirtschaftslehre analogen Zuordnung kann zur Beschreibung des Forschungsprozesses die wissenschaftstheoretische Diskussion aus der Betriebswirtschaftslehre herangezogen werden, da „die systemorientierte Betriebswirtschaftslehre [...] sich [...] als angewandte, den realen Problemstellungen nachgehende Unternehmensführungslehre, vergleichbar mit den Ingenieurwissenschaften“ versteht.[25] Durch die Zuordnung ist es möglich, den systemorientierten Ansatz nach H. ULRICH zu wählen, der durch seinen praktischen Bezug in ingenieurwissenschaftlichen Veröffentlichungen zur Charakterisierung der Forschungsmethode herangezogen wird.[26]

1.3.2 Forschungsmethodologie

Die Forschungsmethodologie beschreibt den Forschungsansatz zur Gewinnung von Erkenntnissen. Die vorliegende Arbeit folgt dabei wie in Kapitel 1.3.1 dargestellt dem Forschungsverständnis der angewandten Betriebswirtschaftslehre nach H. ULRICH ET AL.[27] Der systemorientierte Ansatz folgt der Auffassung, dass ein „[...] theoretische[s] Ziel der

[22] Vgl. P. Ulrich et al. (Grundlagen der Betriebswirtschaftslehre), 1976, S. 305
[23] Vgl. ebd., 1976, S. 305, Heimes (Auswahl von Fertigungsressourcen), 2014, S. 5
[24] Vgl. Kapitel 1.2
[25] Vgl. P. Ulrich et al. (Grundlagen der Betriebswirtschaftslehre), 1976, S. 308
[26] Vgl. H. Ulrich (Systemorientierte Betriebswirtschaftslehre), 1971, S. 270; H. Ulrich et al. (Management), 1984, S. 179; Heimes (Auswahl von Fertigungsressourcen), 2014, S. 5, Döring (Auftragsabwicklung im Werkzeugbau), 2010, S. 6
[27] Vgl. H. Ulrich et al. (Management), 1984, S. 179

Erkenntnisgewinnung nicht unabhängig vom pragmatischen Ziel der Erkenntnisverwendung bestimmt werden [kann].“ [28] Dabei liegt der Ausgangspunkt des Problems in der Praxis. Dazu „[...] wählt [man] Probleme der praktisch handelnden Menschen aus, für deren Lösung kein befriedigendes Wissen zur Verfügung steht.“[29] Dabei gilt nach H. ULRICH ET AL.: Der Forschungsprozess „[...] beginnt in der Praxis, ist zur Hauptsache auf die Untersuchung des Anwendungszusammenhangs gerichtet und endet in der Praxis [...].“[30] Auf Basis der Zuordnung zu den angewandten Handlungswissenschaften nach P. ULRICH ET AL. und der Wahl des systemorientierten Ansatzes nach H. ULRICH ET AL. wird für die vorliegende Arbeit die explorative Forschung als Forschungsmethodologie verwendet.[31] Nach KUBICEK erfolgt die explorative Forschung in einem iterativen Ansatz, der in Abbildung 1.2 visualisiert ist.[32] Die explorative Forschung basiert auf einem „von theoretischen Absichten geleiteten und auf systematischem Erfahrungswissen basierenden Lernprozess.“[33]

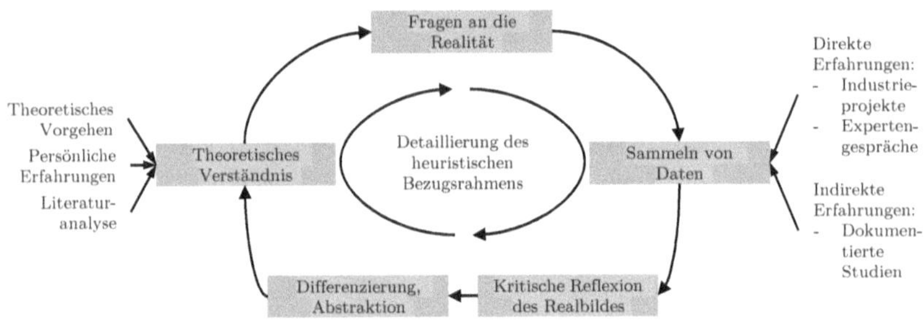

Abb. 1.2: Forschungsmethodisches Vorgehen[34]

Das Ziel ist es, durch *Fragen an die Realität* und hieraus gewonnenem Erfahrungswissen neue Fragen und Erkenntnisse über die Realität zu entwickeln. Dies erfolgt in einem ersten Schritt im *Sammeln von Daten* aus Erfahrungen aus Projekten, Studien und Gesprächen. Darauf folgt eine *Kritische Reflexion des Realbildes* der festgestellten Sachverhalte aus den Daten. Nach GLASER ET AL. ist dieser Schritt essentiell, da sonst große Mengen an zweifelhaften Daten aufgezeichnet werden.[35] Die Daten müssen einer *Differenzierung und Abstraktion* unterzogen werden, um unverbunden erscheinende Hypothesen in Bezie-

[28] Vgl. H. Ulrich (Systemorientierte Betriebswirtschaftslehre), 1971, S. 272
[29] H. Ulrich et al. (Management), 1984, S. 172
[30] Ebd., 1984, S. 192
[31] Vgl. P. Ulrich et al. (Grundlagen der Betriebswirtschaftslehre), 1976, S. 305; H. Ulrich (Systemorientierte Betriebswirtschaftslehre), 1971, S. 277
[32] Vgl. Kubicek (Heuristische Bezugsrahmen), 1977, S. 15
[33] Vgl. ebd., 1977, S. 13
[34] Vgl. ebd., 1977, S. 15; eine analoge Abbildung und wissenschaftliche Einordnung findet sich u. a. in Döring (Auftragsabwicklung im Werkzeugbau), 2010, S. 4; Heimes (Auswahl von Fertigungsressourcen), 2014, S. 6; Sarovic (Variantenrobuste Produkt-Produktionssysteme), 2018, S. 6
[35] Vgl. Glaser et al. (discovery of grounded theory), 1967, S. 72

hung zu setzen und resultierende Wechselbeziehungen als zentrales theoretisches Gerüst zu verwenden.[36] Anschließend kann ein *theoretisches Verständnis* aus den Erfahrungen und Analysen des Forschers abgeleitet werden.[37] Im Zentrum des iterativen forschungsmethodischen Vorgehens steht die *Detaillierung des heuristischen Bezugsrahmens*, die für die vorliegende Arbeit in Abbildung 1.3 dargestellt ist.

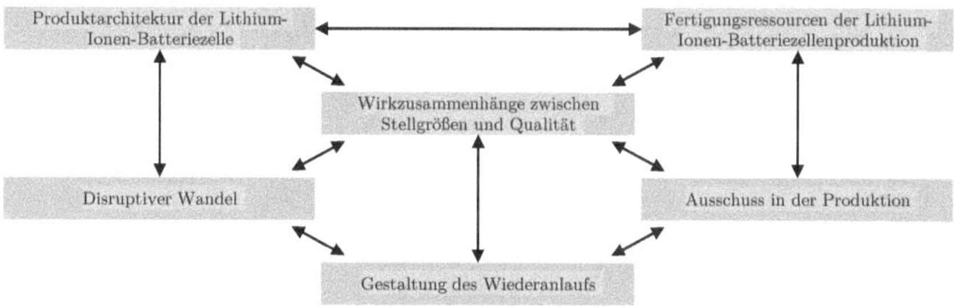

Abb. 1.3: Heuristischer Bezugsrahmen[38]

Dieser Bezugsrahmen stellt das vom Forscher nicht ausreichend verstandene Problem dar, das in Kapitel 1.2 in Theorie und Praxis dargelegt wurde. In Abbildung 1.3 beginnt die Betrachtung mit der Produktarchitektur der Lithium-Ionen-Batteriezelle und den Fertigungsressourcen der Lithium-Ionen-Batteriezellproduktion. Maßgebliche Einflussfaktoren sind der disruptive Wandel im Produkt der Lithium-Ionen-Batteriezelle sowie der Ausschuss in der Produktion, wie in Kapitel 1.1 beschrieben. Ein wesentlicher Bestandteil des heuristischen Rahmens sind die Wirkzusammenhänge zwischen den Stellgrößen und der resultierenden Qualität, die alle Faktoren miteinander verbinden. Die **Berücksichtigung aller Wirkzusammenhänge in der Produktion** stellt die damit adressierte Herausforderung dar. Mit allen genannten Komponenten lässt sich das Ziel, die ausschussreduzierte Gestaltung des Wiederanlaufs der Lithium-Ionen-Batteriezellproduktion, realisieren. Dieser Bezugsrahmen wird durch wiederholtes Durcharbeiten des Kreislaufs in Abbildung 1.2 gelöst.

Die Erfahrungen des Autors basieren insbesondere auf der Tätigkeit als wissenschaftlicher Mitarbeiter am Chair of Production Engineering of E-Mobility Components (PEM) der Rheinisch-Westfälischen Technischen Hochschule (RWTH) Aachen. In dem Themenfeld der Batterieproduktion und der Batterieentwicklung arbeitete der Autor an einerVielzahl von Projekten, beispielsweise im Projekt InTeAn an einer intelligenten Anlaufsteue-

[36] Vgl. ebd., 1967, S. 40

[37] Vgl. Kubicek (Heuristische Bezugsrahmen), 1977, S. 15

[38] Eine analoge Abbildung und ein heuristischer Bezugsrahmen findet sich u. a. in Döring (Auftragsabwicklung im Werkzeugbau), 2010, S. 7; Heimes (Auswahl von Fertigungsressourcen), 2014, S. 6; Tücks (Ramp-Up Management), 2010, S. 6

rung zur kostenreduzierten und flexiblen Fertigung künftiger Batteriezellen.[39] Die weitere Projektarbeit erstreckte sich auf Firmen der Batterieproduktion, dem Maschinen- und Anlagenbau, der Automobilproduktion sowie der strategischen und technischen Beratung. Dabei behandelte der Autor die Planung und Optimierung von neuen und bestehenden Batterieproduktionslinien sowie ganzen Fabriken. Insbesondere die Konzeption von flexiblen Fertigungslinien wurde aufgrund des disruptiven Wandels untersucht. Aus diesen Kooperationen konnte ein tiefes Verständnis für die Herausforderungen in der Batteriezellproduktion entwickelt werden. Vertieft wurde das Wissen in Expertendiskussionen auf wissenschaftlichen Konferenzen (AABC[40], Batterieforum[41], Elektromobilproduktionstagen[42], Kraftwerk Batterie[43]) und in der Zusammenarbeit mit dem VDMA-Arbeitskreis „Batterieproduktion".

1.4 Forschungsfrage

Der heuristische Bezugsrahmen aus Kapitel 1.3 ist die Basis für die weitere Forschungsarbeit. Für den explorativen Forschungsansatz sind nach KUBICEK Forschungsfragen zu formulieren.[44] Die Formulierung grundlegender Forschungsfragen basierend auf dem theoretischen Problem aus der Praxis stellt eine Eingrenzung des Betrachtungsfeldes dar.[45] Das Ziel des angestrebten Dissertationsvorhabens liegt nach Kapitel 1.2 in der Entwicklung einer Methodik, die in Bezug auf den heuristischen Rahmen den ausschussoptimierten Wiederanlaufs der Lithium-Ionen-Batteriezellproduktion unter Berücksichtung der weiteren Einflussfaktoren in Abbildung 1.3 erforscht. Mit den Ergebnissen des Forschungsvorhabens soll es der Industrie ermöglicht werden, Batteriezellproduktionslinien bereits ab einer Fertigungslosgröße von 1 GWh/a ausschussoptimal zu nutzen. Damit soll die Zielsetzung aus Kapitel 1.2 adressiert und gelöst werden. Insofern besteht als übergeordnetes Ziel des Vorhabens die folgende Forschungsfrage:

> Wie kann der Ausschuss beim Wiederanlauf der Produktion von aktuellen und zukünftigen Lithium-Ionen-Batteriezellen reduziert werden?

[39] InTeAn ist ein vom BMBF gefördertes Begleitprojekt des Kompetenzclusters Intelligente Batteriezellproduktion, das die intelligente Anlaufsteuerung einer Lithium-Ionen-Zellproduktion beforscht.

[40] Konferenzbeitrag: „Performance Comparison of Expanded Metal Grids as Current Collectors in Pouch Cells", 2019

[41] Konferenzbeitrag: „Process Analysis of Innovative Conductor Materials as Current Collectors in Pouch Cells", 2019

[42] Leitung der Seminare Batterieproduktion, Batteriesicherheit und Moderation der Vortragsreihen zum Fokusthema Batterie

[43] Konferenzbeitrag: „Parameter Analysis for Pouch Cell Manufacturing with Innovative Conductor Materials", 2019

[44] Vgl. Kubicek (Heuristische Bezugsrahmen), 1977, S. 14

[45] Vgl. Tücks (Ramp-Up Management), 2010, S. 7

Für die Beantwortung dieser zentralen Forschungsfrage ergeben sich nachgelagerte Teilforschungsfragen, die den Rahmen für das im folgenden Abschnitt erläuterte Vorgehen bilden:

I. *Wie können Prozessparameter und Qualitätsmerkmale in einer Fertigungskette identifiziert werden?*

II. *Wie können die Wirkzusammenhänge zwischen Prozessparametern und Qualitätsmerkmalen in der Fertigungskette identifiziert werden?*

III. *Wie kann aus den identifizierten Korrelationen der Wiederhochfahrprozess optimiert werden?*

1.5 Aufbau der Arbeit

Gemäß H. ULRICH ET AL. wird die vorliegende Arbeit an die Strategie der angewandten Forschung angelehnt, sodass der Forschungsprozess in der Praxis beginnt, in der Theorie auf die Untersuchung des Anwendungszusammenhangs gerichtet ist und in der Praxis endet.[46] Die Arbeit ist in sieben Kapitel gegliedert, um der Strategie nach H. ULRICH ET AL. gerecht zu werden.[47] Daraus ergibt sich der in Abbildung 1.4 dargestellte Grobaufbau der Arbeit.

Das erste Kapitel dient der Einleitung in das Thema Wiederanlauf der Lithium-Ionen-Batteriezellproduktion. Es findet eine grundlegende wissenschaftstheoretische Einordnung mit Aufstellung der Forschungsfrage statt.

Das zweite Kapitel umfasst die Grundlagen des Betrachtungsbereichs sowie die Herleitung des Handlungsbedarfs aus der Praxis. Dafür wird zu Beginn die Produktarchitektur der Lithium-Ionen-Batteriezelle in Aufbau und Funktion für alle Formfaktoren und Geometrien mit Produkt- und Prozessmerkmalen beschrieben. Anschließend wird der zugehörige Fertigungsprozess der Elektrodenfertigung, Zellassemblierung und des Zellfinishings hergeleitet. Im Produktionsprozess wird der Prozessausschuss in der Batteriezellproduktion untersucht und in einer Studie das Praxisdefizit der Ausschussproblematik im Wiederanlauf bestätigt. Abschließend wird der Handlungsbedarf aus der Praxis zusammengefasst.

Im dritten Kapitel werden die Grundlagen des Gestaltungsbereichs untersucht mit dem Ziel, den Handlungsbedarf aus der Theorie herzuleiten. Dafür werden inhaltliche und formale Anforderungen aufgestellt und mit einem in dieser Arbeit entwickelten Ansatz nach bestehenden Theorien und ganzheitlichen Ansätzen recherchiert. Diese werden gefiltert und bewertet, um daraus Handlungsfelder abzuleiten. Dafür werden inhaltliche und formale Anforderungen aufgestellt und bestehende Theorien und ganzheitliche Ansätze nach

[46] Vgl. H. Ulrich et al. (Management), 1984, S. 192
[47] Vgl. ebd., 1984, S. 193

dem in dieser Arbeit entwickelten Ansatz recherchiert, gefiltert und bewertet. Dabei dient das gefilterte Ergebnis der Ansätze neben der Abgrenzung dieses Forschungsvorhabens der Aufstellung von Hilfsmitteln für den Aufbau der Methodik. Das Kapitel endet mit der Formulierung des Handlungsbedarfs aus der Theorie.

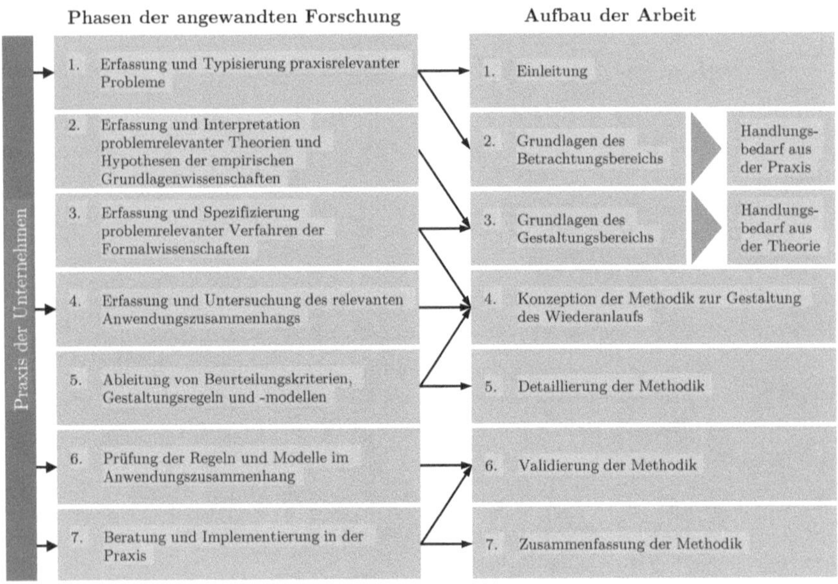

Abb. 1.4: Grobaufbau der Arbeit[48]

Innerhalb des vierten Kapitels wird die Methodik zur Gestaltung des Wiederanlaufs in der Batteriezellproduktion konzeptioniert. Zunächst werden Modellierungstheorien dargestellt, die innerhalb der Methodik eingesetzt werden. Das Ergebnis des Kapitels ist eine Aufbaustruktur mit einer Ablaufstruktur der Gesamtmethodik, die sich aus drei Modulen zusammensetzt und die gestellten Teilforschungsfragen beantwortet. Dabei werden inhaltliche und formale Anforderungen berücksichtigt.

Das Ziel des fünften Kapitels ist die Detaillierung der Methodik zur Gestaltung des Wiederanlaufs, sodass diese in der Lithium-Ionen-Zellproduktion angewendet werden kann. Dabei wird das Grobkonzept aus dem vorherigen Kapitel mit den notwendigen Hilfsmitteln versehen und fehlende Werkzeuge geschaffen, sodass eine Modellierung und Optimierung des Wiederanlaufs möglich ist.

Im sechsten Kapitel erfolgt die Validierung der Methodik zur Gestaltung des Wiederanlaufs an der Batteriezellproduktion. Dabei wird das methodische Lösungsvorgehen mit

[48] I. A. a. H. Ulrich et al. (Management), 1984, S. 193

realen Daten durchgeführt und an der Lithium-Ionen-Zellproduktion validiert. Es erfolgt eine kritische Reflexion der erhaltenen Lösung aus der Methodik.

Im siebten Kapitel werden die Ergebnisse der Methodik zusammengefasst und ergänzender Forschungsbedarf aufgezeigt. In der gesamten Methodik wird ausschließlich aus dem Grund der Lesbarkeit für die anwendende Person das Wort Anwender verwendet.

2 Grundlagen des Betrachtungsbereichs

Gegenstand dieses Kapitels ist die Festlegung des Betrachtungsfokus in der Lithium-Ionen-Batteriezellproduktion und der Problemstellung aus der Praxis für die Verankerung der Herausforderungen aus der Praxis und die Ableitung der Anforderungen an die Theorie. Als grundlegender Bestandteil der industriellen Batteriezellproduktion gilt es, die Zusammenhänge zwischen der Prozessgestaltung und der Produktqualität zu erörtern, um eine qualitativ hochwertige Batteriezelle fertigen zu können. In Kapitel 2.1 wird dahingehend die Produktarchitektur einer Lithium-Ionen-Batteriezelle vorgestellt. Darin wird die elektrochemische Speichertechnologie in ihrer Funktionalität auf die kommerzielle Batteriezelle übertragen und es werden die Produkt- sowie die Prozessmerkmale erfasst. Die fokussierten Produktionsszenarien mit Ableitung der verschiedenen Ausschusstypen sowie die Differenzierung der Produktionsszenarien Laborserie, Kleinserie und Großserie werden in Kapitel 2.2 festgelegt. Darüber hinaus erfolgt in Kapitel 2.2 die Beschreibung des Produktionsprozesses der Lithium-Ionen-Batteriezelle und dessen fertigungstechnologische Betrachtung. Im Anschluss werden in Kapitel 2.3 die Ausschussbetrachtung und die Qualitätssicherung in der Batteriezellproduktion für das Anfahren der Linien sowie den Betrieb in einer Studie analysiert. Abschließend wird der Handlungsbedarf aus der Praxis in Kapitel 2.4 zusammengefasst, wobei die Herausforderungen aus der Praxis in die Anforderungen an die Theorie überführt werden.

2.1 Produktarchitektur Lithium-Ionen-Batteriezelle

In Kapitel 2.1 wird die Produktarchitektur einer Lithium-Ionen-Batteriezelle vorgestellt, wobei die elektrochemische Funktionsweise und der Aufbau einer Lithium-Ionen-Batteriezelle in Kapitel 2.1.1 betrachtet werden. Im Folgenden werden in Kapitel 2.1.2 die Produktmerkmale und in Kapitel 2.1.3 die Prozessmerkmale der Lithium-Ionen-Batteriezelle erfasst. Das erste Zwischenfazit folgt in Kapitel 2.1.5.

2.1.1 Aufbau und Funktionsweise

Das japanische Unternehmen Sony brachte im Jahr 1991 die erste kommerzielle Lithium-Ionen-Batterie auf den Markt.[49] Seitdem kommt die Lithium-Ionen-Batterie in verschie-

[49] Vgl. Füßel (Technische Potenzialanalyse), 2017, S. 40

denen Anwendungsfeldern in dem Bereich der Unterhaltungselektronik, wie Notebooks oder Smartphones, zum Einsatz.[50] So zeichnet sich die Lithium-Ionen-Batterietechnologie durch Eigenschaften wie eine hohe Energiedichte, ein vergleichsweise geringes Gewicht, eine kürzere Ladedauer und eine höhere Lebensdauer im Vergleich zu Blei-Säure- oder Nickel-Metallhydrid-Akkumulatoren aus, womit sich auch der Einsatz im Bereich der Elektromobilität begründet.[51] Der Begriff Lithium-Ionen-Batterie umfasst eine Vielzahl verschiedener Batterievarianten, die sich durch Eigenschaften wie der Materialkomposition, der sog. Zellchemie, oder der Zellform, dem sog. Zellformat, unterscheiden.[52] So haben Batteriezellen mit unterschiedlichen chemischen Zusammensetzungen auch andere Charakteristika bezüglich der Eigenschaften Nennspannung, Energiedichte und insbesondere der zyklischen Lebensdauer.[53] Die Grundstruktur und die Funktionsweise aller Lithium-Ionen-Batterien sind prinzipiell identisch.[54] Eine Lithium-Ionen-Batteriezelle besteht aus zwei Elektroden, einem Separator und einem Elektrolyten, wie in Abbildung 2.1 gezeigt.

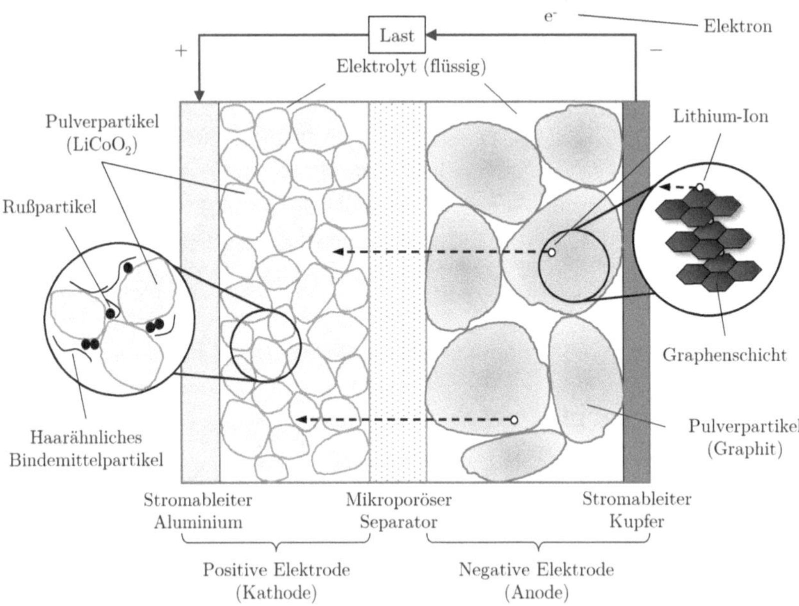

Abb. 2.1: Schematische Darstellung einer Lithium-Ionen-Batterie[55]

[50] Vgl. Korthauer (Lithium-Ion Batteries), 2018, S. 14
[51] Vgl. Paul (Analyse der Ausfallwahrscheinlichkeiten), 2014, S. 1
[52] Vgl. Placke et al. (Rechargeable Battery Technologies), 2017, S. 1949
[53] Vgl. Hesse et al. (Lithium-Ion Battery Storage), 2017, S. 6
[54] Vgl. Tschöke (Elektrifizierung des Antriebsstrangs), 2015, S. 52
[55] I. A. a. Korthauer (Lithium-Ion Batteries), 2018, S. 22

Die Elektroden bestehen jeweils aus einem Stromableiter und einem Aktivmaterial, das in einer individuellen Rezeptur als Gemisch mit weiteren Komponenten wie Bindern und Leitrußen auf dem Stromleiter fixiert wird. Um eine elektrische Isolation zwischen Anode und Kathode zu gewährleisten, ist ein Separator als mikroporöse, ionenleitfähige Membran zwischen den beiden Elektroden vorgesehen, der aus Polymeren aufgebaut ist.[56] Ein Polymergranulat wird mit Wachs vermischt, erwärmt sowie extrudiert und das Wachs anschließend herausgeschmolzen.[57] Die Dicke des Separators ist an dieser Stelle von entscheidender Bedeutung hinsichtlich der Leistung: je dünner und poröser der Separator, desto geringer der Widerstand für den Ionentransfer. Je dicker der Separator ist, desto höher ist die Sicherheit in Bezug auf die Druckkraft durch Dendriten oder Penetration. Die Aktivmaterialien der Elektroden werden mit einem ionenleitfähigen Elektrolyten benetzt, der aus den Subkomponenten Leitsalz, organischen und aprotischen Lösungsmitteln sowie Additiven zusammengesetzt ist.[58] Der Elektrolyt garantiert den Transport der Lithium-Ionen zwischen den Elektroden, wobei ein in kommerziellen Lithium-Ionen-Batterien häufig zum Einsatz kommender Elektrolyt das Lithiumhexafluorophosphat $LiPF_6$ darstellt.[59] Es zeichnet sich durch eine Reihe von Vorteilen aus, wie hohe ionische Leitfähigkeit, elektrochemische Stabilität auch bei Spannungen von über 4,8 V und gute Verträglichkeit mit den übrigen Zellkomponenten.[60] Die in Abbildung 2.1 dargestellten Elektroden sind in Abhängigkeit von den darin vorhandenen Lithium-Ionen unterschiedlich geladen. Während des Entladens wird die positiv geladene Elektrode als Kathode und die negativ geladene Elektrode als Anode bezeichnet. Während des Ladevorgangs ist die Anode die positiv geladene Elektrode und die Kathode dementsprechend die negativ geladene Elektrode. Die Namensgebung der Elektroden resultiert aus einer Definition der Elektrochemie, worin die Elektronenabgabe als Oxidation und die Elektrode, an der diese stattfindet, als Anode bezeichnet wird.[61] Diese Konvention der Elektrodenbezeichnung soll im Weiteren verwendet werden, da die Batterie im Bereich der Elektromobilität als Stromquelle betrachtet wird. An der Anode werden für den Stromableiter Kupfer und für das Aktivmaterial Graphit als Pulver eingesetzt. Dabei sind die Graphitpartikel aus einzelnen Graphenschichten aufgebaut. Demgegenüber werden an der Kathode für den Stromableiter Aluminium und für das Aktivmaterial Lithium-Metalloxide, wie beispielsweise Lithium-Kobalt(III)-oxid ($LiCoO_2$), verwendet.[62] Zur Steigerung der elektrischen Leitfähigkeit werden zusätzlich Rußpartikel beigefügt, die durch haarähnliche Bindemittelpartikel zwischen den $LiCoO_2$ fixiert werden.[63] Die Funktionsweise der Lithium-Ionen-Batterie basiert auf dem Lithium-Ionen-Transport zwischen den Elektroden. Im geladenen Zustand befindet sich ein Groß-

[56] Vgl. ebd., 2018, S. 14
[57] Vgl. ebd., 2018, S. 80; Vgl. Reinhart et al. (Production of Large-Area Cells), S. 3
[58] Vgl. Schaefer et al. (Electrolytes for Batteries), 2012, S. 91
[59] Vgl. Quartarone et al. (Trends of Electrolytes), 2020, S. 5
[60] Vgl. Korthauer (Lithium-Ion Batteries), 2018, S. 63
[61] Vgl. Kurzweil et al. (Chemie Anwendung und Experimente), 2012, S. 185, S. 187
[62] Vgl. Korthauer (Lithium-Ion Batteries), 2018, S. 8, S. 9
[63] Vgl. Lee et al. (Scoot Anode Materials), 2018, S. 1

teil der Lithium-Ionen in der Anode. Zwischen den Aktivmaterialien herrscht eine Potentialdifferenz aufgrund des unterschiedlichen elektrochemischen Potentials. Durch die elektrische Verbindung der unterschiedlichen Aktivmaterialien über einen Stromkreis außerhalb der Batteriezelle wird ein Potentialausgleich ermöglicht, der mit einem resultierenden Elektronenfluss einhergeht.[64, 65] Währenddessen findet in der Zelle ein Ionenfluss der Lithium-Ionen von Anode durch den Elektrolyten und den Seperator zur Kathode statt, um die an der Kathode ankommenden Elektronen binden zu können.[66] Dieser Prozess mit einer angeschlossenen Last wird aus Abbildung 2.1 ersichtlich. Umgekehrt befinden sich zu Beginn des Ladungsvorgangs die Lithiumionen in der Gitterstruktur des Aktivmaterials der Kathode. Beim Laden bewegen sich die Elektronen über eine elektrische Verbindung von der Kathode zur Anode und die Lithiumionen entstehen gleichzeitig aus der Elektronenabgabe des Lithiums und lösen sich somit aus dem Gitter des Aktivmaterials der Kathode. Die gelösten Lithiumionen diffundieren durch den Elektrolyten sowie den Separator hindurch und interkalieren, d. h. sie lagern sich im Aktivmaterial der Anode ein, ohne dieses in seiner chemischen Verbindung zu verändern.[67] Die Vorgänge des Ladens und Entladens sind reversibel und es handelt sich um Redoxreaktionen. Die zugehörigen Reaktionsgleichungen für das Laden und Entladen können in allgemeiner Form mit den Gleichung 2.1 und Gleichung 2.2 ausgedrückt werden. Dabei beschreibt [A] die Formeleinheit der gewählten Anodenchemie, in dem beschriebenen Fall das Graphit, und [K] für die gewählte Kathodenchemie, dementsprechend das Metalloxid.[68]

$$\mathrm{Li[A]} \underset{\text{laden}}{\overset{\text{entladen}}{\rightleftarrows}} \mathrm{[A]} + \mathrm{Li^+} + \mathrm{e^-} \tag{2.1}$$

$$\mathrm{[K]} + \mathrm{Li^+} + \mathrm{e^-} \underset{\text{laden}}{\overset{\text{entladen}}{\rightleftarrows}} \mathrm{Li[K]} \tag{2.2}$$

2.1.2 Formfaktoren und Geometrie

Dieses Kapitel stellt die unterschiedlichen Formfaktoren für die Auslegung der Fertigung dar. Dazu werden drei kommerziell verfügbare Zellformate, die zylindrische Zelle oder Rundzelle, die prismatische Zelle sowie die Pouchzelle beleuchtet.[69] Die Betrachtung aller Formate ist insbesondere für die Kleinserienanwendung mit flexiblen Linien notwendig. Weiterhin werden existierende Standardisierungen der einzelnen Formate vorgestellt. Die Grobstruktur dieses Unterkapitels setzt sich aus einer Übersicht der Zellformate und einer

[64] Frank (Optimierter Hochvoltbatterieentwurf), 2019, S. 8
[65] Für eine Herleitung der Potentialeverläufe in Abh. von dem eingesetzten Materialsystems siehe Ender
[66] Vgl. Korthauer (Handbuch Lithium-Ionen-Batterien), 2013, S. 14
[67] Vgl. Winter et al. (Electrode Materials for Batteries), 1998, S. 731
[68] Vgl. Ender (Charakterisierung von Elektroden), 2014, S. 6
[69] Vgl. Korthauer (Lithium-Ion Batteries), 2018, S. 220

Einzelbeschreibung des jeweiligen Formats zusammen. Die drei Zellformate der Lithium-Ionen-Batteriezelle sind mit jeweils einem halb geöffneten Gehäuse in Abbildung 2.2 visualisiert. Da der Fokus auf der automotive Branche liegt, wird die Knopfzelle hier nicht erwähnt, obwohl dort ebenfalls die Lithium-Ionen-Technologie eingesetzt wird.

Abb. 2.2: Zellformate der Lithium-Ionen-Batterie[70]

Die zylindrische Zelle ist aus einem aufgerollten Elektrodenwickel aufgebaut und ihre Elektroden sind entsprechend an den Polen oben und unten mit dem Gehäuse verbunden. Am oberen Pol in der Deckelbaugruppe sind zusätzlich Sicherheitselemente untergebracht, ein Current Interrupt Device (CID) inklusive eines Widerstands mit einem positiven Temperaturkoeffizienten (PTC). Diese dienen als kaskadierte Schutzbeschaltung und verhindern das Überhitzen der Zelle. Bei zu hohen Entladeströmen wirkt der PTC-Widerstand einem zu großen Entladestrom entgegen und erhöht den Innenwiderstand der Zelle, wodurch der Strom wieder reduziert wird. Erwärmt sich die Zelle trotzdem weiter, setzt eine Elektrolytzersetzung ein und der Zellinnendruck steigt. Um dies zu verhindern, wird durch das mechanische Öffnen der CID der Stromkreislauf vollständig unterbrochen. Weiter beinhaltet die CID eine Sollbruchstelle, falls der Innendruck unaufhaltsam steigt, um die Zelle vor dem Zerbersten zu schützen und gezielt den Überdruck abzulassen.[71] Das Zellgehäuse besteht aus zwei Teilen, dem Metallgehäuse, das in einem mehrstufigen Prozess tiefgezogen wurde, sowie der Deckelbaugruppe.[72] Die Vorteile der zylindrischen Zelle liegen in der Erfahrung mit diesem Zelldesign sowie der hohen Lebensdauer. Nachteilig ist die aufwendige Kühlung, wenn die Wärme aus dem Zellkern nach außen abgeführt werden muss.[73] Die prismatische Zelle besteht, ähnlich wie die zylindrische Zelle, aus einem Behälter mit einem Deckel und kann aus einem, für dieses Format, oval aufgerollten Elektrodenwickel oder, wie in Abbildung 2.2 dargestellt, aus einem Elektrodenstapel auf-

[70] I. A. a. Nowacki (Konfiguration der Produktmixflexibilität), 2016, S. 68, Heimes et al. (Lithium-Ion Battery Production), 2018, S. 1

[71] Vgl. Pistoia (Battery: Advances and Applications), 2014, S. 420

[72] Vgl. Korthauer (Lithium-Ion Batteries), 2018, S. 221

[73] Vgl. Kampker et al. (Elektromobilproduktion), 2014, S. 55

gebaut sein.[74] Die prismatische Zelle besitzt in ihrer Deckelbaugruppe in einem der beiden Stromableiter, den Terminals, ein Overcharge-Safety-Device (OSD), das bei einem Überdruck im Inneren der Zelle den Stromfluss unterbricht.[75] Zusätzlich ist in der Mitte der Deckelbaugruppe ein Berstventil verbaut, das im Fall eines zu hohen Innendrucks öffnet.[76] Im Prinzip vereinigt die prismatische Zelle einige Vorteile der zylindrischen Zelle und der Pouchzelle, auch wenn sie die Kühlproblematik mit der zylindrischen Zelle teilt.[77] Die Pouchzelle, die auch unter der Bezeichnung Folienzelle oder Flachzelle verwendet wird, ist auf der rechten Seite in Abbildung 2.2 dargestellt.[78] Pouchzellen sind ausschließlich aus gestapelten Elektrodensheets aufgebaut und in einer flexiblen Folie verpackt, durch deren Rand die Kontakte der Elektroden über Stromableiter nach außen geführt werden. In der Pouchzelle dient die Siegelnaht als Sicherheitelement und somit Sollbruchstelle bei zu hohem Innendruck ab drei Bar.[79] Die Pouchfolie ist nachteilig hinsichtlich der Dichtigkeit der empfindlichen Siegelnähte sowie eingeschränkt flexibel in der Geometrie und der resultierenden bedingten Stapelfähigkeit. Vorteilhaft sind allerdings die gute Kühleigenschaft und die hohe Energiedichte.[80] Neben Unterschieden im Zellformat gilt es noch die Dimensionen zu berücksichtigen. Sowohl die Kunden als auch der Maschinen- und Anlagenbau halten sich hierzu an eine Normierung DIN 91252, die für die Pouchzelle und die prismatische Zelle feste Dimensionsvarianten einschließt.[81] Die Variantenvielfalt der Produkttypen der zylindrischen Zelle ist von der Industrie getrieben. Dabei etablierte sich die Größe 18650 in der Unterhaltungselektronik. Die ersten beiden Ziffern in der Bezeichnung einer zylindrischen Zelle stehen für den Durchmesser und die folgenden beiden Ziffer für die Höhe in Millimeter.[82] Die Firma TESLA, INC. entwickelte die Größen 21700 und 4680 als zylindrische Zellen für ihre Elektrofahrzeuge. Eine technologische Besonderheit des 4680-Designs sind die nicht mehr notwendigen Verbindungselemente (engl. Tabs) zwischen der Elektrode und der Stromableitung über das Gehäuse.[83]

2.1.3 Produktmerkmale

Um einen idealen Produktionsprozess inklusive eines optimalen Wiederanlaufs gewährleisten zu können, müssen die Produktmerkmale der Lithium-Ionen-Batterien bekannt

[74] Vgl. Sarovic (Variantenrobuste Produkt-Produktionssysteme), 2018, S. 23
[75] Vgl. ebd., 2018, S. 23
[76] Vgl. Straub (EU-Patent: Sicherheitsventil zur Entlüftung), 2012, S. 6
[77] Vgl. Kampker et al. (Elektromobilproduktion), 2014, S. 55
[78] Vgl. Deutsches Institut für Normung e. V. (DIN 91252 - Elektrische Straßenfahrzeuge), 2016, S. 5; Kampker et al. (Elektromobilität), 2013, S. 307
[79] Vgl. Schmidt et al. (Integrierte Zell-Sensorik), S. 24
[80] Vgl. Kampker et al. (Elektromobilproduktion), 2014, S. 55
[81] Vgl. Deutsches Institut für Normung e. V. (DIN 91252 - Elektrische Straßenfahrzeuge), 2016, S. 9, S. 12
[82] Vgl. u. a. Hettesheimer et al. (Entwicklungsperspektiven für Zellformate), 2017, S. 7
[83] Vgl. Tsuruta et al. (US-Patent: Tabless Electrode), 2020, S. 13

sein. Diese lassen sich aus dem Datenblatt von Batteriezellen entnehmen. Gleichzeitig sind dies die Basisgrößen für die Ableitung jeglicher Qualitätsmerkmale in der Fertigung von Lithium-Ionen-Batterien.

In Abbildung 2.3 sind die Produktmerkmale in allgemeine Spezifikationen, Energiespezifikationen sowie Leistungsspezifikationen unterteilt. Die Spezifikationswerte sind entweder im Datenblatt der jeweiligen Batteriezelle notiert oder können durch eine Herstelleranfrage in Erfahrung gebracht werden.

Produktmerkmale		
Allgemeine Spezifikationen		**Energiespezifikationen**
Nennspannung [V]	Gehäuseform [-]	Kapazität [Ah]
Ladeschlussspannung [V]	Anodenmaterial [-]	Energieinhalt [Wh]
Entladeschlussspannung [V]	Kathodenmaterial [-]	Grav. Energiedichte [Wh/g]
Maximaler Ladestrom [A]	Elektrolytspezifikation [-]	Vol. Energiedichte [Wh/l]
Empfohlener Ladestrom [A]	Kalendarische Lebensdauer [a]	Vol. Leistungsdichte [W/l]
Maximaler Entladestrom [A]	Zyklenfestigkeit [Zyklenzahl]	**Leistungsspezifikationen**
Innenwiderstand [mΩ]	Gewicht [g]	C-Rate [C]
Betriebstemperatur [°C]	Dimensionen HxBxT [mm]	Grav. Leistungsdichte [W/g]
Lagertemperatur [°C]		Entladeleistung [W]
		Leistungsklasse

Abb. 2.3: Produktmerkmale als Spezifikationen[84]

Die **Spannung** einer Batteriezelle wird in Volt [V] angegeben und verschiedene Spannungsniveaus werden betrachtet. Zwei zusammenhängende Spannungsniveaus sind die Ladeschlussspannung und die Entladeschlussspannung, wobei damit die Grenzspannungen beschrieben werden, wenn der Lade- bzw. Entladevorgang beendet werden muss.[85] Ein Unterschreiten der Entladeschlussspannung führt zu irreversiblen Schäden in der Zelle, ein Überschreiten der Entladeschlussspannung kann eine Selbstentzündung der Zelle verursachen.[86] Die Nennspannung ist der Mittelwert der möglichen Entladespannungen.[87] **Stromstärken** werden in der Batterie wie die Spannungen in mehrere Niveaus unterteilt und in Ampere [A] angegeben. Es wird ein maximaler Lade- und Entladestrom angeben sowie ein empfohlener Ladestrom, für den die Zelle unter der ggf. angegebenen zyklischen Lebensdauer ausgelegt ist. Diese Ströme werden in Abhängig von der Temperatur der Batterie festgelegt.[88] Der **Innenwiderstand** einer Batteriezelle ist ebenso im Datenblatt aufgeführt und gibt den Widerstand einer Batteriezellen bei 1 kHz Wechselstrom an.[89] **Tem-**

[84] Vgl. CATL Co. Ltd. (Datenblatt Batteriezelle LEP71H3L7-01), 2018, S. 5–15; Samsung SDI Co. Ltd. (Datenblatt Batteriezelle INR21700-50E), 2017, S. 2–4; LG Chem Ltd. (Datenblatt Batteriezelle E66A), 2020, S. 1–2

[85] Vgl. Füßel (Technische Potenzialanalyse), 2017, S. 26

[86] Vgl. Korthauer (Lithium-Ion Batteries), 2018, S. 166

[87] Vgl. ebd., 2018, S. 104

[88] Vgl. Füßel (Technische Potenzialanalyse), 2017, S. 48

[89] Vgl. Samsung SDI Co. Ltd. (Datenblatt Batteriezelle INR21700-50E), 2017, S. 5

peraturen sind für die Lithium-Ionen-Batteriezelle sowohl im Betrieb als auch während der Lagerung relevant.[90] Im Betrieb wird die Leistung der Lithium-Ionen-Batteriezelle dadurch unmittelbar beeinflusst, da die Temperatur die Diffusionsgeschwindigkeit der Lithiumionen im Aktivmaterial und zwischen den Elektroden bestimmt.[91] Als **Gehäuseform** werden die in Kapitel 2.1.2 eingeführten Formate Rundzelle, prismatische Zelle oder Pouchzelle spezifiziert. **Materialien** einer Batteriezelle beschreiben das Anoden- und Kathodenmaterial sowie die Elektrolytspezfikation. Die Aktivmaterialien der Elektroden sowie das Leitsalz des Elektrolyten sind charakteristische Größen für die Ableitung relevanter Qualitätsmerkmale und bestimmen die grundlegenden Eigenschaften einer Batterie.[92] Die **Lebensdauer** von Batteriezellen wird in Jahren [a] für das kalendarische Alter und in einer Zahl für die Zyklen [Zyklenzahl] als sog. Zyklenfestigkeit angegeben. Das **Gewicht** und die **Dimension** sind äußere Größen einer Batteriezelle, woraus sich die abgeleiteten Größen ergeben. Ihre Angabe ist Gegenstand jedes Datenblatts und von hoher Relevanz für mobile Anwendungen.[93] Die **Kapazität** wird in der Einheit Amperestunden [Ah] angegeben und ist diejenige Menge an elektrischer Ladung, die unter spezifischen Entladebedingungen von einer Batteriezelle geliefert wird. Die Kapazität ist abhängig von verschiedenen Faktoren, wie dem Entladestrom, der Entladeschlussspannung, der Temperatur und der Art und Menge der Aktivmaterialien.[94] Die übrigen Größen in Bezug auf die **Energie** umfassen als grundlegende Größe den Energieinhalt in Wattstunden [Wh], errechnet aus dem Produkt aus Kapazität und Nennspannung. Die spezifische Energie oder gravimetrische Energiedichte entspricht der Energie bezogen auf die Masse der Batterie und hat die Einheit Wattstunde pro Gramm [Wh/g]. Die Energiedichte oder volumetrische Energiedichte bezieht sich auf das Volumen in Liter [l], errechnet aus den Dimensionen der Batteriezelle und ergibt sich aus dem Quotienten des Energieinhalts pro Liter, sodass die Einheit sich zu Wattstunde pro Liter [Wh/l] ergibt.[95] Die **Leistung** einer Batteriezelle beschreibt insbesondere die C-Rate, die ein Maß für die Lade- bzw. Entladedauer einer Batterie relativ zu ihrer maximalen Kapazität darstellt. Das Laden der Batterie mit einer C-Rate von n bedeutet eine vollständige Ladung in einer Zeit von $\frac{1}{n}$ Stunden. Analog berechnet sich die Dauer beim Entladen der Zelle.[96] Als weitere abgeleitete Größe beschreibt die spezifische Leistung oder gravimetrische Leistungsdichte in Wattstunde pro Gramm [Wh/g] indirekt die Höhe des Stroms, den eine Batterie zur Verfügung stellen kann.[97] Zusätzlich werden die Zellen für den Einsatz im Fahrzeug in die Leistungsklasse Hochenergie- oder Hochleistungszelle kategorisiert.

[90] Vgl. Ecker et al. (Batterietechnik Lithium-Ionen-Batterien), 2013, S. 69
[91] Vgl. S. Ma et al. (Thermal Impact in Batteries), 2018, S. 664
[92] Vgl. Korthauer (Lithium-Ion Batteries), 2018, S. 213
[93] Vgl. ebd., 2018, S. 14
[94] Vgl. ebd., 2018, S. 16
[95] Vgl. ebd., 2018, S. 16
[96] Vgl. Julien et al. (Lithium Batteries), 2016, S. 14
[97] Vgl. Buchmann (Batteries in a Portable World), 2011, S. 35

2.1.4 Prozessmerkmale

Für die Analyse des Fertigungsprozessses, die detaillierte Betrachtung des Anlaufs sowie des Einschaltprozesses einer Linie werden zunächst einige Definitionen der Produktionstechnik eingeführt. Ergänzend werden für diese Arbeit relevante Definitionen aus der Theorie des Produktionsanlaufs, insbesondere für die Einordnung des Wiederanlaufs in Kapitel 3 hergeleitet. Für die Detaillierung der Methodik relevante Definitionen folgen in Kapitel 5. Im Folgenden werden die als Definition zu verstehenden Prozessmerkmale der Produktionstechnik erörtert.

Zu Beginn wird festgehalten, dass der Begriff **Technik** Gegenstände oder ein Gebilde bezeichnet. Mit dem Begriff beschreibt man nutzenorientierte, künstliche, gegenständliche Gebilde, beispielsweise Artefakte oder Sachsysteme. Ebenso fallen darunter menschliche Handlungen und Einrichtungen, in denen Sachsysteme entstehen, sowie menschliche Handlungen zu deren Verwendung.[98] Die **Technologie** wird als Wissenschaft von der Technik oder Wissenschaft von den technologischen Prozessen verstanden. Formal betrachtet BULLINGER Technologien als Aussagesysteme über Ziel-Mittel-Relationen, d. h. es sind Vorschriften über die Bereitstellung von Mitteln, mit denen eine bestimmte Wirkung erzielt werden soll.[99] Die Technologie ist somit das Wissen, um über einen Weg eine technische Problemlösung zu erzielen. [100] Eine **Fertigungstechnologie** ist ein Fertigungsverfahren, aus den sechs Hauptgruppen Urformen, Umformen, Trennen, Fügen, Beschichten und Ändern der Stoffeigenschaft.[101] Diese Hauptgruppen beinhalten bis zu zehn Gruppen, die wiederum Untergruppen besitzen, worin die Fertigungsverfahren spezifiziert werden.[102] Als Verkettung gilt das Aneinanderreihen verschiedener Fertigungstechnologien zu einer Fertigungstechnologiekette, häufig auch nur als Fertigungskette bezeichnet. Eine **Produktionsvariante** beschreibt die mögliche Vielfalt eines Produktes, das auf einer Linie produziert werden kann. Diese Vielfalt wird durch die Fertigungstechnologie und deren Umsetzung in einer Anlage beschränkt. Eine Beschränkung kann beispielsweise für die Pouchzelle resultieren, wenn die größte durch alle verketteten Anlagen produzierbare Geometrie die Limitation der Dimensionen darstellt. Alle darunterliegenden Größen können entweder kontinuierlich oder in bestimmten Stufen entsprechend der Werkzeuggrößen hergestellt werden. Dies schließt die von WIENDAHL ET AL. eingeführte sog. technologische Flexibilität ein.[103] Eine untere Grenze für die Produktionsvarianten ergibt sich analog zu dem Gedankengang der oberen Grenze. Dies gilt es für die Variantenvielfalt zu berücksichtigen. Eine Werkzeughilfskonstruktion für die Produktion von Zwischengrößen soll dagegen nicht betrachtet werden. Dennoch muss eine differenzierte Betrachtung

[98] Vgl. Verein Deutscher Ingenieure (Norm: VDI 3780), 2000, S. 2
[99] Vgl. Bullinger (Einführung in das Technologiemanagement), 1994 S. 32
[100] Vgl. ebd., 1994, S. 34
[101] Vgl. Deutsches Institut für Normung e. V. (DIN 8580 - Fertigungsverfahren), 2020, S. 9
[102] Vgl. ebd., 2020, S. 11
[103] Vgl. Wiendahl et al. (Handbuch Fabrikplanung), 2009, S. 118

für die verschiedenen Seriengrößen aus Kapitel 2.2 angestellt werden, weil diese unterschiedlich viele Produktvarianten fertigen können. Das Ziel einer Produktion ist sowohl bei Zwischenprodukten als auch bei Endprodukten die **Qualitätsmerkmale** einzuhalten. Der Fachbegriff Qualität im Sinne des Qualitätsmanagements wird in DIN EN ISO 9000 als „Grad, in dem ein Satz inhärenter Merkmale eines Objekts Anforderungen erfüllt", bezeichnet.[104] Damit werden Kundenanforderungen unter einer definierten Toleranz der definierten Produkteigenschaften verstanden. Diese Qualität muss kontinuierlich sichergestellt werden, auch beim Wiederanlaufen der Produktion. Als Grundvoraussetzung für die Betrachtung des Wiederanlaufs muss der **Produktionsunterbrechungszyklus** beschrieben werden. Dieser definiert zum einen die zeitliche Häufigkeit der Produktionsunterbrechung, zum anderen, welche Prozesse unterbrochenen werden. Der Produktionsunterbrechungszyklus stellt in dieser Arbeit eine dimensionslose Zahl dar, welche auf Tage, Monate oder Jahre bezogen ist. Im weitesten Sinne stellt der Produktionsunterbrechungszyklus unter der Annahme einer konstanten Produktionsgeschwindigkeit eine Größe dar, die mit steigender Stückzahl sinkt.[105] Dies zeigt die Notwendigkeit einer differenzierten Betrachtung der seriengrößenabhängigen Anzahl an Unterbrechungen und des Wiedereinschaltens. Für die Definition der **Batchfertigung** muss zunächst die deutsche Bezeichnung Charge betrachtet werden. Eine Charge bezeichnet eine Materialmenge, die bei der einmaligen Durchführung eines Prozesses hergestellt wird. „Die Charge kann als gedankliches Objekt verstanden werden, das den Produktionsvorgang für ein Material zu einem beliebigen Zeitpunkt innerhalb des Prozesses repräsentiert."[106] Ein Beispiel hierfür ist die Herstellung des Elektrodenslurries aus Kapitel 2.3. Die Bezeichnung des Batches beschreibt somit sowohl das durch den Prozess hergestellte Material als auch die Einheit, die den Herstellungsvorgang dieses Materials repräsentiert.[107] Die Effizienzbetrachtung einer Batteriezellfertigungslinie basiert auf der Gesamtanlageneffizienz, im Englischen als **Overall Equipment Effectiveness (OEE)** bezeichnet. Mittels der OEE können Produktionslinien verschiedener Hersteller in einem Benchmark verglichen werden.[108] Die OEE ist das Produkt aus den drei Faktoren für die verfügbare Zeit, Leistung und Qualität.[109] Die Faktoren ergeben sich aus dem in Abbildung 2.4 visualisierten Quotienten. Dabei errechnet sich die Verfügbarkeit aus der geplanten Betriebszeit dividiert durch die effektive Laufzeit, welche die Gesamtzeit ohne Stillstände umfasst. Für die Leistungsbetrachtung wird die mögliche Produktionsmenge ins Verhältnis zur Ist-Menge gesetzt und somit eventuelle reduzierte Geschwindigkeiten in der Taktzeit berücksichtigt. Im letzten

---

[104] Vgl. Deutsches Institut für Normung e. V. (DIN EN ISO 9000 - Qualitätsmanagementsysteme), 2015, S. 39

[105] Vgl. Kehrer et al. (Rejects in Production), 2021, S. 5

[106] Vgl. Deutsches Institut für Normung e. V. (DIN EN 61512-1 - Chargenorientierte Fahrweise), 2000, S. 4

[107] Vgl. ebd., 2000, S. 4

[108] Vgl. Heller et al. (Total Productive Management), 2018, S. 135

[109] Vgl. Ostheimer et al. (Overall Equipment Effectiveness), 2012, S. 10; Focke et al. (Steigerung der Anlagenproduktivität), 2018, S. 8

Faktor wird die Qualität berücksichtigt und die Ist-Menge zur Gut-Menge ins Verhältnis gesetzt. Berechnen lässt sich die OEE nach Gleichung 2.3.[110]

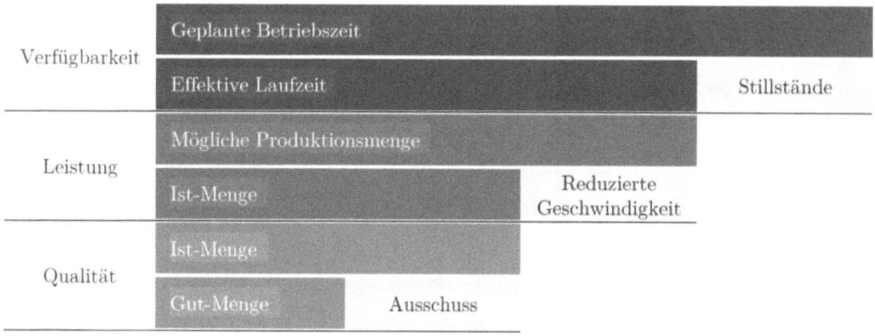

Abb. 2.4: Faktoren der Gesamtanlageneffizienz[111]

$$OEE = \frac{\text{geplante Betriebszeit}}{\text{Effektive Laufzeit}} * \frac{\text{Mögliche Produktionsmenge}}{\text{Ist-Menge}} * \frac{\text{Ist-Menge}}{\text{Gut-Menge}} \tag{2.3}$$

2.1.5 Zwischenfazit

Aus Kapitel 2.1 wird deutlich, wie die Lithium-Ionen-Batteriezelle aufgebaut und wie ihre elektrochemische Funktionsweise ist. Darüber hinaus wurden für die Produktion relevante Produkt- und Prozessmerkmale definiert. Dabei wurde deutlich, dass insbesondere die Prozessmerkmale der Produktvarianten und des Produktionsunterbrechungszyklus eine **differenzierte Betrachtung für das Einschalten der unterschiedlichen Seriengrößen** voraussetzen. Gleichzeitig nimmt die Seriengröße Einfluss auf andere Prozessmerkmale, wie beispielsweise die Batchfertigung, wobei die Chargengröße mit der Stückzahl in der Serie zunimmt.

2.2 Produktionsprozess Lithium-Ionen-Batteriezelle

Nach der Beschreibung der Produktarchitektur in Kapitel 2.1 wird in diesem Kapitel der Produktionsprozess dargelegt, der für die Defizitanalyse in der Praxis benötigt wird. Der technologische Wandel und die Vielfalt an Produkten benötigen einen stabilen Produktionsprozess, der eine kontinuierlich hohe Qualität gewährleistet. Für die zu betrachtenden Fertigungsprozesse wird die Produktionsleistung in Seriengrößen unterteilt. Die drei fokussierten Produktionsszenarien sind die Laborserie, die Kleinserie und die Großserie der

[110] Vgl. Heller et al. (Total Productive Management), 2018, S. 134
[111] I. A. a. ebd., 2018, S. 134

Lithium-Ionen-Batteriezellproduktion. Diese Unterteilung der Produktionsszenarien wird anhand der jährlichen Fertigungsleistung vorgenommen. Die **Laborserie** ist definiert als eine Fertigung mit weniger als einer MWh Produktionskapazität auf ein Jahr bezogen. Für die Produktion im Maßstab einer **Kleinserie** wird eine Produktionskapazität von mehr als einer MWh und weniger als einer GWh definiert. Eine Fabrik mit einer Fertigungsleistung über einer GWh in einem Jahr wird als **Großserie** definiert.[112] Für eine vollständige Betrachtung des Fertigungsprozesses werden die Begriffe in Abbildung 2.5 eingeführt, um die Prozesskette für die gesamte Batteriezellproduktion schematisch darstellen zu können.

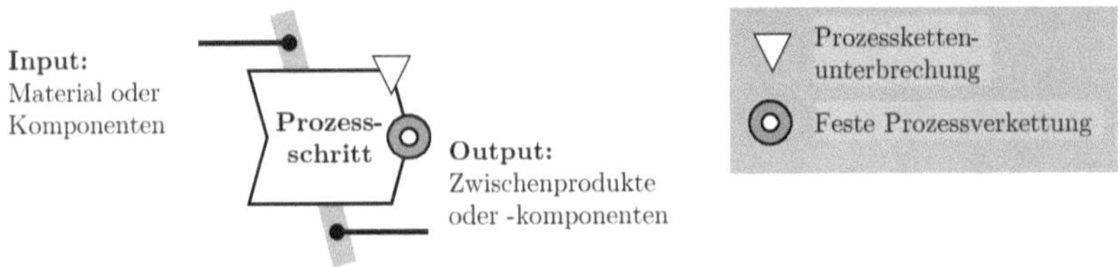

Abb. 2.5: Schemadarstellung eines generischen Prozessschritts

Zunächst besitzt jeder Prozessschritt einen Input, der sich aus Materialien und Komponenten oder Zwischenprodukten und Zukaufteilen, wie Baugruppen für das Gehäuse, zusammensetzt. Nach dem Durchlaufen des Prozessschritts und der Wertschöpfung durch die jeweiligen Fertigungsarbeiten folgt entweder direkt ein weiterer Prozessschritt oder ein Output wird generiert, der zu einem späteren Zeitpunkt in einem Folgeprozessschritt weiterverarbeitet wird. Für die Prozesskopplung gibt es zwei unterschiedliche Typen der Kopplung, eine feste Prozessverkettung oder eine mögliche Prozesskettenunterbrechung. Die Aufnahme der einzelnen Fertigungsschritte in einem Werk ist für die Wiederanlaufbetrachtung unerlässlich und soll in den Fertigungsprozessabschnitten Elektrodenfertigung, Zellassemblierung und dem Zellfinishing erfolgen.[113] Die Prozessschritte Elektrodenfertigung in Kapitel 2.2.1, Zellassemblierung in Kapitel 2.2.2 und Zellfinishing in Kapitel 2.2.3 werden anhand einer Beipielkonfiguration beschrieben. Für eine detaillierte Beschreibung der Prozessschritte sowie eine Betrachtung der Technologiealternativen in der Batteriezellproduktion sei auf HEIMES verwiesen.[114]

Bei der Betrachtung der atmosphärischen Anforderungen an die Lithium-Ionen-Batteriezellproduktion wird ersichtlich, dass die Dreiteilung in die genannten Fertigungsprozessabschnitte sinnvoll ist. Es müssen die in Abbildung 2.6 dargestellte Prozessführung, die zugehörige Reinraumklasse, die zulässige Feuchtigkeit bezüglich des Taupunkts sowie die Solltemperatur des Prozessabschnitts eingehalten werden. Grundsätzlich ist es wichtig,

[112] Vgl. Kehrer et al. (Rejects in Production), 2021, S. 2
[113] Vgl. Korthauer (Lithium-Ion Batteries), 2018, S. 212
[114] Vgl. Heimes (Auswahl von Fertigungsressourcen), 2014, für eine Detailanalyse der Technologiealternativen

dass keine Partikel in den Prozess und somit in die Batteriezelle gelangen.[115]

	Elektrodenfertigung	Zellassemblierung	Zellfinishing
Prozessführung	Im Reinraum	Im Rein- & Trockenraum	unkritisch
Reinraumklasse	Max. ISO8	Min. ISO7	unkritisch
Trockenraum	Taupunkt −40°C bis −60°C*	Taupunkt −30°C bis −60°C	unkritisch
Temperatur	22°C ± 2°C	22°C ± 2°C	22°C ± 2°C (max. 50°C)

*Nur für die Beschichtungs- und Aufwicklereinheit, der Trockner ist getrennt zu betrachten.

Abb. 2.6: Prozessatmosphären der Prozessabschnitte[116]

In der Elektrodenfertigung verlangt die Prozessführung einen Reinraum mit einer maximalen Partikelverschmutzung nach ISO 8.[117] Der Reinraum schließt dabei alle Anlagen der Elektrodenfertigung bis auf den Trockner ein. Der Trockner ist für einen effizienten Betrieb ohnehin selbst gekapselt. Der Taupunkt liegt zwischen −40 und −60 °C und die Temperatur liegt über alle Prozessschritte hinweg bei 22 °C mit einer Toleranz von 2 °C.[118] In der Zellassemblierung sind die Elektroden fertiggestellt und es müssen keine nassen Materialien prozessiert werden, sodass hier ein Rein- und Trockenraum mit einem Reinheitsgrad von mindestens ISO 7 und einem unveränderten Taupunkt zwischen −40 und −60 °C gefordert wird.[119] Im letzten Prozessabschnitt des Zellfinishings ist die Prozessführung durch die Racks, in denen die Zellen formiert werden, gekapselt und die Zellen darin sind ebenso bereits komplett verschlossen. Daher ist die Reinraumklasse nicht zu beachten bzw. analog zur Feuchtigkeit unkritisch. Sofern das Hochtemperaturaging angewendet wird, kann die Temperatur auf bis zu 50 °C steigen, was die Grenze für die Verflüchtigung der meisten Elektrolyte darstellt.[120]

2.2.1 Elektrodenfertigung

Die Prozesskette der Elektrodenfertigung in Abbildung 2.7 beginnt beim Zuführen der Rohmaterialien und endet mit der Fertigstellung einer Elektrode. Insgesamt ist sie aus acht Prozessschritten aufgebaut, die in ihrem prinzipiellen Aufbau für die Pouchzelle, die prismatische Zelle und die Rundzelle gleich sind.

[115] Vgl. Ardia et al. (Particle Quantification Method), 2021, S. 1
[116] I. A. a. Heimes et al. (Produktionsprozess Lithium-Ionen-Batteriezelle), 2023, S. 21
[117] Vgl. Holeczek et al. (Electrodes and Cells), 2014, S. 10
[118] Vgl. Heimes et al. (Lithium-Ion Battery Production), 2018, S. 22
[119] Vgl. Jinasena et al. (Benchmarking Battery Manufacturing), 2021, S. 9, 11
[120] Vgl. Heimes et al. (Produktionsprozess Lithium-Ionen-Batteriezelle), 2023, S. 20

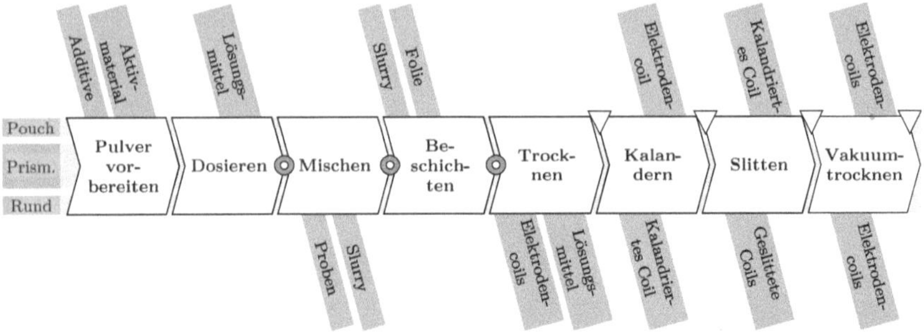

Abb. 2.7: Prozesskette der Elektrodenfertigung

Zu Beginn werden die Rohmaterialien wie das Aktivmaterial, Leitadditive sowie Bindemittel der **Pulvervorbereitung** zugeführt.[121] Darin werden die Behältnisse der gelieferten Materialien geöffnet und in Tanks oder Vorratsbehälter gefüllt. Die Lösungsmittel werden direkt im folgenden Prozessschritt der **Dosierung** zugeführt, wobei auf eine sehr genaue Dosierierung zu achten ist.[122] Mit der Dosierung der Rohmaterialien in den Mischer existiert eine direkte Kopplung zum Folgeschritt **Mischen**. Darin werden die einzelnen Komponenten in einer bestimmten Rezeptur, d. h. in einer definierten Reihenfolge, vermengt. Man unterscheidet zwischen dem Trocken- und dem Nassmischen. Das Trockenmischen wird als distributives Mischen bezeichnet, wobei die einzelnen Komponenten ohne das Lösungsmittel gemischt werden, um heterogene Phasen aufzubrechen. Beim Nassmischen bzw. dispersiven Mischen werden die Komponenten mit dem Lösungsmittel zusammengebracht und homogenisiert.[123] Ein wichtiger Prozessparameter für beide Verfahren ist die Mischerdrehzahl. Als Output des Prozessschritts ist das sogenannte Slurry für den nächsten Prozessschritt zu berücksichtigen sowie temporäre Materialproben aus dem Mischprozess. Es ist sinnvoll, diese drei Schritte gemeinsam zu betrachten, da sie häufig über mehrere Etagen in drei Ebenen übereinander ausgeführt werden: in der obersten Ebene die Pulvervorbereitung, in der zweiten Ebene die Dosierung und in der dritten Ebene befindet sich das eigentliche Mischwerkzeug. In diesem Beispiel ist der Prozessschritt des Mischens unmittelbar an den Schritt Beschichten gekoppelt, sodass es sich wegen der Prozesskopplung um die Technologie des kontinuierlichen Extrudierens handeln muss. Die Aktivmaterialien und die Additive werden dabei in einem kontinuierlichen Prozess durch einen Doppelschneckenextruder vermischt.[124] Das Slurry wird anschließend über einen Slurrybehälter oder über Rohrleitungen zur Beschichtungsanlage transportiert. Dem Prozessschritt **Beschichten** wird neben dem Slurry auch das Substrat, die

[121] Vgl. Mooy (Produktivitätssteigerung durch Materialbewegung), 2019, S. 20
[122] Vgl. Korthauer (Lithium-Ion Batteries), 2018, S. 214
[123] Vgl. Heimes et al. (Produktionsprozess Lithium-Ionen-Batteriezelle), 2023, S. 4
[124] Vgl. ebd., 2023, S. 4

Elektrodenfolie aus Aluminium oder Kupfer, zugeführt. Während der Prozessierung wird das Slurry beispielsweise über eine Zahnradpumpe mit der Schlitzdüsenbeschichtungstechnologie kontinuierlich oder intermittierend, d. h. in sequenziellen Stücken, gleichzeitig auf die Ober- und Unterseite des Substrats appliziert.[125] Dabei ist die Bahngeschwindigkeit ein Leistungsmerkmal und somit relevanter Prozessparameter im Prozessschritt des Beschichtens. In unmittelbarer prozessualer und zeitlicher Folge wird die beschichtete Elektrodenfolie in den Prozessschritt **Trocknen** überführt. Als Trocknungstechnologie wird in den meisten Fällen, insbesondere bei beidseitiger Beschichtung, die Schwebebahn-Konvektionstrocknung eingesetzt, da hierbei die beschichtete Elektrode nur einmal durch den Trockner läuft. Bei dem Tandemtrockner würde eine Seite der Elektrode doppelt getrocknet werden.[126] Es ist auch möglich, mehrere Technologien zu kombinieren und beispielsweise eine Infrarottrocknung voranzustellen. Von besonderer Bedeutung ist die Lösungsmittelrückgewinnung, bei der die verdampften Lösungsmittel in einer Aufbereitung zurückgewonnen werden. Das bei der Trocknung austretende Lösungsmittel wird aus der Abluft des Trockners abgesaugt, kondensiert, gereinigt und kann im Mischprozess wiederverwendet werden.[127] Die Outputkomponenten sind somit das Lösungsmittel selbst und die Elektrodencoils mit der vollständig beschichteten und aufgerollten Folie, die als getrocknete Elektrode bezeichnet wird. Die Trocknungstemperatur in den Trocknerzonen ist dabei ein zentraler Prozessparameter und befindet sich je nach Trocknerzone zwischen 50 und 160 °C. Damit müssen die Größen der Qualitätsmerkmale Nass- und Trockenschichtdicke sowie die Adhäsion der Beschichtung auf das Substrat in den Sollbereich geführt werden.[128] Auf den Prozessschritt Trocknen bietet sich eine Prozessunterbrechung an, die zwei Potenziale beinhaltet. Zum einen können Elektrodencoils als Puffer gelagert werden und zum anderen können extern gefertigte Elektrodencoils eingeschleust werden. Das ist insbesondere für Materialkompositionen relevant, die in der Fabrik nicht prozessierbare Lösungsmittel benötigen. Für das **Kalandern** werden die produzierten oder allgemein die zugeführten Elektrodencoils über mehrere Walzen zusammengepresst und auf eine Zieldicke kalandriert. Dabei wird die Porosität reduziert und die Dichte des Elektrodenmaterials für eine insgesamt höhere Elektrodenkapazität erhöht. Der Einfluss auf die elektrochemische Leistung ist auf drastische Veränderungen in der Porenstruktur der Beschichtung der Elektroden zurückzuführen.[129] Das Kalandern stellt einen recht unabhängigen Prozessschritt dar. Das Elektrodencoils kann entkoppelt vom vorausgehenden Prozessschritt Trocknen zugeführt werden. Das gilt auch für die Weiterführung des kalandrierten Materials zum Prozesschritt Slitten, sodass eine Prozessunterbrechung, wie in Abbildung 2.7 eingezeichnet, möglich ist. Das **Slitten** der Elektrodenbahnen entspricht einem Längsschnitt der Elektroden auf eine definierte Breite, wobei die geslitteten Elek-

[125] Vgl. Korthauer (Lithium-Ion Batteries), 2018, S. 214
[126] Vgl. Heimes et al. (Produktionsprozess Lithium-Ionen-Batteriezelle), 2023, S. 5
[127] Vgl. Korthauer (Lithium-Ion Batteries), 2018, S. 214
[128] Vgl. Heimes et al. (Produktionsprozess Lithium-Ionen-Batteriezelle), 2023, S. 5
[129] Vgl. Meyer et al. (Characterization of Calendering Process), 2017, S. 3

trodenbahnen wieder aufgerollt werden und die sogenannten Tochtercoils entstehen. Diese können entweder gelagert oder direkt weiter prozessiert werden und in den Prozessschritt Vakuumtrocknen überführt werden. Somit ist die Prozesskette an diesem Übergang auch nicht direkt verkettet, sondern mit einer möglichen Prozesskettenunterbrechung versehen. Bei den Slitting-Technologien handelt es sich entweder um rollierende Messer oder es wird die Laserschneidtechnologie für das Trennen der Elektrodenbahnen eingesetzt. Im Prozessschritt des **Vakuumtrocknens** werden die Elektrodencoils entweder in einem statischen Ofen oder in einem kontinuierlichen Ofen mit Schleusen am Ein- und Ausgang nachgetrocknet, um die noch vorhandene oder möglicherweise nach dem Trocknen wieder aufgenommene Feuchtigkeit zu beseitigen. Das Beseitigen der Restfeuchte verbessert die Leistungsdichte der Batterie, reduziert den Innenwiderstand, erhöht die Lebensdauer und gewährleistet somit eine sichere Funktion der Lithium-Ionen-Batteriezelle.[130] Dieser Prozessschritt stellt den Übergang zur Zellassemblierung und häufig eine Schleuse von dem Reinraum, in dem sich die Elektrodenfertigung befindet, in den Rein- und Trockenraum der Zellassemblierung dar.

2.2.2 Zellassemblierung

In der Zellassemblierung äußert sich erstmals die Formatabhängigkeit explizit in der Prozessstruktur, wie in Abbildung 2.8 ersichtlich ist.

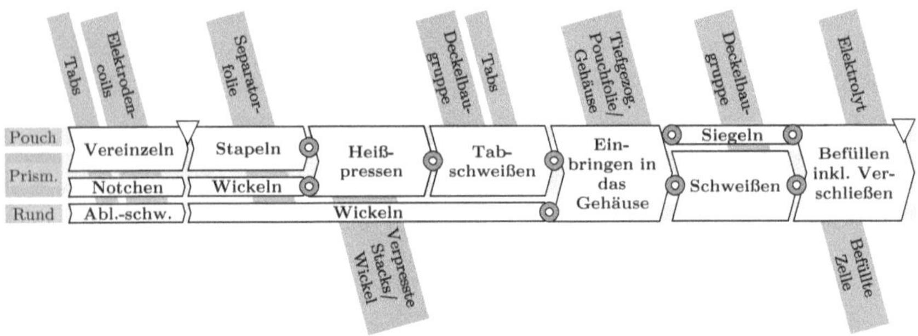

Abb. 2.8: Prozesskette der Zellassemblierung

Darin sind entsprechend der Formatabhängigkeit Prozessalternativen vertikal zur Richtung des Prozessverlaufs dargestellt. Der Fertigungsprozess folgt in horizontaler Richtung der Wertschöpfung für die Produktion einer Batteriezelle. Die Darstellung ist allgemeingültig, sodass alle Batteriezellformate beim Durchlaufen dieser Prozesskette gefertigt werden können. Die erste Zeile beinhaltet die Prozessschritte für die Pouchzelle, die zweite und dritte Zeile die für die prismatische Zelle mit gestapelten oder gewickelten Elektroden

[130] Vgl. Jiang et al. (Vacuum Drying Process), 2019, S. 121

und die vierte Zeile die Prozessschritte für die Rundzelle. Da die Batteriezellassemblierung ein hochautomatisierter Prozess ist, sind nach dem Vereinzeln, Notchen und Ableiterschweißen alle Prozessschritte indirekt verkettet. In allen Assemblierungsschritten werden vermehrt automatisierte Transportsysteme und die Robotik eingesetzt.[131]

Für die Pouchzelle und die gestapelte prismatische Zelle werden die Anoden und Kathoden im Prozessschritt **Vereinzeln** aus den Folienbahnen gestanzt bzw. geschnitten. Die Anoden und Kathoden werden anschließend im Wechsel mit dem Separator im Prozessschritt **Stapeln** übereinander positioniert. Das erfolgt entweder im Einzelblattstapeln (engl. single-sheet-stacking) aus Anoden-, Kathoden- und Separatorsheets oder durch Z-Falten (engl. Z-folding), sodass die einzelnen Anoden- und Kathodensheets seitlich in die z-förmige Separatorbahn eingeschoben werden.[132] Für die Rundzelle oder die gewickelte prismatische Zelle werden geslittete Elektrodenbahnen an der Seite der Stromableitung im sog. **Notching**-Prozessschritt so in regelmäßigen Abständen gestanzt, dass an exakt den Positionen, an denen später die Stromableiter der Deckelbaugruppe angebracht werden, freistehende Stromfahnen stehen bleiben.[133] Die Rundzellenassemblierung beginnt mit dem **Ableiterschweißen**. Dabei werden auf die freien Stellen der intermittierenden Beschichtung Stromableiter aus Kupfer für die Anode und aus Aluminium für die Kathode angeschweißt. Die Zellassemblierung der Rundzelle unterscheidet sich von der Pouchzelle und der prismatischen Zelle, weil die Elektrodenbahnen weder gestanzt noch geschnitten werden. Nach dem Wickeln der Elektroden für die prismatischen Zelle und insbesondere dem Stapeln der Elektroden der Pouchzelle wird der Elektrodenstapel bzw. -wickel im Schritt des **Heißpressens** von einer oder zwei beheizten Metallplatten zusammengepresst. Dieser Schritt bedarf eines siegelbaren Separators, womit die Elektroden durch das Erhitzen und den dabei sich um die Elektroden formenden Separator fixiert werden. Der Schritt des Heißpressens ist nicht obligatorisch, sodass im nächsten Schritt des **Tabschweißens** unabhängig davon bei der Pouchzelle die Stromableitertabs und bei der prismatischen Zelle die Deckelbaugruppe angeschweißt werden.[134] Dabei muss aus der Kontaktierung ein möglichst geringer Übergangswiderstand bei gleichzeitiger mechanischer und thermischer Stabilität resultieren.[135] Allerdings bietet der Schritt des Heißpressens, der auch als Lamination bezeichnet wird, eine verrutschsichere Positionierung.[136] Der Wickel der Rundzelle ist zu diesem Zeitpunkt bereits mit Stromableitern versehen, sodass an diesem Punkt der Wertschöpfung wieder alle Formate auf derselben Wertschöpfungsstufe angekommen sind. Für die Pouchzelle wird der Elektrodenstapel in die tiefgezogene Pouchfolie eingebracht und durch Impuls- oder Kontakt-**siegeln** an zwei Seiten gasdicht versiegelt. Die Pouchfolie hat zu diesem Zeitpunkt die Form einer Folienbahn mit zwei tiefgezogenen

[131] Vgl. Fraunhofer und PEM der RWTH Aachen (Innovationssystem Batterie), 2022, S. 23
[132] Vgl. Korthauer (Lithium-Ion Batteries), 2018, S. 216
[133] Vgl. ebd., 2018, S. 241
[134] Vgl. Heimes et al. (Lithium-Ion Battery Production), 2018, S. 12
[135] Vgl. Heimes (Auswahl von Fertigungsressourcen), 2014, S. 45
[136] Vgl. Korthauer (Lithium-Ion Batteries), 2018, S. 225

Stellen. Da die Folie wie ein Buch um das Stack gefaltet wird, bezeichnet man diesen Prozess auch als Bookfolding.[137] Über die nicht verschlossene Seite findet im nächsten Schritt das **Befüllen (Pouch)** der Zelle mit Elektrolyt und das Verschließen der noch offenen Seite statt. Die Fertigung der gestapelten Zelle ähnelt der der Pouchzelle und weicht nur beim Gehäuse ab. Sie wird anstelle in eine Folie in ein formstabiles Aluminiumgehäuse eingesetzt, das mit der bereits angefügten Deckelbaugruppe verschlossen werden kann. Im Folgeschritt **Schweißen** wird das Gehäuse mit der Deckelbaugruppe verschweißt. Für die gewickelte prismatische Zelle wird der Elektrodenwickel in das gleiche Gehäuse eingebracht und ebenso verschweißt. Die Deckelbaugruppe des Gehäuses der prismatischen Zellen besitzt noch eine Öffnung für die nachfolgende Befüllung mit dem Elektrolyt.[138] Bei der Rundzellenassemblierung wird dies anders umgesetzt. Der Elektrodenwickel wird ebenso in einem formstabilen Gehäuse platziert, das allerdings nicht unmittelbar zugeschweißt wird. Das Gehäuse muss zunächst geöffnet bleiben, da sonst kein Elektrolyt mehr in die Zelle dosiert werden kann. Es wird lediglich die Deckelbaugruppe an die aus dem Wickel herausstehenden Ableiter angeschweißt. Erst im letzten Schritt der Zellassemblierung, der **Befüllung** mit dem Elektrolyt, wird die Zelle verschlossen, sobald sie gefüllt ist. Dieses Verschließen ist bei der Rundzelle ein mehrstufiger Crimpprozess, bei der Pouchzelle ein Siegeln der noch offenen Seite und bei der prismatischen Zelle ein Verschweißen der Elektrolybefüllöffnung mit einem Dichtstopfen.[139] Das Befüllen und Verschließen geschieht in einem Prozessschritt, da die Elektrolytbefüllung aus Qualitäts- und Sicherheitsgründen unter Schutzatmosphäre ein gekapselter zyklischer Prozess ist. Das Verschließen der Zelle muss daher innerhalb dieses Prozessschrittes erfolgen.[140]

2.2.3 Zellfinishing

Im letzten Abschnitt der Prozesskette, dem Zellfinishing, findet die Aktivierung der Batteriezellen statt. Mit Aktivierung werden die ersten Lade- und Entladevorgänge der Batteriezelle in der Formierung bezeichnet. Die notwendigen vor- und nachgelagerten Prozesschritte sind in Abbildung 2.9 dargestellt. Der Prozessabschnitt des Zellfinishings hat wegen einmalig ablaufender chemischer Reaktionen in der Batteriezelle nennenswerten Einfluss auf die finale Zellqualität.[141]

Im ersten Schitt des Zellfinishings werden die mit Elektrolyt befüllten Batteriezellen unter Temperaturen von bis zu 50 °C im Prozessschitt des **Hochtemperatur(HT)-Agings** gelagert, sodass sich der Elektrolyt gleichmäßig verteilt. Diese Temperatur stellt im Vergleich zur Raumtemperatur und in Bezug auf die Verdampfungstemperaturen des

137 Vgl. Heimes et al. (Produktionsprozess Lithium-Ionen-Batteriezelle), 2018, S. 12; Heimes et al. (Produktionsprozess Lithium-Ionen-Batteriezelle), 2023, S. 12
138 Vgl. Knoche (Elektrolytbefüllung prismatischer Zellen), 2017, S. 17
139 Vgl. Sarovic (Variantenrobuste Produkt-Produktionssysteme), 2018, S. 23
140 Vgl. Nowacki (Konfiguration der Produktmixflexibilität), 2016, S. 73
141 Vgl. Heimes et al. (Mechanical and Thermal Loads), 2020, S. 1

Elektroyten eine hohe Temperatur dar, wobei letztere nicht überschritten werden dürfen. Für flüssige Elektrolyte liegen zudem die Flammpunkte ihrer Bestandteile je nach Komposition und Anwendung zwischen 18 und 160 °C, weshalb eine Temperaturüberwachung wichtig ist.[142] Das HT-Aging beinhaltet ein Vorladen der Batterien im Warenträger und wird hauptsächlich bei Rundzellen durchgeführt. Bei Pouchzellen und prismatischen Zellen findet eine Integration des HT-Agings in den Schritt des RT-Agings statt.[143]

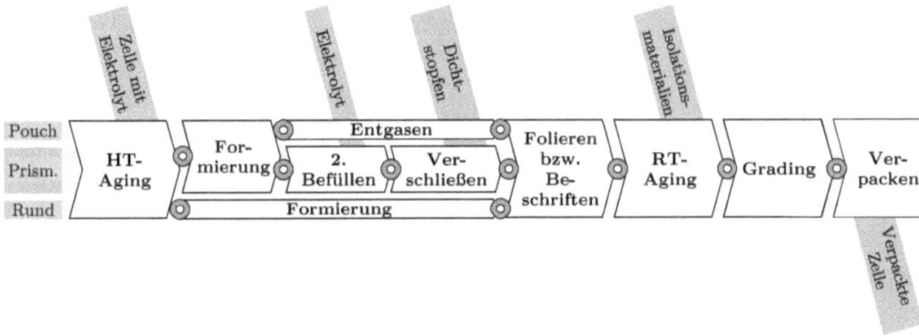

Abb. 2.9: Prozesskette des Zellfinishing

Die **Formierung** folgt für alle Formate und beginnt mit einer Konstantstromphase (CC-Phase), in der jede Batteriezelle bis zu einer Grenzspannung und anschließend über eine Konstantspannungsphase (CV-Phase) mit sinkendem Strom bis zu einem minimalen Grenzstrom geladen wird. Im Anschluss erfolgt eine Entladung über eine weitere Konstantstromphase bis zur Entladeschlussspannung.[144] Diese CC-CV-CC-Phasenabfolge wird als Formierzyklus bezeichnet und mindestens zweimal wiederholt. Während der Formierung und der ersten Einlagerung der Lithium-Ionen in die Kristallstruktur des Graphits auf der Anodenseite entsteht die sog. Solid Elektrolyte Interface (SEI) als eine Grenzschicht zwischen dem Elektrolyten und der Anode.[145] Dabei entsteht ein Gas, das für eine hohe Energiedichte und insbesondere bei der Pouchzelle wegen der Formstabiliät aus der Zelle entfernt werden muss. Die prismatischen Zellen durchlaufen ein **zweites Befüllen**, wobei der durch die SEI-Bildung verbrauchte Elektrolyt durch neuen Elektrolyt nachgefüllt wird. Mit dem größeren Zellvolumen und dem daraus resultierenden Energieinhalt der prismatischen Zelle im Vergleich zu den anderen Formaten geht ein großer Elektrolytverbrauch in der Formierung einher, der ausgeglichen wird, bevor das **Verschließen** der Elektrolytbefüllöffnung mit einem Dichtstopfen mittels Schweißen erfolgt.[146] Die Pouchzelle durchläuft nach der Formierung einen Prozessschritt für das **Entgasen**, wobei die Gastasche von der Pouchzelle entfernt und diese final versiegelt wird. Bei der Gastasche

[142] Vgl. Schaefer et al. (Electrolytes for Batteries), 2012, S. 93
[143] Vgl. Heimes et al. (Produktionsprozess Lithium-Ionen-Batteriezelle), 2023, S. 19
[144] Vgl. Heimes et al. (Mechanical and Thermal Loads), 2020, S. 2
[145] Vgl. Heimes et al. (Produktionsprozess Lithium-Ionen-Batteriezelle), 2023, S. 17
[146] Vgl. Sarovic (Variantenrobuste Produkt-Produktionssysteme), 2018, S. 23

handelt es sich um einen Überstand der Pouchfolie von der eigentlichen Pouchzelle auf einer der Seiten ohne Abteiler. Dieser füllt sich während der Formierung mit Gas und wird anschließend zur Zelle hin abgesiegelt sowie abgetrennt.[147] Die Rundzelle durchläuft keinen erneuten Befüllungssschritt, da sie bereits vollständig verschlossen ist und wegen der geringeren Kapazität wenig Gas entsteht. Das **Folieren bzw. Beschriften** durchlaufen alle Batteriezellformate. Die Rundzelle wird am häufigsten mit einem Schrumpfschlauch foliert, die prismatische Zelle kann foliert oder lackiert werden und die Pouchzelle wird meist direkt beschriftet. Sind alle Zellen beschriftet und über die zugeführten Lacke und Folien außen isoliert, reifen sie im Schritt des **Raumtemperatur(RT)-Agings**. Dabei werden die Zellen in sog. Reiferegalen oder -türmen gelagert und der Ladezustand der Zellen aus Gründen der Qualitätssicherung für bis zu drei Wochen überwacht. Die Zelleigenschaften und die Zellperformance wird durch regelmäßige Messung der Leerlaufspannung kontrolliert.[148] Basierend auf den Messungen werden die Batteriezellen im Prozessschritt **Grading** (engl. Klassifizieren) in Qualitätsklassen eingeteilt. Dabei geht es primär um die Streuung der tatsächlichen Batteriekapazität, weshalb die Zellen häufig in drei Klassen eingeteilt werden. Die erste Klasse beinhaltet Zellen mit einer Abweichung von wenigen mAh von der spezifizierten Kapazität bis hin zu Klasse zwei mit einer Abweichung im zweistelligen mAh-Bereich. Batteriezellen, die außerhalb dieser Bereiche liegen, werden der Klasse drei zugeordnet und aussortiert bzw. als Ausschuss deklariert.[149] Anschließend werden die Zellen in den entsprechenden Klassen im Schritt **Verpacken** in Kartons verpackt und versendet.

2.2.4 Zwischenfazit

In Kapitel 2.2 wurde der gesamte Produktionsprozess für die Lithium-Ionen-Batteriezelle in den Prozessabschnitten Elektrodenfertigung, Zellassemblierung und Zellfinishing aufgestellt, wichtige Prozessparameter wurden eingeführt und deren Prozessatmosphären angegeben. Dabei wurde insbesondere für die **Betrachtung des Einschaltens** der Linie die **Differenzierung in die Seriengrößen Laborserie, Kleinserie und Großserie** entsprechend der Produktionskapazitäten vorgenommen. Für jeden Prozessschritt wurden relevante Qualitätseigenschaften beschrieben, die in der Produktion eingehalten werden müssen. Werden diese nicht eingehalten, entstehen minderwertige Batteriezellen bis hin zu reinem Ausschuss. Die Herausforderung des Ausschusses in der Prozesskette und während des Wiederanlaufs soll im folgenden Kapitel erörtert werden.

[147] Vgl. Heimes et al. (Produktionsprozess Lithium-Ionen-Batteriezelle), 2023, S. 18
[148] Vgl. ebd., 2023, S. 19
[149] Erfahrungswerte aus Projekten mit Batteriezellherstellern

2.3 Ausschussproblematik im Wiederanlauf

Die Rohstoffe zur Herstellung einer Lithium-Ionen-Batteriezelle sind begrenzt auf der Erde verfügbar, sodass Ausschuss in der Lithium-Ionen-Batterieproduktion aus ökologischer und ökonomischer Sicht vermieden werden muss. Eine hohe Effizienz erfordert die Minimierung des Ausschusses in allen Prozessschritten über die gesamte Fertigungskette. In diesem Kapitel wird der Prozessausschuss in Betriebs- und Einschaltverluste differenziert und der Ausgangspunkt für die methodische Untersuchung in Kapitel 5 erörtert. Als Bestätigung für die identifizierten Defizite und die Ansatzpunkte für eine Optimierung des Wiederanlaufs wird eine Studie zur Ausschussproblematik im Wiederanlauf durchgeführt.

Ausschuss ist als ein Erzeugnis oder ein Erzeugnisteil definiert, das für den vorgesehenen Zweck endgültig nicht mehr verwendet werden kann und somit einen Verlust an Materialien und Produktivzeit erzeugt. Dazu gehören jedoch keine unfertigen Produkte, die im Test, während des erstmaligen Anlaufs oder der Inbetriebnahme der Maschinen und Anlagen entstehen und anschließend verschrottet werden. Das bedeutet, in der Prozessplanung vorgesehene und separat identifizierbare unfertige Produkte gelten nicht als Ausschuss. Insofern entsteht Ausschuss in der Produktion, resultiert aus mangelhafter Qualität der Produktionsprozesse und führt zu Nacharbeit.[150] Für Ausschuss gibt es drei übergeordnete Ursachen. Als erstes gibt es Produktionsfehler, Bearbeitungsfehler oder innerbetriebliche Transportschäden. Als zweites gibt es Ausschuss durch die Anlieferung von fehlerhaften Materialien, Komponenten oder Vorprodukten, welche die Eingangskontrolle passieren, weil das statistisch untersuchte Bauteil oder die Materialprobe in Ordnung war. Die dritte Ursache ist der unvermeidbare Ausschuss. Als unvermeidbar ist Ausschuss zu verstehen, wenn er Teil des Prozesses ist, wie beispielsweise der Verschnitt bei der Trennung von Bauteilen in der Elektrodenfertigung. Alle drei Ursachen treten meist in Kombination auf, wobei der Ausschuss in eine **getrennte Betrachtung der Einschalt- und Betriebsverluste** untergliedert werden kann.

Einschaltverluste sind die Menge an Erzeugnissen oder Erzeugnisteilen, die nach dem Einschalten der Anlage produziert werden und noch nicht die vorgesehenen Produktanforderungen erfüllen. Zeitpunkte für das Wiedereinschalten der Linie sind u. a. der Schichtbeginn, ein Chargenwechsel in der zu fertigenden Batteriezelle oder die Durchführung eines Service an den Anlagen. Einschaltverluste stellen einen wesentlichen Treiber des Produktionsausschuss dar und treten nicht nur beim ersten Einschalten einer Produktionsanlage auf, sondern entstehen bei jedem Einschalten der Fertigungslinie.[151] Aus der Betrachtung des Ausschusses in den Phasen des Einschaltens und des Betriebs ergeben sich Herausforderungen an die Praxis, die sowohl die Prozessgestaltung als auch die Prozessführung betreffen. Bisherige Batterieproduktionsanlagen verfolgen eine einheitliche Inbetriebnahme der Anlagen, die weitestgehend unabhängig von der Seriengröße ist. Optional gibt es

[150] Vgl. Chiromo et al. (Investigation of Quality Tools), 2014, S. 6
[151] Vgl. Kehrer et al. (Rejects in Production), 2021, S. 2

eine anschließende Phase der Beobachtung, in der Maschinen- und Anlagenhersteller noch für Anpassungen der Werkzeuge zur Verfügung stehen. Für den Einschaltvorgang muss zunächst zwischen der in Kapitel 2.1 definierten Laborserie, Kleinserie oder der Großserie unterschieden werden, da die Einschaltvorgänge deutlich häufiger im Bereich der Laborserie und der Kleinserie vorkommen. Zudem gilt im Hinblick auf die Mengen- und Variantenflexibilität, dass hohe geforderte Flexibilität in hochautomatisierten Lösungen aufgrund der verborgenen Kosten und Verluste unwirtschaftlich sein kann.[152] Dies verdeutlicht die Relevanz der Kleinserie, wenn häufig die Zellchemie wechselt und wenn man davon ausgeht, dass die Großserie einen hohen Automatisierungsgrad besitzt. Betrachtet man zusätzlich die Ausschussgefahr während des Einschaltens und des Betriebs der Linie in Abhängigkeit von der Produktionsleistung in den Intervallen der Seriengrößen Labor-, Klein- und Großserie, so ergibt sich die Verteilung in Abbildung 2.10.

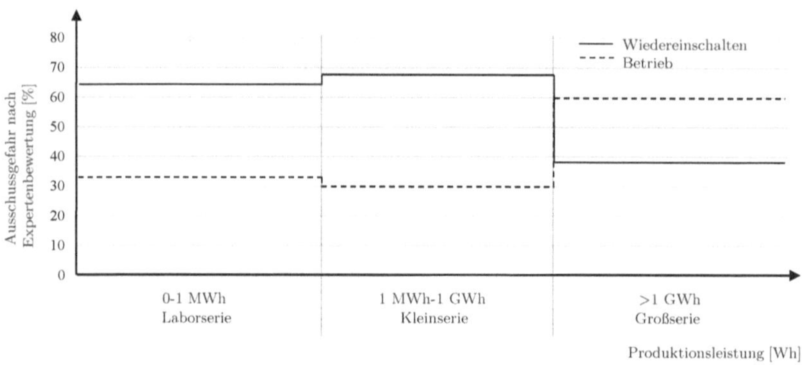

Abb. 2.10: Ausschussraten beim Einschalten und im Betrieb der Linie[153]

In den Labor- und Kleinserien unterhalb von einer GWh Produktionsleistung pro Jahr wird deutlich, dass **Wiedereinschaltverluste die Hauptursache des Ausschusses in der Kleinserie sind**. Bei Anlagen mit mehr als einer GWh Produktionsleistung wird der meiste Ausschuss durch Betriebsverluste verursacht. Darüber hinaus sind Einschaltvorgänge für mindestens 40 % des gesamten Ausschusses verantwortlich.[154]

Betriebsverluste sind die Menge an Erzeugnissen oder Erzeugnisteilen, die nach dem Einschalten der Maschine und somit nach Abschluss der Anlaufphase im Betrieb noch nicht die vorgesehenen Produktanforderungen erfüllen.[155] Grundsätzlich sind die Einschaltverluste größer als die Betriebsverluste, sodass man die Verteilung des Ausschusses über die Prozessschritte im Betrieb als Indikator für die Optimierung des Einschaltpro-

[152] Vgl. Wiendahl et al. (Handbuch Fabrikplanung), 2009, S. 51
[153] Vgl. Kehrer et al. (Rejects in Production), 2021, S. 3
[154] Vgl. ebd., 2021, S. 3
[155] Vgl. ebd., 2021, S. 2

zesses betrachten sollte. Die absolute Verteilung der Ausschussratenverteilung über die Prozessschritte, d. h. wie viel Ausschuss in bestimmten Prozessschritten zu erwarten ist, zeigt Abbildung 2.11.

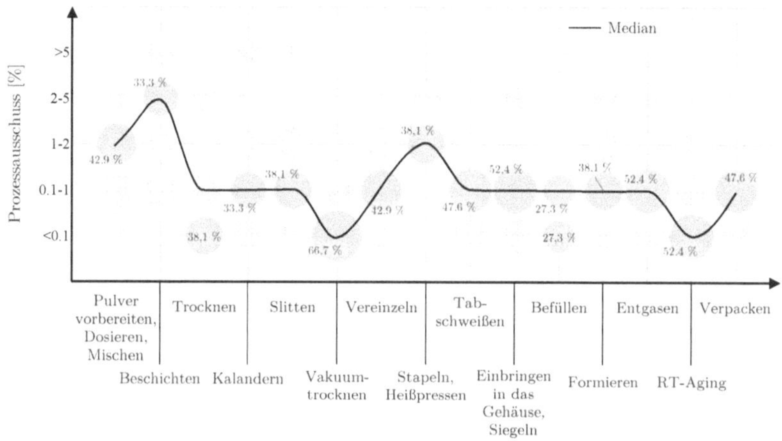

Abb. 2.11: Ausschuss in der Pouchzellenfertigung[156]

Darin sind auf der vertikalen Achse die Ausschussbereiche für jeden auf der horizontalen Achse aufgeführten Prozessschritt der Pouchzellenfertigung dargestellt. Die dritte Dimension dieser Grafik sind Kreise mit unterschiedlichem Durchmesser, welche die relative Anzahl der Experten zeigt, die den Ausschussbereich auswählen. Zum besseren Verständnis wurde aus diesen Daten der Median gebildet und in die Grafik eingezeichnet. Eine Systematik, worin die bekannten Prozessparameter mit den überwachten Qualitätsmerkmalen korrelieren und ein System, das selbstständig lernt, die Prozessparameter so einzustellen, dass die Qualitätsmerkmale erreicht werden, gibt es in der Batteriezellproduktion noch nicht.[157] Über alle Prozessschritte hinweg verzeichnet der Prozessschritt Beschichtung im Median mit 2 bis 5 % den höchsten Ausschuss. Betrachtet man die Position des Prozessschrittes Beschichtung in der Prozesskette, so handelt es sich um einen frühen Prozessschritt. Aus wirtschaftlicher Sicht ist dieser somit umso relevanter, da ein frühzeitiger Fehler in der Beschichtung eine weiterführende Wertschöpfung in den folgenden Prozessschritten verbietet. Dies wird insbesondere brisant, da in der Prozesskette der Elektrodenfertigung in Abbildung 2.7 die Beschichtung mit dem folgenden Prozessschritt Trocknen direkt verkettet und ein Ausschleusen fehlerhafter Teile damit nicht möglich ist. Analog gilt dies für das Stapeln bzw. Heißpressen aus der Zellassemblierung (siehe Abbildung 2.8), da diese Prozessschritte im Median den zweithöchsten Ausschuss aufwei-

[156] Vgl. ebd., 2021, S. 5
[157] Vgl. ebd., 2021, S. 5

sen. Auf diesen Prozessschritten sollte somit das Hauptaugenmerk der Ausschussoptimierung liegen. Im Bereich der Qualitätssicherungsverfahren für teil- und vollautomatisierte Linien können die Vorgehensweisen zur Qualitätssicherung nicht ohne Weiteres auf die Lithium-Ionen-Batteriezellproduktion übertragen werden. Somit existiert eine **defizitäre Qualitätssicherung in der Lithium-Ionen-Batteriezellproduktion**.

Zusammenfassend werden in Kapitel 2.3 die Verluste in der Lithium-Ionen-Batteriezellproduktion aufgezeigt. Die Berücksichtigung von Wirkzusammenhängen in der Produktion ist dabei noch nicht vollumfänglich erfolgt und wird auf eine defizitäre Qualitätssicherung in der Lithium-Ionen-Batteriezellproduktion zurückgeführt. Für eine differenzierte Betrachtung in der Ausschussanalyse in Kapitel 5 wird eine Untergliederung in Einschalt- und Betriebsverluste vorgenommen. In einer Gegenüberstellung der Ausschussraten wird deutlich, dass die Wiedereinschaltverluste die Hauptursache des Ausschusses sind. Für die Herausforderungen aus der Praxis wird im folgenden Kapitel ein Handlungsbedarf festgestellt.

2.4 Handlungsbedarf aus der Praxis

Ziel dieses Kapitels ist die Aufstellung der Herausforderungen aus der Praxis und die Ableitung der Anforderungen an die Theorie, die in Kapitel 3.1 detailliert werden. Eine Übersicht ist in Abbildung 2.12 dargestellt.

Eine notwendigerweise zu betrachtende Tatsache heutiger Lithium-Ionen-Batteriezelltechnologien ist die Vielfalt an verschiedenen Zellformaten. Zunächst kann zwischen den Formaten der Rundzelle, der prismatischen Zelle und der Pouchzelle unterschieden werden. Darüber hinaus gibt es für jedes Format verschiedene Dimensionen und unterschiedliche elektrochemische Materialkompositionen. Damit ist ein häufiger Wechsel des zu produzierenden Batteriezelldesigns verbunden, der einen Wiederanlauf der Fertigungslinie verursacht. Wie in Kapitel 1.1 festgestellt, resultiert daraus die Herausforderung eines **variantenrobusten Wiederanfahrprozesses** für jedes Zellformat auf einer existierenden Linie. In der Theorie müssen dazu nach Kapitel 2.1 sowohl die Produktvarianten von Batteriezellen einer Linie beschrieben werden als auch für das Wiederanfahren der Produktion ein seriengrößenunabhängiger Produktionsunterbrechungszyklus aufgestellt werden.

Mit den bisherigen Verfahren kann wie in Kapitel 1.3 weder eine Identifikation noch eine **Berücksichtigung aller Wirkzusammenhänge in der Produktion** realisiert werden, sodass dies eine Herausforderung aus der Praxis darstellt. Selbst die Nutzung bekannter Wirkzusammenhänge als ein Werkzeug zur Qualitätsoptimierung ist unzureichend. Folglich sind nicht alle Zusammenhänge zwischen den Stellgrößen der Prozesstechnik und den Qualitätsparametern der Produkte bekannt, woraus sich eine Anforderung an die Theorie ergibt.

Die notwendige Betrachtung der unterschiedlichen Seriengrößen in Bezug auf den Produktionsunterbrechungszyklus wurde in Kapitel 2.1 erarbeitet und als zu berücksichtigende Eigenschaft wird die Batchfertigung definiert. In Kapitel 2.2 wurden folglich verschiedene Produktionsszenarien definiert und festgestellt, dass eine **differenzierte Betrachtung des Einschaltens einer Laborserie, Kleinserie oder Großserie** der Fertigungslinie notwendig ist und eine Herausforderung darstellt. Insbesondere für den Ausschuss ist es relevant zu beachten, für welche Seriengröße man einen Wiederanfahrprozess entwickelt. Um die Gestaltung der Methode sinnvoll durchführen zu können, sollten zudem die grundlegenden Ausschaltursachen aufgelistet werden. Dafür müssen die batchweise Materialzufuhr und der Ablauf des Materialwechsels analysiert werden. Eine seriengrößenabhängige Betrachtung und Berücksichtigung der batchweisen Fertigung sind beides Anforderungen an die Theorie.

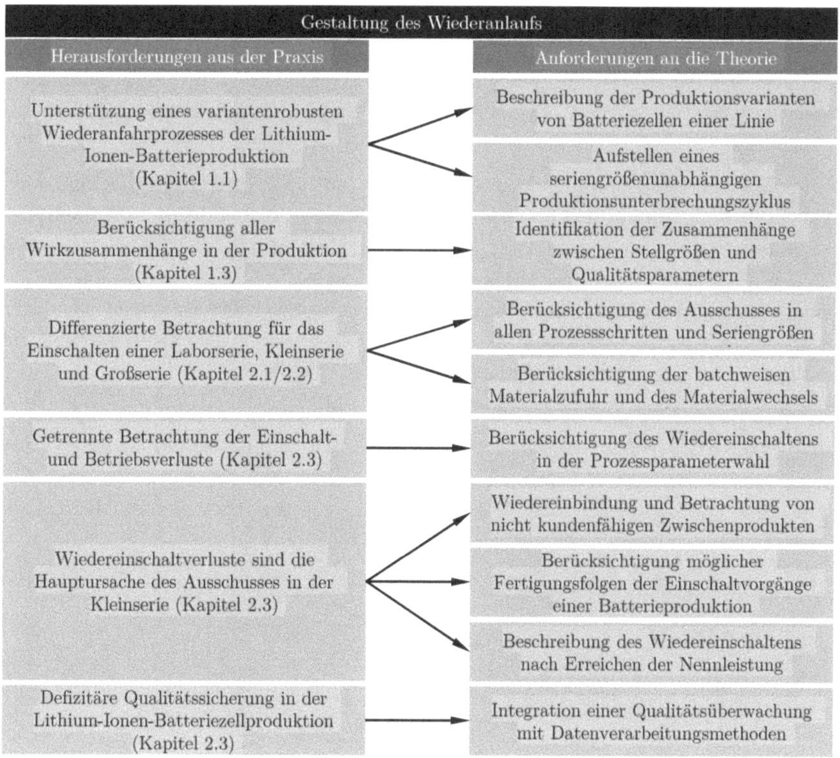

Abb. 2.12: Handlungsbedarf aus der Praxis

In der Ausschussbetrachtung in Kapitel 2.3 wurde der Produktionsausschuss für die einzelnen Prozessschritte analysiert und ausgewiesen, in welchem Prozessschritt welche

Menge an Prozessausschuss anfällt. Der Gesamtauschuss ist dabei maßgeblich vom Betriebsmodus abhängig. Die daraus hervorgehende Herausforderung ist eine **getrennte Betrachtung von Anfahr- und Betriebsverlusten**. Als Anforderung an die Theorie muss dazu das Wiedereinschalten unter Beachtung der verwendeten Technologie in der Prozessparameterwahl berücksichtigt werden.

In der Gegenüberstellung der Betriebsmodi Wiedereinschalten und normaler Betrieb aus Kapitel 2.3 wurde deutlich, dass die Anfahrverluste bzw. Wiedereinschaltverluste gegenüber den Betriebsverlusten dominieren. Damit können die **Wiedereinschaltverluste als Hauptursache des Ausschusses in der Kleinserie** identifiziert werden. Dieses Ausschussverhalten setzt eine Analyse in der Theorie mit folgenden Anforderungen voraus: Für eine Verringerung des Ausschusses sollten alle Zwischenprodukte hinsichtlich einer möglichen Wiedereinbindung in die Fertigung und auf die noch vorhandenen Kundenwerte überprüft werden. Zusätzlich lässt sich die Anforderung zur Berücksichtigung möglicher Fertigungsfolgen der Einschaltvorgänge der betrachteten Batterieproduktion aufstellen. Gleichzeitig soll der Vorgang des Wiedereinschaltens nach Erreichen der Nennleistung beschreiben werden. Damit können die Wiedereinschaltverluste analysiert und reduziert werden.

Parallel dazu wurde in Kapitel 2.3 bezüglich bestehender Prüfverfahren eine **defizitäre Qualitätssicherung in der Lithium-Ionen-Batteriezellproduktion** festgestellt. Insbesondere prozessübergreifende Analysen und die Kenntnis des Qualitätszustands von Zwischenprodukten sind nicht gewährleistet. Datenbasierte Methoden und Analyseverfahren, die mit der vorhandenen Messtechnik und den vorliegenden Prozessinformationen Vorhersagen über die Qualität des Endprodukts treffen können, sind bisher nur teilweise existent. Daraus leitet sich die Anforderung an die Theorie zur Integration einer Qualitätsüberwachung mit Datenverarbeitungsmethoden ab.

Alle Anforderungen an die Theorie betreffen die Analyse und Gestaltung des Wiedereinschaltprozesses und werden in Kapitel 3.1 vertieft. Im nachfolgenden Kapitel 3 wird überprüft, inwieweit bestehende Forschungsansätze die Anforderungen an die Theorie adressieren.

3 Grundlagen des Gestaltungsbereichs

Die in Kapitel 2 zusammengetragenen Herausforderungen aus der Praxis stellen die Grundlage der inhaltlichen Anforderungen an die Methodik dar. Für die Positionierung und Verankerung der Methodik in der Wissenschaft muss die wissenschaftliche Literatur analysiert werden. Dazu soll die Herangehensweise von VOM BROCKE ET AL. für die Durchführung von Literaturrecherchen aufgegriffen und ein im Rahmen dieser Arbeit entwickeltes Literaturrechercheprinzip nach Abbildung 3.1 ausgeführt werden.[158]

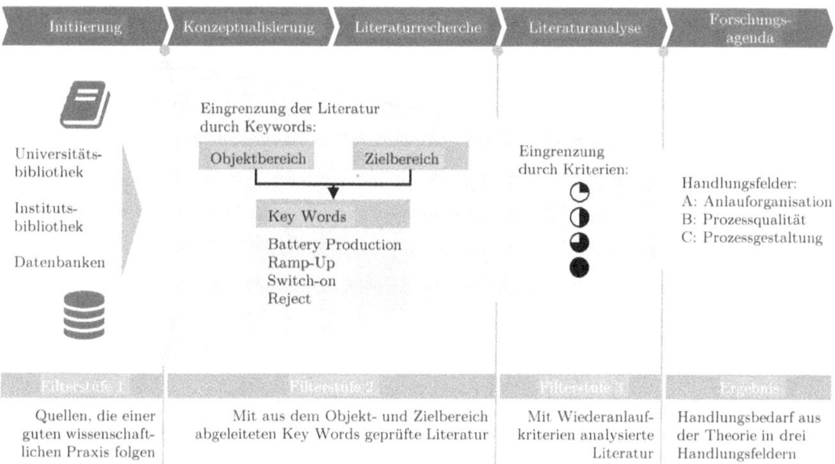

Abb. 3.1: Literaturrechercheprinzip i. A. a. VOM BROCKE ET AL.[159]

Die Herangehensweise umfasst fünf Phasen, die kurz erläutert werden, um sie gewinnbringend einsetzen zu können. Zunächst wird als *Initiierung* ein angemessener Umfang für die Recherche definiert.[160] In einem nächsten Schritt findet eine *Konzeptualisierung* statt. Darin wird geprüft, wie der allgemeine Stand der Wissenschaft um das Thema Wiederanlauf konstituiert ist und in welchen Bereichen noch Wissen erarbeitet werden muss.[161] Es folgt die Suche nach relevanter Literatur im Rahmen einer *Literaturrecherche* und ei-

[158] Vgl. vom Brocke et al. (Reconstructing the Giant), 2009, S. 3
[159] I. A. a. vom Brocke et al. (Reconstructing the Giant), 2009, S. 7
[160] Vgl. ebd., 2009, S. 6
[161] Vgl. ebd., 2009, S. 8

ne *Literaturanalyse.*[162] Aufbauend darauf kann eine *Forschungsagenda* formuliert werden, um das noch fehlende Wissen zu generieren.[163] Diese etablierte Herangehensweise wird angewendet, um für die Ausschussproblematik im Wiederanlauf die Lücke in der Theorie zu identifizieren. Dafür werden die Schritte der Herangehensweise in Abbildung 3.1 über einen Trichter aufgetragen und konkrete Handlungen daran geknüpft. Der entwickelte Trichter beinhaltet drei Filterstufen, an denen die Vielfalt der Literatur zum Stand der Wissenschaft über das Thema Wiederanlauf in der Batteriezellproduktion weiter eingeschränkt wird. Insgesamt werden links die verfügbaren Literaturquellen zum Stand der Wissenschaft über Datenbanken oder Bibliothekbestände zugeführt und am Ende eine Forschungsagenda ausgegeben. Eine detaillierte Übersicht der während der Initiierung durch die Filterstufe eins in Betracht gezogenen Literatur ist als Datenbank oder Bestand in der ersten Spalte in Abbildung 3.2 notiert.

Berücksichtigte Literatur		
Datenbank oder Bestand	Anzahl relevanter Werke oder Beschreibung	Autor und ggf. Jahr
Springer	Mindestens 2.329 relevante Werke	Verschiedene Autoren
Wiley Inter Science	Mindestens 1018 relevante Werke	Verschiedene Autoren
Science Direct	Mindestens 482 relevante Werke	Verschiedene Autoren
Association for Computing Machinery	Mindestens 349 relevante Werke	Verschiedene Autoren
Universitätsbibliothek RWTH Aachen	Analyse komplexer Prozessketten	Westermeier 2016
	Anlaufmanagement und Entwicklungsprozesse	Stadler 2016
	Bewertung der Herstellkosten	Schünemann 2015
	Gestaltung von Fertigungssystemen	Stauder 2017
	Integrierte Messtechnik für Prozessketten	Kölmel 2016
	Management von Serienanläufen	Schmitt 2012
	Modellierung vernetzter Wirkbeziehungen	Winkler 2007
	Performance Management im Produktionsanlauf	Renner 2012
	Ramp-Up Management	Tücks 2010
	Simulationsbasierte Anlaufunterstützung	Lanza 2005
	Theorien zu Produktionsanlauf	Verschiedene Autoren
	Weitere Literatur aus dem Bibliothekskatalog	Verschiedene Autoren
Institutsbibliothek Lehrstuhl PEM	Auswahl von Fertigungsressourcen	Heimes 2014
	Auswahl von Fertigungstechnologien	Nau 2012
	Gestaltung des Produktionsanlaufs	Maue 2015
	Konfiguration der Produktmixflexibilität	Nowacki 2019
	Theorien der Elektromobilproduktion	Kampker et al.
	Weitere Publikationen des Lehrstuhls PEM	Kampker et al.

Abb. 3.2: Berücksichtigte Literatur[164]

Darin sind neben den erwähnten Beständen aus der Universitätsbibliothek der RWTH Aachen und der Institutsbibliothek des Lehrstuhls PEM passende zu untersuchende Datenbanken wie Springer, Wiley Interscience, Science Direct und die Association for Com-

[162] Vgl. vom Brocke et al. (Reconstructing the Giant), 2009, S. 8–9
[163] Vgl. ebd., 2009, S. 9
[164] Anzahl relevanter Werke zum Datum des 26. Mai 2023

puting Machinery gelistet. In der zweiten Spalte wird die Anzahl relevanter Werke oder eine Beschreibung des Werks notiert, die sich aus der Filterstufe zwei ergeben. Die zugehörigen Autoren und das Jahr der Publikation folgen in der dritten Spalte.

Letztendlich werden in der ersten Filterstufe Bestände und Datenbanken selektiert, die einer guten wissenschaftlichen Praxis folgen. Für die Konzeptualisierung wird die Literatur zunächst indirekt berücksichtigt, wenn dabei die inhaltlichen Anforderungen an die Methodik aus Kapitel 3.1 zur Präzisierung des Handlungsbedarfs aus der Praxis nach Kapitel 2.4 in einen Objekt- und Zielbereich überführt werden. Dabei werden zusätzlich formale Anforderungen als Grundvoraussetzung an die Methodik gestellt. Aus den aufgestellten Anforderungen werden für die Filterung der Literatur Key Words abgeleitet und im Rahmen einer Literaturrecherche die Datenbanken und Bestände danach gefiltert. Hierbei werden die Key Words Batterieproduktion, Hochlauf, Einschalten und Ausschuss bzw. in Englisch Battery Production, Ramp-Up, Switch-On und Reject verwendet. Für die Anzahl an relevanten Werken aus Abbildung 3.2 wurden die englischen Begriffe verwendet, weil ein Großteil der publizierten Literatur in Englisch verfasst ist.[165] Wie beschrieben ergeben sich nach diesem Durchsuchen die relevanten Werke aus der zweiten Spalte in Abbildung 3.2, sodass diese die zweite Filterstufe passieren. Diese Werke durchlaufen eine Literaturanalyse inklusive einer Bewertung nach Kriterien. Die Kriterien sind in Kapitel 3.1.3 als Stufen der Anforderungserfüllung aufgestellt und dienen der Bewertung der Literatur. Erfüllt ein Werk keines der Bewertungskriterien, wird es in dieser Instanz aussortiert. Veröffentlichungen auf Basis eines Papers erfüllen die formalen Anforderungen an eine Methodik nicht. Das liegt daran, dass diese häufig nicht allgemeingültig sind, sondern über ein spezielles Ereignis berichten. Ebenso sind diese teilweise nicht wiederverwendbar, weil sie bewusst Ergebnisse zusammenfassen, ohne auf eine vollständige Herleitung zu verweisen. Darüber hinaus ist es häufige Praxis, dass hinter ganzheitlichen Ansätzen selbige Paper stehen, sodass mit dem Ausschluss von Papern eine potenzielle Redundanz vermieden wird.

Die nach der Filterstufe zwei verbleibenden Theorien und ganzheitlichen Ansätze sind damit auf die Anforderungen der Methodik überprüft und werden in Handlungsfelder gegliedert. Diese Gliederung ist Kern der Forschungsagenda. Unter Berücksichtigung dieser und der nicht erfüllten Anforderungen wird in Kapitel 4 das Grobkonzept der Methodik aufgestellt. Das Ergebnis nach dem Durchlaufen des Literaturrechercheprinzips aus Abbildung 3.1 ist am Ende von Kapitel 3.4 zusammen mit der Bewertung in Abbildung 3.18 dargestellt.

[165] Die Anzahl relevanter Werke resultiert aus dem Durchsuchen der Datenbanken über den Vollzugriff der RWTH Aachen auf Key Words

3.1 Anforderungen an die Methodik

Der Handlungsbedarf aus der Praxis aus Kapitel 2.4 ist die Basis für die Aufstellung der Anforderungen an die Theorie. Es wird im folgenden Kapitel 3.1.1 eine Differenzierung in einen Objekt- und Zielbereich nach Abbildung 3.3 vorgenommen. In Kapitel 3.1.2 werden zusätzliche formale Anforderungen an die Methode zum Wiedereinschalten ergänzt. Der Objektbereich beinhaltet Betrachtungsobjekte, die mit den bestehenden Ansätzen aus der wissenschaftlichen Literatur abgeglichen werden.[166] Im Zielbereich werden Schwerpunkte zur Bearbeitung des Lösungsansatzes aufgeführt, die wiederum der Untersuchung bestehender Ansätze auf deren Zielsystem dienen. Zusammen mit den formalen Anforderungen an die Methodik, welche die Ausführbarkeit einer Methodik sicherstellen, dienen sie der Untersuchung der Theorien des Produktionsanlaufs in Kapitel 3.2 und der ganzheitlichen Ansätze der Produktionsanlaufplanung in Kapitel 3.3 auf den Grad der Erfüllung der Zielsetzung der Methodik.

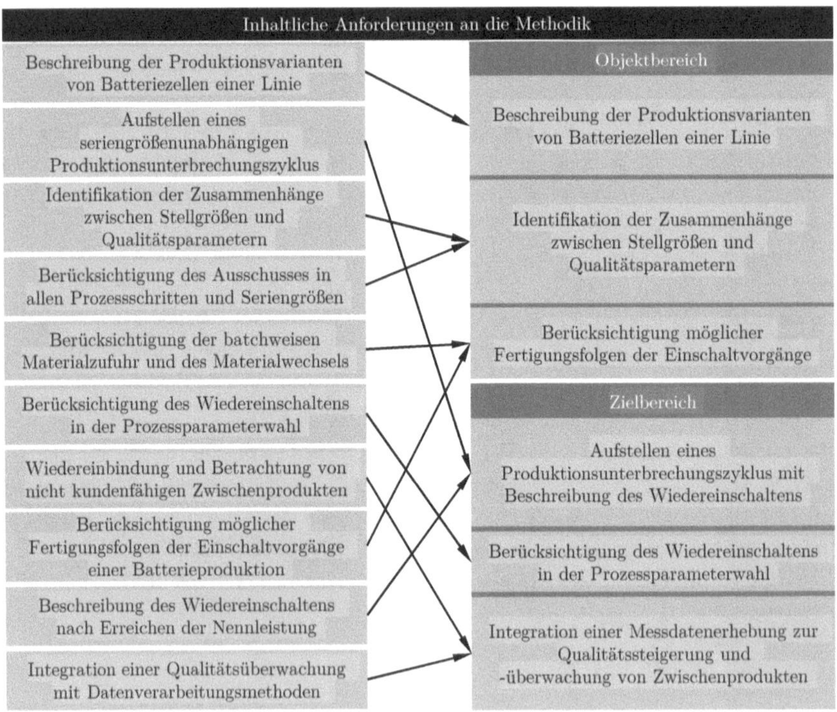

Abb. 3.3: Inhaltliche Anforderungen an die Methodik

[166] Vgl. Sarovic (Variantenrobuste Produkt-Produktionssysteme), 2018, S. 73

3.1.1 Inhaltliche Anforderungen

Die Anforderungen an die Theorie wurden in Kapitel 2.4 aus der Praxis hergeleitet. Darauf aufbauend sollen in diesem Kapitel die Anforderungen zur gezielten Gestaltung einer Methodik für die in der Literatur defizitären Lösungen in den Objekt- und Zielbereich aufgeteilt werden.

Inhaltliche Anforderungen des Objektbereichs

Der Objektbereich setzt sich, wie in Abbildung 3.3 dargestellt, aus drei übergeordneten inhaltlichen Anforderungen zusammen. Die **Beschreibung der Produktionsvarianten von Batteriezellen einer Linie** stellt die erste Anforderung im Objektbereich dar. Sie bezieht sich auf die Varianten eines Produkts, das auf einer Linie gefertigt werden soll und wodurch die Flexibilität einer Linie beschrieben wird. Die Anforderung an die Theorie aus Kapitel 2.4 wird vollständig in den Objektbereich übernommen, da sie eine objektive Größe für die Untersuchung existierender Literatur darstellt.

Die zweite Anforderung an den Objektbereich leitet sich aus der in Kapitel 2.3 vorgestellten Ausschussproblematik und der zugrundeliegenden fehlenden Kenntnis über die Wirkzusammenhänge in den Prozessschritten ab. Dies hatte bereits WINKLER ET AL. in seinem Prognose- und Analysesystem festgestellt und seine wirkungsorientierte Analyse zur Identifikation der Stellhebel zur Verbesserung der Anlaufziele darauf basierend aufgebaut.[167] In der Batteriezellfertigung gilt diese Anforderung für alle Seriengrößen, sodass die Berücksichtigung des Ausschusses in allen Prozessschritten und Seriengrößen in den Objektbereich aufgenommen werden muss. Die Aufdeckung der Wirkzusammenhänge innerhalb der Produktion liegt dieser Anforderung zugrunde. Es müssen daher zunächst die Qualitätsmerkmale und deren erlaubte Toleranzen identifiziert werden, um den Ausschuss in jedem Prozessschritt feststellen zu können. Somit schließt die Anforderung der **Identifikation der Zusammenhänge zwischen Stellgrößen und Qualitätsparametern** die inhaltliche Anforderung zur Berücksichtigung des Ausschusses mit ein.

Die Prozessbeschreibungen, angefangen mit der Elektrodenfertigung in Kapitel 2.2.1 bis zum Zellfinishing in Kapitel 2.2.3, inkludieren die Materialzufuhr der einzelnen Prozessschritte. Insbesondere im Prozessschritt Mischen der Elektrodenfertigung wird deutlich, dass die Berücksichtigung des batchweisen Zuführens von Rohmaterialien und des Materialwechsels bei einem Wiederanlauf in eine Anforderung überführt werden muss. Somit handelt es sich um die prozessinterne Fertigungsfolge, wofür analysiert werden muss, wann welche Komponente zugeführt wird. Daraus gehen unterschiedliche Einschaltvorgänge bezogen auf die Reihenfolge der einzustellenden Prozessparameter des Fertigungsprozesses hervor. Somit berücksichtigt die Betrachtung der Fertigungsfolge der Einschaltvorgänge gleichzeitig die Materialzufuhr. Aus den ursprünglichen zwei Anforderungen an die Theorie wird die inhaltliche Anforderung zur **Berücksichtigung möglicher Fertigungsfol-**

[167] Vgl. Winkler (Modellierung vernetzter Wirkbeziehungen), 2007, S. 123, 124

gen der Einschaltvorgänge festgelegt.

Insgesamt handelt es sich bei den inhaltlichen Anforderungen im Objektbereich um die folgenden Anforderungen:

- Beschreibung der Produktionsvarianten von Batteriezellen einer Linie,
- Identifikation der Zusammenhänge zwischen Stellgrößen und Qualitätsparametern,
- Berücksichtigung möglicher Fertigungsfolgen der Einschaltvorgänge.

Aus den drei inhaltlichen Anforderungen des Objektbereichs lassen sich die ersten zwei Key Words ableiten. Die Produktionsvarianten und auch die Zusammenhänge zwischen Stellgrößen und Qualitätsparametern werden dem Key Word Battery Production für die Literaturrecherche zugeordnet. Die Berücksichtigung möglicher Fertigungsfolgen werden mit dem Key Word Ramp-Up assoziiert.

Inhaltliche Anforderungen des Zielbereichs

Neben dem Objektbereich soll der Zielbereich mit Anforderungen für eine mögliche Lösung beschrieben werden, der sich, wie in Abbildung 3.3 dargestellt, aus drei Anforderungen zusammensetzt. In Bezug auf die erste Anforderung wurden in Kapitel 2.3 verschiedenen Produktionsskalen definiert und die anfallenden Ausschussraten beim Wiedereinschalten identifiziert. Wegen der nennenswerten Ausschussraten muss für eine Gesamtproduktivitätsbetrachtung einer Fertigungslinie die Zahl der Unterbrechungen bekannt sein und das Aufstellen eines seriengrößenunabhängigen Produktionsunterbrechungszyklus mit in den Zielbereich übernommen werden. Als Folge der Produktionsunterbrechung bricht die Nennleistung ein und es kommt zum Wiedereinschalten der Fertigungslinie, sodass die Beschreibung des Wiedereinschaltens als Anforderung an die Aufstellung des Produktionsunterbrechungszyklus gekoppelt werden muss. Somit ergibt sich als erste Anforderung des Zielbereichs das **Aufstellen eines Produktionsunterbrechungszyklus mit Beschreibung des Wiedereinschaltens**.

Durch den hohen Ausschuss in Hinblick auf das Wiedereinschalten muss die Prozessparameterwahl dediziert betrachtet werden. Die Bedeutung wird aus der Betrachtung der Produktionsskalen in Abbildung 2.10 deutlich, sodass als zweite Anforderung die **Berücksichtigung des Wiedereinschaltens in der Prozessparameterwahl** komplett in den Zielbereich übernommen wird.

Für die Qualitätsüberwachung in der Produktionslinie wurden in Kapitel 2.3 defizitäre Qualitätssicherungsverfahren und unvollständige Linienüberwachung thematisiert. Eine vollständige Überprüfung aller Zwischenprodukte und deren Zustände muss daher ebenso in die Messdatenerhebung zur Qualitätssteigerung und -überwachung aufgenommen werden. Auch WESTERMEIER postuliert, dass für eine prozessübergreifende Analyse Zwischenproduktmerkmale mit betrachtet werden müssen.[168] Die Wiedereinbindung und Be-

[168] Vgl. Westermeier (Analyse komplexer Prozessketten), 2016, S. 97

trachtung von nicht kundenfähigen Zwischenprodukten lässt sich so mit der Anforderung zur Integration von Qualitätsüberwachung mit Datenverarbeitungsmethoden verknüpfen. Daraus ergibt sich die dritte Anforderung im Zielbereich als **Integration einer Messdatenerhebung zur Qualitätssteigerung und -überwachung von Zwischenprodukten**.

Zusammenfassend sind die drei Anforderungen an die Theorie, die dem Zielbereich zugeordnet werden, im Folgenden aufgeführt:

- Aufstellen eines Produktionsunterbrechungszyklus mit Beschreibung des Wiedereinschaltens,
- Berücksichtigung des Wiedereinschaltens in der Prozessparameterwahl,
- Integration einer Messdatenerhebung zur Qualitätssteigerung und -überwachung von Zwischenprodukten.

Die drei inhaltlichen Anforderungen des Zielbereichs sind gleichzeitig als Maß der Erfüllung der gestalteten Methodik zu verstehen. Für eine Betrachtung des Produktionsunterbrechungszyklus aus der ersten Anforderung, der in Verbindung mit der Ausschussanalyse steht, soll die Literatur auf das Key Word Reject untersucht werden. Das Wiedereinschalten und die damit verbundene Prozessparameterwahl der zweiten Anforderung erhält das Key Word Switch-On. Die letzte Anforderung legt den Fokus auf die Qualitätssteigerung zur Ausschussvermeidung und wird durch das Key Word Reject mit berücksichtigt.

3.1.2 Formale Anforderungen

Nach der Definition des Objekt- und Zielbereichs gilt es, formale Anforderungen zu berücksichtigen. Die Einhaltung der formalen Anforderungen ist für die Ausführbarkeit der Methodik notwendig. Im Folgenden werden diese Anforderungen beschrieben, um die richtige Gestaltung der Methodik zu gewährleisten. Eine zusammenfassende Darstellung bietet Abbildung 3.4.

Darin sind links die bereits aufgestellten inhaltlichen Anforderungen und rechts die formalen Anforderungen nach HEIMES dargestellt.[169] Die formalen Anforderungen dienen der Sicherstellung einer systematischen Herangehensweise bei der Lösungsfindung in der Theorie.[170] Die Handhabbarkeit soll dem Anwender[171] ermöglichen die Methode in einer vertretbaren Zeit zu durchlaufen. Gleichzeitig soll das Ergebnis nach PATZAK leicht interpretierbar sein.[172] Durch die Wiederverwendbarkeit kann die Methode mehrfach an-

[169] Vgl. Heimes (Auswahl von Fertigungsressourcen), 2014, S. 65
[170] Vgl. Schön (Gestaltung von Technologieketten), 2022, S. 44
[171] Für die Beschreibung der formalen Anforderung und die weitere Methodik wird ausschließlich aus dem Grund der Lesbarkeit für die anwendende Person das Wort Anwender verwendet (siehe Einleitung in Kapitel 1.5)
[172] Vgl. Patzak (Systemtechnik komplexer Systeme), 1982, S. 310

gewendet werden. Dies muss technisch sichergestellt, um eine weitere Iteration der Wiederanlaufoptimierung durchzuführen. Gleichzeitig muss der Anwender dazu gewillt sein, die Methodik in einem adäquaten Aufwand-Nutzenverhältnis erneut anzuwenden.[173] Zudem muss die Methodik nachvollziehbar sein, d. h. einem logischen und systematischen Ablauf folgen und die Phasen müssen für den Anwender verständlich, erlernbar sowie bedienbar sein. Die Anforderung der Allgemeingültigkeit prüft die Anwendbarkeit der Aufbau- und der Ablaufmodellierung auf andere Themenfelder unter Anpassung der inhaltlichen Aspekte wie der Methoden und Hilfsmittel. Die Anwendbarkeit steht für die Notwendigkeit, die Methodik auf das Themenfeld der Lithium-Ionen-Batteriezellproduktion anwenden zu können.[174]

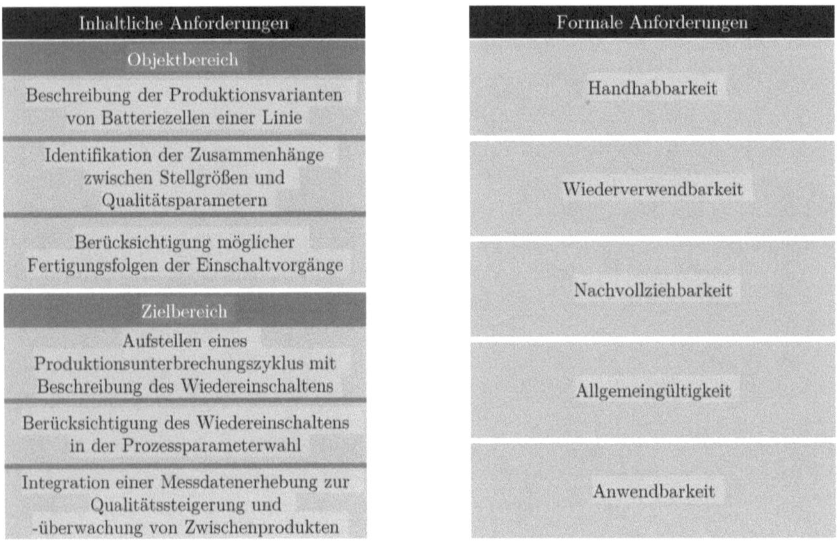

Abb. 3.4: Inhaltliche und formale Anforderungen an die Methodik

3.1.3 Kriterien inhaltlicher und formaler Anforderungen

Für die eindeutige Abgrenzung oder Inklusion der Anforderungen durch Theorien und ganzheitliche Ansätze werden Unterkriterien für den Erfüllungsgrad der inhaltlichen und formalen Anforderungen definiert. Dazu wird nach wie vor zwischen dem Objekt- und Zielbereich unterschieden und die Kriterien werden tabellarisch notiert. Für die beiden Bereiche werden die Erfüllungsgrade in vier Stufen eingeteilt, von kaum erfüllt bis zur

[173] Vgl. Heimes (Auswahl von Fertigungsressourcen), 2014, S. 67
[174] Vgl. ebd., 2014, S. 67

vollständigen Erfüllung. Wenn Theorien oder Ansätze alle Anforderung nicht erfüllen, werden diese nicht betrachtet. Wird nur eine Anforderung nicht oder kaum erfüllt, wird dies unter kaum erfüllt eingeordnet.

In Abbildung 3.5 wird die erste Anforderung aus Kapitel 3.1.1, die Beschreibung der Produktionsvarianten von Batteriezellen einer Linie, in der Erfüllung abgestuft.

	Inhaltliche Anforderungen im Objektbereich		
	Beschreibung der Produktionsvarianten von Batteriezellen einer Linie	Identifikation der Zusammenhänge zwischen Stellgrößen und Qualitätsparametern	Berücksichtigung möglicher Fertigungsfolgen der Einschaltvorgänge
◔	Produktflexibilität wird für keine oder einzelne Prozessschritte berücksichtigt	Identifikation von Qualitätsmerkmalen maximal eines Prozessschrittes	Höchstens eine Fertigungsfolge für die Batteriezellenfertigung wird aufgestellt
◑	Produktflexibilität wird als Leistungseigenschaft des Produktionsprozesses für eine Zellgeometrie berücksichtigt	Identifikation von qualitätskritischen Prozessen und Betrachtung ihrer Stellgrößen	Reihenfolge innerhalb der Prozesskette wird analysiert
◕	Flexibilität wird als Leistungseigenschaft des Produktionsprozesses berücksichtigt	Zusammenhänge zwischen Stellgrößen und Qualitätsparametern werden für mindestens einen Prozessschritt hergestellt	Alternative Fertigungsfolgen innerhalb der Prozesskette werden betrachtet
●	Methodik zum optimalen Flexibilitätsgrad einer Line in der Batteriezellenproduktion	Identifikation der Zusammenhänge zwischen allen Stellgrößen und Qualitätsparametern in der Batteriezellenproduktion	Fertigungsfolgen werden unter Berücksichtigung der Reihenfolge der Einschaltvorgänge analysiert

Abb. 3.5: Kriterien für die Erfüllung der Anforderungen im Objektbereich

Sofern die Produktflexibilität für keine oder einzelne Prozessschritte berücksichtigt wird, so ist diese Anforderung kaum erfüllt. Eine teilweise Erfüllung resultiert aus einer Berücksichtigung der Produktflexibilität als Leistungseigenschaft des Produktionsprozesses für die Zellgeometrie. Wird diese jedoch für alle Produktionsprozesse berücksichtigt, ist die Anforderung nahezu voll erfüllt. Eine vollständige Erfüllung der ersten Anforderung des Objektbereichs ist nur durch die Existenz einer Methodik zum optimalen Flexibilitätsgrad einer Linie in der Batterieproduktion gegeben.

Für die Untersuchung der Anforderungen an die Identifikation der Zusammenhänge zwischen den Stellgrößen und Qualitätsparametern gilt eine Identifikation von Qualitätsmerkmalen maximal eines Prozessschrittes als kaum erfüllt, wohingegen eine Identifikation von qualitätskritischen Prozessen und die Betrachtung ihrer Stellgrößen als eine teilweise Erfüllung angesehen werden. Sind die Zusammenhänge zwischen den Stellgrößen und Qualitätsparametern für mindestens einen Prozessschritt hergestellt, so ist die Anforderung nahezu erfüllt. Demnach ist die zweite Anforderung an den Objektbereich vollständig erfüllt, sofern diese für die gesamte Batteriezellproduktion identifiziert wurden.

Um mögliche Fertigungsfolgen der Einschaltvorgänge des Wiederanlaufs zu berücksichtigen, muss die Prozesskette mit in die Betrachtung eingeschlossen werden. Wird höchstens eine Fertigungsfolge für die Batteriezellenfertigung aufgestellt, gilt die Anforderung als kaum erfüllt. Findet eine Analyse der Reihenfolge innerhalb einer Prozesskette statt, so spricht man von einer teilweisen Erfüllung. Kommen zusätzlich alternative Fertigungsfolgen innerhalb der Prozesskette in Betracht, so ist die Anforderung nahezu voll erfüllt. Werden die Fertigungsfolgen darüber hinaus unter Berücksichtigung der Reihenfolge der Einschaltvorgänge analysiert, ist die Anforderung des dritten Kriteriums im Objektbereich vollständig erfüllt.

Für die Anforderungen im Zielbereich werden ebenso in jeweils vier Stufen Unterkriterien in Abbildung 3.6 aufgestellt.

	Inhaltliche Anforderungen im Zielbereich		
	Aufstellen eines Produktionsunterbrechungszyklus mit Beschreibung des Wiedereinschaltens	Berücksichtigen des Wiedereinschaltens in der Prozessparameterwahl	Integration einer Messdatenerhebung zur Qualitätssteigerung und -überwachung von Zwischenprodukten
◔	Produktionsunterbrechungszyklus wird nicht aufgestellt, höchstens Untersuchung der Fertigungstechnologie hinsichtlich Kontinuität unterbrechungsfreier Fertigung	Prozessparameterauswahl wird nicht oder kaum betrachtet, immer ohne Berücksichtigung des Wiedereinschaltens	Messdatenerhebungsmethoden werden nicht betrachtet, höchstens Forderung nach digitaler Datenerfassung und -verarbeitung
◑	geplante und ungeplante Fertigungsunterbrechungen werden berücksichtigt	Anlaufverhalten in Abhängigkeit von den Prozessparameter wird analysiert	Ansätze zur Messdatenfilterung und -verarbeitung von Maschinendaten
◕	Aufstellen des Produktionsunterbrechungszyklus	Anlaufverhalten in Abhängigkeit von den Prozessparametern wird für den Anlauf analysiert, modelliert und vorhergesagt	Einbindung einer Infrastruktur zur Messdatenerhebung für die Qualitätsüberwachung
●	Aufstellen eines seriengrößenunabhängigen Produktionsunterbrechungszyklus (mit Beschreibung des Wiedereinschaltens nach Erreichen der Nennleistung)	Wiedereinschalten wird bei Prozessparameterauswahl berücksichtigt und Wiedereinschalten wird in Anlaufkurve modelliert und vorhergesagt	Vollständig automatisierte Messdatenerhebung und -verarbeitung entlang der gesamten Prozesskette inkl. der Zwischenprodukte

Abb. 3.6: Kriterien für die Erfüllung der Anforderungen im Zielbereich

Für die erste Anforderung im Zielbereich, das Aufstellen eines Produktionsunterbrechungszyklus mit Beschreiben des Wiedereinschaltens, bedeutet das, wenn kein Produktionsunterbrechungszyklus aufgestellt wird und die Theorie oder der Ansatz höchstens die Fertigungstechnologie hinsichtlich der Kontinuität und somit hinsichtlich der unterbrechungsfreien Fertigung untersucht, gilt die Anforderung als kaum erfüllt. In der nächsten

Stufe werden geplante und ungeplante Fertigungsunterbrechungen berücksichtigt, sodass die Anforderung teilweise erfüllt ist. Darüber hinaus erfüllt die Aufstellung eines Produktionsunterbrechungszyklus die Anforderung nahezu vollständig, wohingegen für eine vollständige Erfüllung die Aufstellung eines seriengrößenunabhängigen Produktionsunterbrechungszyklus mit Beschreibung des Wiedereinschaltens nach Erreichen der Nennleistung erfolgen muss.

In der Betrachtung der Anforderung zur Berücksichtigung des Wiedereinschaltens in der Prozessparameterauswahl wird folgende Abstufung in der Erfüllung festgelegt. Wird die Prozessparameterauswahl nicht oder kaum betrachtet und wird das Wiedereinschalten dabei nicht berücksichtigt, gilt die Anforderung als kaum erfüllt. Durch eine Analyse des Anlaufverhaltens in Abhängigkeit von den Prozessparameter wird die Anforderung teilweise erfüllt. Wird das Anlaufverhalten zusätzlich in Hinblick auf den Anlauf modelliert und vorhergesagt, ist die Anforderung nahezu erfüllt. Eine vollständige Erfüllung dieser Anforderung erreicht eine Methodik, wenn sie das Wiedereinschalten bei der Parameterauswahl berücksichtigt und das Wiedereinschalten in einer Anlaufkurve modelliert und vorhersagt.

Für die Prüfung auf die letzte Anforderung im Zielbereich, die Integration einer Messdatenerhebung zur Qualitätssteigerung und Qualitätsüberwachung von Zwischenprodukten, werden folgende vier Erfüllungsgrade definiert. Wenn keine Messdatenerhebungsmethoden betrachtet werden, sondern höchstens eine Forderung nach digitaler Datenerfassung und -verarbeitung im analysierten Ansatz vorliegt, gilt die dritte Anforderung als kaum erfüllt. Beinhaltet die Methodik Ansätze zur Messdatenfilterung und -verarbeitung von Maschinendaten, ist die Anforderung teilweise erfüllt. Als nächste Erfüllungsstufe folgt die Einbindung einer Infrastruktur zur Messdatenerhebung für die Qualitätsüberwachung. Liegt eine vollständig automatisierte Messdatenerhebung und -verarbeitung entlang der gesamten Prozesskette inklusive der Zwischenprodukte in der Produktionslinie vor, ist die Anforderung vollständig erfüllt.

Für die formalen Anforderungen wird keine Erfüllungsgradübersicht aufgestellt, sondern argumentativ ein Defizit beschrieben, sofern eines existiert. Es wird lediglich zwischen teilweise erfüllt und gänzlich erfüllt differenziert, da angenommen wird, dass die untersuchte und bereits öffentlich publizierte Literatur grundsätzlich die formalen Anforderungen zumindest teilweise erfüllt.

Basierend auf diesen Kriterien werden die in Kapitel 3.2 identifizierten Theorien und in Kapitel 3.3 recherchierten ganzheitlichen Ansätze erläutert, analysiert und entsprechend der Unterkriterien bewertet.

3.2 Theorien des Produktionsanlaufs

Die Erfüllungsgrade aus Kapitel 3.1 werden entsprechend der dritten Filterstufe angewendet, um die in der vorherigen Filterstufe recherchierten Theorien einzuordnen. Das bedeutet, dass jede Theorie zum einen analysiert und mit den aufgestellten Kriterien aus Abbildung 3.5 und Abbildung 3.6 auf die Erfüllung der inhaltlichen Anforderungen aus Abbildung 3.3 überprüft wird. Zu Beginn des Unterkapitels wird der **Produktentstehungsprozess** (PEP) beschrieben, gefolgt von einer Einordnung des Wiederanlaufs in die Lithium-Ionen-Batteriezellproduktion. Die Produkt- und Prozessentwicklung für die Batteriezellproduktion findest im Rahmen des Simultaneous Engineering fast gleichzeitig statt.[175] Das **Simultaneous Engineering** (SE) hat als Grundidee, Entwicklungsabläufe, die urpsprünglich sequenziell durchgeführt wurden, zeitlich parallel bzw. überlappend durchzuführen.[176] Eine alternative Bezeichnung ist das **Concurrent Engineering** (CE), das die Arbeitsweise beschreibt, bei der die verschiedenen Entwicklungsaktivitäten im Produkt- und Prozessentwicklungsprozess soweit wie möglich parallel und nicht nacheinander ausgeführt werden.[177] Die Ziele des SE sind eine Verkürzung der Time-to-Market, d. h. der Zeitspanne zwischen der Konzeption und der Markteinführung des Produkts. Dabei sollen die Entwicklungs- und Herstellkosten gesenkt, sowie die Qualität der Produkte gesteigert werden.[178] Das SE beeinflusst den PEP, der wiederum einen Teil des Produktlebenszyklus in Abbildung 3.7 darstellt.

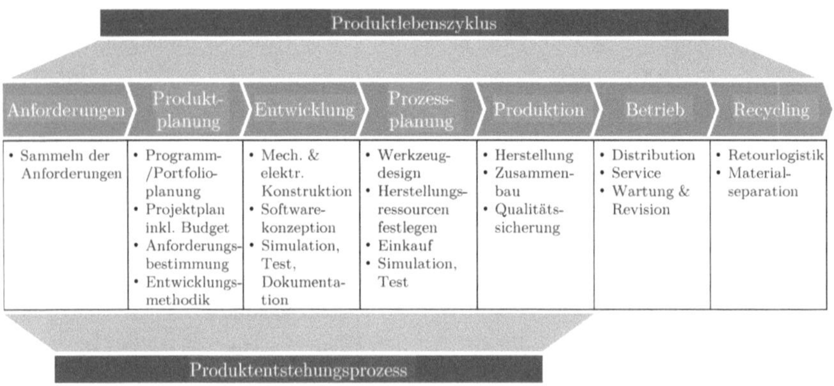

Abb. 3.7: Produktlebenszyklus[179]

Der Produktlebenszyklus umfasst alle Phasen eines Produkts vom Sammeln der An-

[175] Vgl. Lanza (Simulationsbasierte Anlaufunterstützung), 2005, S. 9
[176] Vgl. Bochtler et al. (Simultaneous Engineering), 1995, S. 2
[177] Vgl. Sohlenius (Concurrent Engineering), 1992, S. 645
[178] Vgl. Eversheim et al. (Simultaneous Engineering Planning), 1997, S. 328
[179] I. A. a. Eigner et al. (Product Lifecycle Management), 2009, S. 9

forderungen bis hin zum Betrieb und dem Recycling, sodass dieser ein Kernprozess von Industrieunternehmen ist.[180] Das Ergebnis des PEP ist das Produkt inklusive aller Produktionsunterlagen sowie der Produkt- und Produktionsbeschreibung mit allen dazugehörigen Dokumenten, Spezifikationen, digitalen Modellen und Entwurfsunterlagen für die zugehörigen Betriebsmittel (Werkzeuge, Maschinen und Anlagen).[181] Die Phasen des PEP sind vorwiegend für den Fabrikanlauf bedeutsam und werden daher nach der Erklärung des Produktlebenszyklus näher erläutert.[182] Die Phasen des Produktlebenszyklus und die zugehörigen Tätigkeiten werden im Folgenden in Anlehnung an EIGNER ET AL. beschrieben. Nachdem zu Beginn die Sammlung der Anforderungen an das Produkt erfolgt ist, findet die Produktplanung statt. In dieser Phase wird die Programm- bzw. Portfolioplanung durchgeführt sowie der Projektplan inklusive Budget festgelegt. In derselben Phase werden Anforderung an das Produkt bestimmt, die Entwicklungsmethodik gewählt und die Konzeption durchlaufen. Die folgende Entwicklungsphase beinhaltet die mechanische und elektrische Konstruktion genauso wie die Softwarekonzeption inklusive Simulation, Tests und Dokumentation. In die Prozessplanung gehören das Werkzeugdesign, die Festlegung der Herstellungsressourcen, der Einkauf und gleichermaßen eine Simulation bzw. das Testen. In der Produktion folgt die operative Herstellung der Einheiten und deren Zusammenbau unter Berücksichtigung der Qualitätssicherung. Nach dieser Phase endet der Produktentstehungsprozess. Die Distribution, der Service sowie die Wartung des Produkts und die Revision der Fertigung gehören der Betriebsphase an. Das Ende des Produktlebenszyklus stellt das Recycling mit der Retourlogistik und der Materialseparation dar.[183] Insgesamt unterliegt der PEP einem ständigen Wandel. Gründe dafür sind beispielsweise eine steigende Produktkomplexität, veränderte Marktbedingungen, die Globalisierung, aber auch Änderungen in Produkthaftungsgesetzen.[184] Deshalb ist es nötig, dass die Unternehmen ein möglichst lückenloses Regelwerk zum PEP, eine klare Organisationsstruktur sowie eine transparente Prozessüberwachung implementiert haben. Der Prozess muss anhand klar definierter Meilensteine vorangetrieben und dokumentiert werden sowie für alle Beteiligten einsehbar sein.[185] Aufgrund der hohen Komplexität des PEP haben sich in der Praxis viele unterschiedliche Modelle entwickelt, weil jedes Unternehmen den PEP auf seine individuellen Bedürfnisse anpasst.[186]

[180] Vgl. ebd., 2009, S. 9
[181] Vgl. ebd., 2009, S. 10
[182] Vgl. Maue (Gestaltung des Produktionsanlaufs), 2015, S. 23
[183] Vgl. Eigner et al. (Product Lifecycle Management), 2009, S. 9
[184] Vgl. ebd., 2009, S. 11
[185] Vgl. Braess et al. (Produktentstehungsprozess), 2016, S. 1258
[186] Vgl. Schaaf (Marktorientiertes Entwicklungsmanagement), 1998, S. 25

3.2.1 Einordnung der Produktentwicklung

Abbildung 3.8 ordnet den Produktionsanlauf in den Produktentstehungsprozess ein und beschreibt die einzelnen Phasen nach WANGENHEIM.[187]

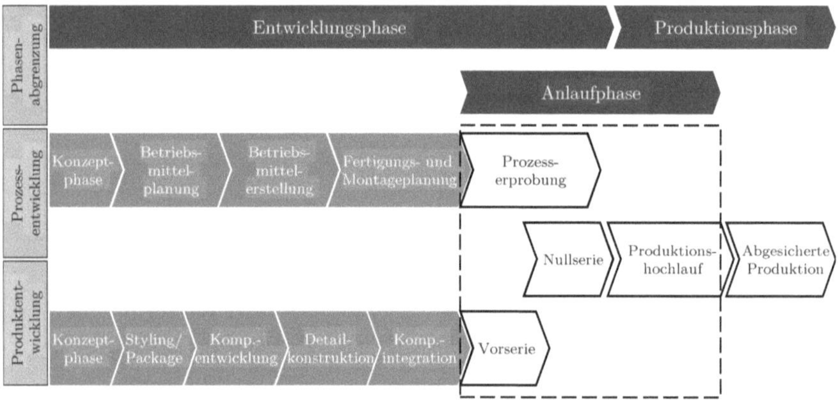

Abb. 3.8: Produktentstehungsprozess nach WANGENHEIM[188]

Im PEP lassen sich die Phasen übergeordnet einer Entwicklungs- und Produktionsphase zuordnen. Den Übergang von der Entwicklungs- zur Produktionsphase bildet die Anlaufphase, die in ihren einzelnen Phasen durch das Aachener Phasenmodell beschrieben wird. Die Entwicklungsphase ist wiederum unterteilt in die Produkt- und Prozessentwicklung. Die Phasen der Produktentwicklung münden nach der Freigabe zum Serienanlauf in die Vorserie. Für die Produktentwicklung existieren verschiedene Herangehensweisen, die sich insbesondere in der Automobilindustrie etabliert haben. Die praxisnahen Automobilproduktentwicklungsphasen nach STADLER bestehen aus einer Konzeptentwicklungsphase, unterteilt in die Vorausentwicklungsphase, eine Definitionsphase, in der Anforderungen des Vertriebs berücksichtigt werden, einer anschließenden Konzeptabsicherung für die Machbarkeitsprüfung und einer abschließenden Baustufenphase, worin erste Baustufenfahrzeuge, d. h. noch nicht kundenfähige prototypische Erprobungsträger, gebaut werden.[189] Im Weiteren sollen vor dem Hintergrund der Anwendung auf die Lithium-Ionen-Batteriezellproduktion die verallgemeinerten Phasen der Produktentwicklung von WANGENHEIM betrachtet werden.[190] Die Produktentwicklung beginnt mit der **Konzeptphase**, in der zum einen die Kundenbedürfnisse aus Marktanalysen und zum anderen die technologischen Fähigkeiten des Unternehmens berücksichtigt werden. Das Ergebnis

[187] Vgl. Wangenheim (Steuerung des Serienanlaufs), 1998, S. 19
[188] I. A. a. Wangenheim (Steuerung des Serienanlaufs), 1998, S. 19
[189] Vgl. Stadler (Optimierung von Anlaufmanagement), 2016, S. 32
[190] Vgl. Wangenheim (Steuerung des Serienanlaufs), 1998, S. 19

der Konzeptphase ist ein detailliertes Pflichtenheft sowie eine Produktbeschreibung zur Konkretisierung quantitativer technischer und finanzieller Zielvorgaben.[191] Dadurch werden im Hinblick auf die erste Anforderung im Objektbereich die Produktionsvarianten in der Konzeptphase hinsichtlich der Kundenbedürfnisse unter Berücksichtigung der Flexibilität als Leistungseigenschaft untersucht und das Kriterium somit nahezu erfüllt. Auf die Konzeptphase folgt eine Phase für das **Styling** und **Packaging**, in der erstmals eine Visualisierung des Konzepts vorgenommen wird.[192] Darin sind nicht nur Designer und Modellierer, sondern auch Techniker und Ingenieure involviert, sodass bereits wesentliche technische Anforderungen mit einfließen. Daraus ergibt sich ein Übergang zwischen Konzept und Detailkonstruktion.[193] Das Packaging wird gleichzeitig berücksichtigt, um die räumliche Aufteilung der mechanischen Komponenten, Karosseriestrukturen und des Interieurs zu arrangieren.[194] Das Packaging ist somit das Arrangement des Layouts und ein Mittel zur Koordination der Aggregate.[195] Für das Elektromobil müssen hierfür neben Elektromotorlage, Radstand, Kopf- und Fußfreiheit die Komponenten Batteriesystem, Power Distribution Unit (PDU) sowie die Onboard-Ladevorichtung berücksichtigt werden. Damit werden die Qualitätsanforderungen zumindest an die Abmaße der Bauteile und die weiteren Integrationsstufen identifiziert. Wenn man diese Information in die folgende Komponentenintegration einbringt, kann festgehalten werden, dass die zweite Anforderung im Objektbereich zur Identifikation der Zusammenhänge zwischen Stellgrößen und Qualitätsparametern in Bezug auf das betrachtete Bauteil eines Prozessschrittes kaum erfüllt ist. Es wird keine explizite Fertigungsfolge, sondern nur eine Komponente oder eine Integration berücksichtigt, sodass auch die dritte Anforderung im Objektbereich kaum erfüllt ist. Die Phase **Komponentenentwicklung** untersucht, welche Technologien in den jeweiligen Komponenten eingesetzt werden und ob bereits vorhandene Bauteile verwendet oder neue entwickelt werden.[196] Entscheidend an dieser Phase ist das Festlegen der Eigenfertigungstiefe sowie der Definition der Umfänge für die Zulieferer.[197] Die **Detailkonstruktion** ist die Phase, in der erstmals die Konzepte in Konstruktionszeichnungen in CAD-Systeme überführt werden und eine Stückliste angefertigt wird. Anschließend erfolgt die erste physische Umsetzung der Komponenten und deren Untersuchung in Vorversuchen.[198] Die letzte Phase der Produktentwicklung vor der Vorserie ist die Phase der **Komponentenintegration**, in der ersten Prototypen aufgebaut und auf ihre Qualitätsmängel untersucht werden.[199] Wichtige Faktoren für die Erkennung technischer

[191] Vgl. Maue (Gestaltung des Produktionsanlaufs), 2015, S. 24; vgl. Wangenheim (Steuerung des Serienanlaufs), 1998, S. 20

[192] Vgl. Maue (Gestaltung des Produktionsanlaufs), 2015, S. 25

[193] Vgl. Wangenheim (Steuerung des Serienanlaufs), 1998, S. 20; vgl. Clark et al. (Automobilentwicklung mit System), 1992, S. 116

[194] Vgl. ebd., 1992, S. 117

[195] Vgl. ebd., 1992, S. 118

[196] Vgl. Maue (Gestaltung des Produktionsanlaufs), 2015, S. 25

[197] Vgl. Clark et al. (Automobilentwicklung mit System), 1992, S. 118

[198] Vgl. Gentner (Kennzahlensystems zur Effektivitätssteigerung), 1994, S. 58

[199] Vgl. Wangenheim (Steuerung des Serienanlaufs), 1998, S. 21

Probleme sind die Geschwindigkeit, die Effizienz und die Wirklichkeitstreue der Prototypen.[200] Diese Betrachtungen beziehen sich vornehmlich auf das Produkt und nicht auf die Fertigungstechnologie. Dabei kann im weitesten Sinn eine Aussage über die Produzierbarkeit getroffen werden, sodass noch kein Produktionsunterbrechungszyklus aufgestellt wird und die erste Anforderung im Zielbereich somit kaum erfüllt ist. Die spätere Prozessparameterwahl lässt sich aus den identifizierten zulässigen Toleranzen der Prototypen ableiten und kann auf den Wiederanlauf und das Anlaufverhalten angewendet werden. Daher ist die zweite Anforderung im Zielbereich teilweise erfüllt. Eine Messdatenerhebung wird an dieser Stelle noch nicht berücksichtigt und die Anforderung drei im Zielbereich somit kaum erfüllt. Formal gesehen erfüllt diese Theorie die Anforderungen gänzlich, da sie produktunabhängig anwendbar ist.

3.2.2 Einordnung der Prozessentwicklung

Um den Übergang von der übergeordneten Entwicklungsphase in die Produktionsphase aus Abbildung 3.8 mittels der Anlaufphase zu erreichen, muss i. A. a. das SE parallel zur in Kapitel 3.2.1 beschriebenen Produktentwicklung die Prozessentwicklung stattfinden. Im Fokus stehen neben der Ausarbeitung technischer Prozesse die indirekten Bereiche Logistik und Produktionssteuerung.[201] Die für diese Arbeit relevante Prozessentwicklung beginnt analog zur Produktentwicklung mit einer **Konzeptphase**, die eine grobe Abschätzung der geplanten Fertigungskapazitäten zum Ziel hat.[202] Die Ergebnisse der Konzeptphase werden für die Phase der **Betriebsmittelplanung** verwendet, um Anlagen, Werkzeuge, Lager- und Transportvorrichtungen sowie den Personalbedarf zu planen.[203] Für den Übergang in die nächste Phase ist in den meisten Unternehmen, insbesondere bei Original Equipment Manufacturer (OEM), eine Beschaffungsfreigabe erforderlich. Ist diese erfolgt, beginnt die Phase der **Betriebsmittelerstellung**, in der entweder die Lieferanten für die Produktion der Betriebsmittel beauftragt werden oder der interne Werkzeugbau diese aufbaut.[204] Abschließend folgt die **Fertigungs- und Montageplanung** als letzte Phase der Prozessentwicklung vor Beginn der Anlaufphase. In dieser Phase wird ein Arbeitsplan erstellt und dabei werden Informationen aus der Produktentwicklung wie Stücklisten und Konstruktionszeichnungen zur Projektdokumentation hinzugezogen. Dieser Arbeitsplan stellt das Ergebnis der Fertigungs- und Montagesplanung dar und dient bei einer automatisierten Fertigung zur Überführung der Arbeitsabläufe in Softwareanwendungen.[205] Im Objektbereich erfüllt die Prozessentwicklung die erste Anforderung nahezu, da in der Betriebsmittelplanung die Produktflexibilität als Leistungseigenschaft

[200] Vgl. Clark et al. (Automobilentwicklung mit System), 1992, S. 123
[201] Vgl. Maue (Gestaltung des Produktionsanlaufs), 2015, S. 26
[202] Vgl. Wangenheim (Steuerung des Serienanlaufs), 1998, S. 23
[203] Vgl. ebd., 1998, S. 23
[204] Vgl. ebd., 1998, S. 23
[205] Vgl. ebd., 1998, S. 24

des Produktionsprozesses beispielsweise für alle zu fertigenden Zellgeometrien mitberücksichtigt werden kann. In keiner Phase der Prozessentwicklung werden Zusammenhänge zwischen Prozessparametern und Qualitätsparametern identifiziert. Es werden lediglich die Qualitätmerkmale des Endprodukts fixiert, sodass die zweite Anforderung im Objektbereich kaum erfüllt wird. Ebenso wird die dritte Anforderung kaum erfüllt, denn in der Fertigungs- und Montageplanung kann nur eine feste Reihenfolge für die Produktion und somit das Wiedereinschalten aufgestellt werden. Im Zielbereich wird die erste Anforderung kaum erfüllt, da kein Produktionsunterbrechungszyklus aufgestellt wird und die Kontinuität der Fertigung lediglich in der Betriebsmittelplanung berücksichtigt wird. Ebenso wird die zweite Anforderung kaum erfüllt, weil das Wiedereinschalten in der Parameterauswahl nicht berücksichtigt wird. Für eine erfolgreiche Prozessentwicklung muss eine Infrastruktur zur Messdatenerhebung in den Prozessschritten vorhanden sein, sodass die dritte Anforderung im Zielbereich nahezu erfüllt wird. In modernen Produktionslinien mit vollständig automatisierter Datenerfassung, Verarbeitung und Regelung kann dies sogar noch ausgeprägter sein. Allerdings sind die Linien für die Anwendung dieser Methodik meist schon existent und nicht alle Anlagen verfügen über entsprechende Schnittstellen. Es muss aus diesem Grund auch erwähnt werden, dass diese Methode formal gänzlich die Anforderungen erfüllt, primär jedoch im Aufbau neuer Linien Anwendung findet.

Nachdem die Produkt- und Prozessentwicklung abgeschlossen ist, beginnt die **Anlaufphase** für den Serienanlauf. Die Anlaufphase stellt den Übergang von der Entwicklungsphase in die Produktionsphase dar und gewährleistet nach erfolgreichem Durchlaufen eine **abgesicherte Produktion**. Die Anlaufphase wird im folgenden Kapitel detailliert erläutert und kann v. a. in der Kleinserie als ein wiederkehrender Prozess verstanden werden. Die Inbetriebnahme ist einmalig durchzuführen, um die montierten Anlagen für den ersten Anlauf termingerecht in Funktionsbereitschaft zu versetzen.[206] Nach ZEUGTRÄGER ist das Ziel der Inbetriebnahme, die Produktionsanlagen in einen abnahmefähigen Zustand zu versetzen, d. h. für einen vertraglich festgelegten Zeitraum definierte Abnahmebedingungen zu erfüllen.[207] Um Kleinserien analysieren zu können, wird in Abbildung 3.9 der Produktentstehungsprozess verallgemeinert dargestellt.

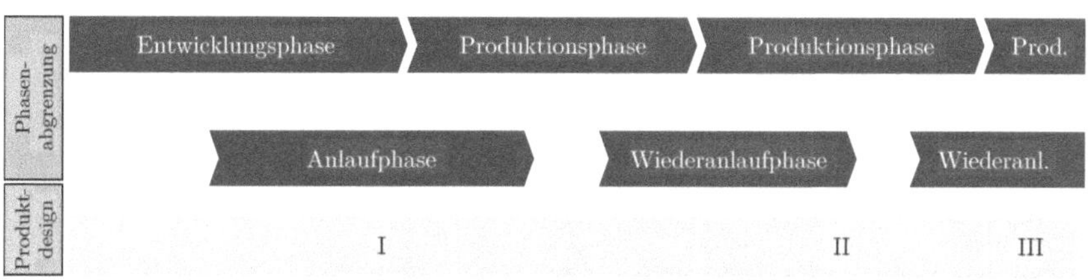

Abb. 3.9: Produktentstehungsprozess inklusive Wiederanlauf

[206] Vgl. Eversheim (Inbetriebnahme komplexer Maschinen), 1990, S. 9
[207] Vgl. Zeugträger (Anlaufmanagement für Großanlagen), 1998, S. 27

Damit können beispielsweise weitere Produktdesigns in derselben Fabrik auf der gleichen Linie gefertigten werden. Auf die Entwicklungsphase folgen, wegen der zu fertigenden Produktdesigns I bis III, mehrere Produktionsphasen. Dazwischen findet für das Produktdesign I die Anlaufphase statt. Für alle weiteren Produktdesigns, die auf der gleichen Linie gefertigt werden, wird diese Phase als Wiederanlaufphase bezeichnet. Daraus wird deutlich, warum die erneute Anlaufphase für ein neues Produkt auf einer Linie als **Wiederanlauf** bezeichnet wird.

3.2.3 Einordnung des Wiederanlaufs

Für die Erläuterung der Einordnung des Wiederanlaufs wird zunächst das **Anlaufmanagement** als eigenständiger, interdisziplinärer und zeitlich eindeutig definierter Vorgang beschrieben. Das Anlaufmanagement umfasst alle Tätigkeiten und Maßnahmen zur Planung, Steuerung und Durchführung des Anlaufs mit den dazugehörigen Produktionssystemen von der Freigabe der Vorserie bis zum Erreichen einer geplanten Produktionsmenge. Um den Wiederanlauf eindeutig zu definieren, muss die initiale Anlaufphase aus Abbildung 3.10 betrachtet werden.

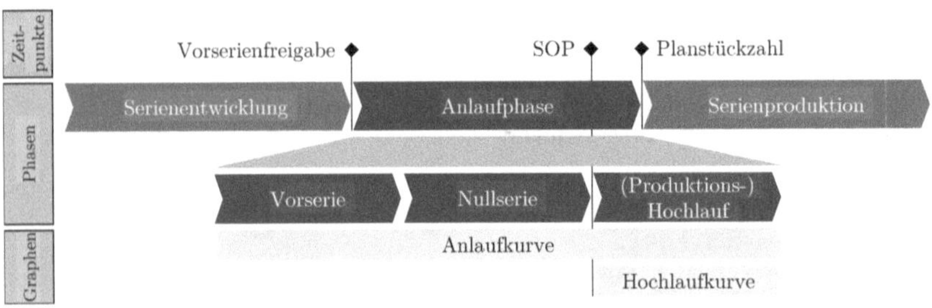

Abb. 3.10: Übersicht über die Anlaufphase[208]

Darin müssen die einzelnen in der Anlaufphase befindlichen Phasen, d. h. die Vorserie, die Nullserie sowie die Hochlaufphase, differenziert werden.[209] Diese lassen sich durch Zeitpunkte in Form von Produktionsmeilensteinen abgrenzen und anhand einer Anlaufkurve, als grafische Darstellung der Produktionsleistung, überwachen.[210] Die Vorserie beginnt unmittelbar nach der Vorserienfreigabe und geht bei erfolgreichem Durchlaufen in die Nullserie über. Ein wichtiger Meilenstein ist der Start of Production (SOP), an dem die Hochlaufphase beginnt.[211] Die Produktionsleistung wird in der Anlaufkurve dargestellt, wobei der Abschnitt der Hochlaufkurve bis zum Erreichen der Kammlinie andauert.

208 I. A. a. Schuh et al. (Anlaufmanagement in der Automobilindustrie), 2008, S. 2
209 Vgl. ebd., 2008, S. 2
210 Vgl. R. Schmitt (Anlaufmanagement), 2015, S. 7
211 Vgl. Schuh et al. (Anlaufmanagement in der Automobilindustrie), 2008, S. 2

Vorserie

In der Vorserie werden Prototypen in größerer Stückzahl und unter seriennahen Bedingungen produziert, wobei häufig noch keine Serienwerkzeuge verwendet werden. Dafür ordnet R. SCHMITT dieser Phase die englische Bezeichnung „engineering model stage" einer Entwicklungsphase nach YAMANOUCHI zu.[212] Das Ziel der Vorserie ist es, durch die seriennahen und dadurch sehr teuren Prozesse möglichst aufschlussreiche Informationen über das Verhalten von Materialien, Werkzeugen und Maschinen zu erhalten.[213] Es werden Prototypenwerkzeuge verwendet, die noch angepasst werden können, sodass gesammelte Erfahrungen über Werkzeuganpassungen einfließen können. Während der Vorserie sind auch die Mitarbeiter zu schulen, um eine Vertrautheit mit dem Produkt herzustellen.[214]

Nullserie

Die zweite Phase des Anlaufs ist die Nullserie, der R. SCHMITT die englische Bezeichnung „trail mass production stage" aus den Entwicklungsphasen von YAMANOUCHI zuordnet.[215] Dabei wird das geplante Produkt meist auf Pilotlinien im Werk ohne Beeinträchtigung der Serienproduktion oder in separaten Pilotwerken, wie beispielsweise Entwicklungszentren, seriennah produziert. Es kann auch auf der Serienproduktionslinie eine Nullserie produziert werden, wenn Teile der Linie von der Serienproduktion abgekoppelt und für die Nullserie umgerüstet werden.[216] Dies bietet die realistischste Simulationsmöglichkeit.[217] Im Gegensatz zur Vorserie werden dort bereits Serienwerkzeuge verwendet und die Zulieferer müssen die Komponenten bereits unter Serienbedingungen fertigen.[218] Die Produkte aus der Nullserie werden für gesetzlich vorgeschriebene Tests wie Crash-Tests verwendet.[219] Das Ziel der Nullserie ist das Erlangen des Produktreifegrads für den Produktionshochlauf. Zu den Aufgaben während der Nullserie zählt neben dem Entdecken und Beseitigen von Störungen in der seriennahen Produktion das Ermitteln des Produktverhaltens unter Realbedingungen, die Integration der Zulieferer und die Schulung der Mitarbeiter, um die Prozessschritte und deren Bedienung kennenzulernen.[220] Beim erstmaligen Produzieren auf einer neuen Linie, wie bei einem Fabrikanlauf, folgt auf die Nullserie die sog. Inbetriebnahme, bei der die gezielte Adaption der Produktionssysteme durch den Maschinen- und Anlagenbauer vollzogen werden kann, um die geforderten, im Lastenheft verankerten Zielspezifikationen zu erfüllen.[221] Dazu gehören das Herstellen der Funktionsfähigkeit,

---

[212] Vgl. R. Schmitt (Anlaufmanagement), 2015, S. 9; i. A. a. Yamanouchi (Canon Personal Copier), 1989, S. 15

[213] Vgl. Lanza (Simulationsbasierte Anlaufunterstützung), 2005, S. 12

[214] Vgl. ebd., 2005, S. 13

[215] Vgl. R. Schmitt (Anlaufmanagement), 2015, S. 9; i. A. a. Yamanouchi (Canon Personal Copier), 1989, S. 15

[216] Vgl. Wangenheim (Steuerung des Serienanlaufs), 1998, S. 27

[217] Vgl. Lanza (Simulationsbasierte Anlaufunterstützung), 2005, S. 14

[218] Vgl. Gentner (Kennzahlensystems zur Effektivitätssteigerung), 1994, S. 61

[219] Vgl. Maue (Gestaltung des Produktionsanlaufs), 2015, S. 32

[220] Vgl. Lanza (Simulationsbasierte Anlaufunterstützung), 2005, S. 14

[221] Vgl. Kuhn et al. (Wettbewerbsvorteile druch Anlaufmanagement), 2008, S. 285

ein Nachweis der Leistungsfähigkeit und die Einweisung des Bedienpersonals.[222] Für den Wiederanlauf werden neue Produkte auf einer existierenden Linie gefertigt, sodass die erstmalige Inbetriebnahme bereits erfolgt ist.

Produktionshochlauf

In der dritten und letzten Phase des Anlaufs, dem sog. Produktionshochlauf, werden die ersten kundenfähigen Produkte gefertigt, d. h. der Produktionshochlauf beginnt mit dem ersten kundenfähigen Produkt.[223] Entscheidend ist hierbei, dass alle Serienfreigaben erfolgt sind, damit der SOP für den ersten Auftrag („Job No. 1 “) für ein kundenfähiges Produkt durchgeführt werden kann.[224] Dabei ist der Material- und Arbeitskräfteeinsatz höher als in der darauffolgenden Serienproduktion, um die steigende Produktionsleistung, die als Hochlaufkurve aufgezeichnet wird, zu gewährleisten.[225] Die **Hochlaufkurve** ist Bestandteil der gesamten Anlaufkurve, die den Fortschritt des Produktionsanlaufs gesamtheitlich abbildet. Sie wird meist durch eine s-förmige Kurve abgebildet, kann jedoch auch durch andere Kurvenverläufe charakterisiert werden.[226] Sie beschreibt den zeitlichen Verlauf der Produktionsleistung, d. h. das Produktionsvolumens pro Zeiteinheit, und ist Teil der Anlaufkurve, die zusätzlich die Verläufe der Vorserie und der Nullserie beinhaltet. Die Hochlaufkurve ist der letzte Teil der Anlaufkurve und endet mit dem Erreichen der Kammlinie.[227] Das Ziel des Produktionshochlaufs ist, eine stabile Produktion zu erreichen, die von Unternehmen unterschiedlich definiert wird. Nach LAICK und MAUE werden verschiedene Ziele genannt, aus denen die in dieser Arbeit adressierten Ziele im Folgenden aufgeführt sind:[228]

- Qualitätsziel: Erreichen einer vorgegeben Produktionsqualität mittels statistischer Prozesslenkung.[229]
- Durchlaufzeit: Die geplanten Durchlaufzeiten einer Produktion werden erst durch einen stabilen Fertigungsprozess erreicht.[230]
- Normalproduktivität: Wenn in einem bestimmten Zeitraum eine gewisse Anzahl fehlerfreier Produkte gefertigt wurde, spricht man von einer Normalproduktivität.[231]
- Zeitpunkt: Einen im Projektplan festgelegten Zeitpunkt nach Beginn der Hochlaufphase darstellen.[232]

---

[222] Vgl. Lanza (Simulationsbasierte Anlaufunterstützung), 2005, S. 15
[223] Vgl. Laick (Hochlaufmanagement: Sicherer Produktionshochlauf), 2003, S. 11
[224] Vgl. Lanza (Simulationsbasierte Anlaufunterstützung), 2005, S. 16
[225] Vgl. R. Schmitt (Anlaufmanagement), 2015, S. 10
[226] Vgl. Nau (Auswahl von Fertigungstechnologien), 2012, S. 22
[227] Vgl. Renner (Performance Management im Produktionsanlauf), 2012, B-2, S. 4
[228] Vgl. Laick (Hochlaufmanagement: Sicherer Produktionshochlauf), 2003, S. 13; vgl. Maue (Gestaltung des Produktionsanlaufs), 2015, S. 35
[229] Vgl. Laick (Hochlaufmanagement: Sicherer Produktionshochlauf), 2003, S. 13
[230] Vgl. Maue (Gestaltung des Produktionsanlaufs), 2015, S. 34
[231] Vgl. ebd., 2015, S. 35
[232] Vgl. Laick (Hochlaufmanagement: Sicherer Produktionshochlauf), 2003, S. 13

Um diese Ziele zu erreichen, gibt es unterschiedliche Szenarien, wie der Hochlauf realisiert werden kann. In Abbildung 3.11 sind die in vier Varianten unterteilten Szenarien dargestellt.

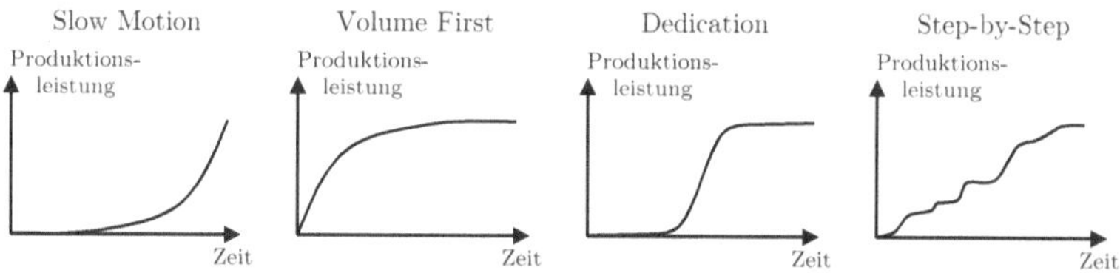

Abb. 3.11: Übersicht über mögliche Hochlaufkurven[233]

Slow Motion: Ein langsames Hochfahren der Produktionsleistung, wobei die Fertigung aller Komponenten und somit die Fertigung des Gesamtprodukts parallel hochgefahren wird. Das langsame Hochfahren bringt einen hohen Lernfortschritt hinsichtlich des Prozesses mit sich. Am Ende wird die Ausbringung und somit die Produktionsleistung deutlich steiler erhöht.[234]

Volume First: Das Hauptziel des Volume First–Szenarios ist die frühzeitige Maximierung des Produktionsvolumens, indem direkt nach dem Anlaufbeginn die geplante Produktionsleistung erreicht wird.[235]

Dedication: Eine Kombination der oben genannten Varianten mit dem Ziel, dass nach der anfänglichen Deckung des erhöhten Lernbedarfs der Mitarbeiter, ein schneller Hochlauf auf die geplante Produktionsleistung folgt.[236]

Step-by-Step: Ein sequenzielles Hochfahren der Produktionsleistung bietet in diesem Szenario die Möglichkeit, Anlagenstörungen zu entkoppeln und Fehlerursachen gezielt zu beheben.[237]

Für den Wiederanlauf muss eine möglichst schnelle und gleichzeitig ausschussoptimale Anlaufkurve gewählt werden. Hierfür eignen sich die letzten drei Ansätze oder weitere, individuelle Kurven, die in Kapitel 5 erörtert werden. Zeitlich gesehen erfolgt ein Wiederanlauf immer nach dem ersten Anlauf. Eine genauere Einordnung folgt im anschließenden Kapitel 3.2.3.1 zu den Arten von Produktionsanläufen.

---

233 I. A. a. Schuh et al. (Production Ramp-Up), S. 263

234 Vgl. Maue (Gestaltung des Produktionsanlaufs), 2015, S. 34; vgl. Schuh et al. (Production Ramp-Up), S. 262

235 Vgl. ebd., S. 260

236 Vgl. ebd., S. 262

237 Vgl. ebd., S. 262

3.2.3.1 Arten von Produktionsanläufen

Für die eindeutige Einordnung des Wiederanlaufs in die verschiedenen Arten des Produktionanlaufs müssen diese, wie in Abbildung 3.12 links dargestellt, zunächst differenziert werden.

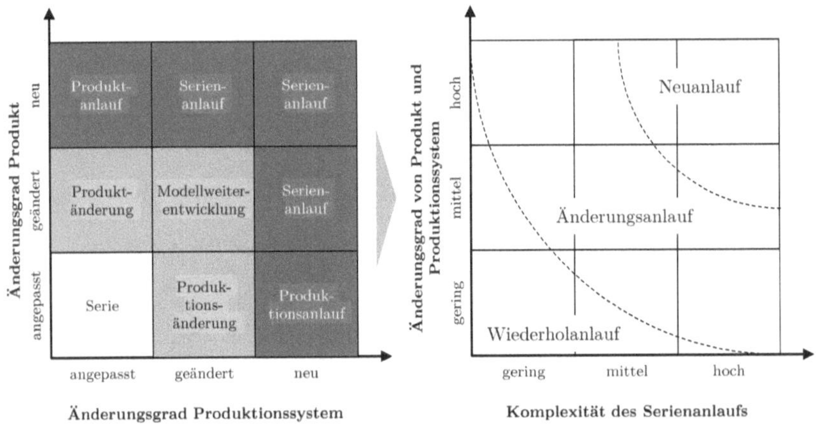

Abb. 3.12: Übersicht über die Arten und Komplexität von Produktionsanläufen[238]

Dazu wird der Änderungsgrad des Produkts dem Änderungsgrad des Produktionssystems nach LAICK gegenübergestellt. Werden Anpassungen des Produkts oder Prozesssystems in der Serie durchgeführt, so fällt dies in das Handlungsfeld der kontinuierlichen Verbesserung. Demgegenüber spricht man bei einer ausschließlichen Erneuerung des Produkts oder des Produktionsystems von einem Produkt- bzw. Produktionsanlauf. Wird entweder das Produkt oder das Produktionssystem komplett erneuert, das entsprechend andere geändert oder auch erneuert, wird dies als Serienanlauf bezeichnet. Änderungen innerhalb des Produkts oder des Produktionsprozesses sowie Modellweiterentwicklungen existierender Produkte werden bisher ohne definierte Übergänge zwischen Serie oder Anlauf durchgeführt.[239] Für den Wiederanlauf kann bei einer existierenden Produktionslinie davon ausgegangen werden, dass sich das Produktionssystem nicht ändert, es sei denn, die Produktänderung, d. h. die neue Variante, kann beispielsweise wegen ihrer Dimensionen oder der Zellechemie nicht ohne eine Anpassung der vorhandenen Werkzeuge produziert werden. Auf der rechten Seite von Abbildung 3.12 wird die Abhängigkeit von Produkt und Produktionssystem über der Komplexität des Serienanlaufs, die durch Faktoren wie die Fertigungstiefe, Variantenvielfalt, Stückzahl sowie Anzahl der Lieferanten gesteuert wird,

[238] Links: i. A. a. Laick (Hochlaufmanagement: Sicherer Produktionshochlauf), 2003, S. 14; rechts: i. A. a. Dombrowski et al. (Lean Ramp-Up), 2009, S. 879

[239] Vgl. Laick (Hochlaufmanagement: Sicherer Produktionshochlauf), 2003, S. 14

dargestellt.[240] Darin ist im Hintergrund die Anordnung der Arten des Produktionsanlaufs aus dem linken Graphen skizziert. Das Produktionssystem beschreibt den Fertigungsprozess, der im Folgenden synonym und in Kurzform als Prozess bezeichnet wird. Die vertikale Achse beschreibt den Grad der Produkt- bzw. Prozessänderung. Nach DOMBROWSKI ET AL. ist dies zudem ein Maß für den Umfang der erforderlichen Serienanlaufprozesse zur Erreichung der gesetzten Ziele. Auf der horizontalen Achse ist die Komplexität des Serienanlaufs notiert. Daraus können der Mitarbeiterbedarf und die nötige Durchlaufzeit für die Serienanlaufprozesse abgeleitet werden.[241] Neben den Dimensionen ist der Graph in drei Anlaufklassen eingeteilt, den Neuanlauf, den Änderungsanlauf und den Wiederholanlauf. Der Neuanlauf liegt vor, wenn ein neu konstruiertes Produkt bzw. ein neu gestalteter Prozess zum ersten Mal in die Produktion eingeführt und betrieben wird. Dies wäre beispielsweise in der Batteriezellproduktion eine neue Batteriezellgeneration oder in derselben Generation ein anderes zu produzierendes Zellformat. Alternativ kann es sich um den Einsatz einer neuen Prozesstechnologie handeln.[242] Die Klasse des Änderungsanlaufs basiert auf einem bereits eingeführten Produkt bzw. auf einem implementierten Prozess mit wesentlich geänderten Merkmalen. Werden keine Änderungen, weder am Produkt noch am Produktionsprozess, vorgenommen und ein etabliertes, nahezu unverändertes Produkt mit bekannten Parametern mit dem existierenden Produktionssystem nach einer längeren Pause wieder angefahren, handelt es sich um einen Wiederholanlauf.[243] Dabei gilt es, den **Wiederanlauf** in der Theorie zu definieren und von dem Wiederholanlauf zu differenzieren. Neben nahezu unveränderten Wiederholanläufen soll der Wiederanlauf auch den Änderungsanlauf von neuen, auf derselben Linie produzierbaren Produkten einschließen. Darüber hinaus sollen auch andere Produkte über einen Wiederanlauf in Produktion gehen, sofern das Produktionssystem dies entsprechend seines Flexibilitätsgrads ermöglicht und nur kleine Änderungen am Prozess durchgeführt werden müssen. Dies ist anders als in der historischen Automobilproduktion und insbesondere für die Lithium-Ionen-Batteriezellproduktion relevant. Beispielsweise zählt eine neue Zellchemie zu den Modellweiterentwicklungen und fällt somit nicht unter den Wiederholanlauf, sodass hier der Wiederanlauf betrachtet werden muss. Die in der Theorie bisher verwendeten Anlaufarten erfüllen die erste Anforderung im Objektbereich damit teilweise, da die Produktflexibilität als Leistungseigenschaft und der Änderungsaufwand des Produktionsprozesses betrachtet werden. Die Identifikation von Qualitätsmerkmalen findet allerdings nicht in der theoretischen Differenzierung der Anlaufarten statt, sodass die zweite Anforderung im Objektbereich kaum erfüllt ist. Für den vorgestellten Wiederholanlauf ist die existente Prozesskette jedoch bekannt, sodass Anforderung drei des Objektbereichs teilweise erfüllt wird. Die beiden Anlaufarten Änderungsanlauf und Wiederholanlauf aus Abbildung 3.12 stellen somit die Bestandteile des Wiederanlaufs und den Fokus des in dieser Methodik

[240] Vgl. Dombrowski et al. (Lean Ramp-Up), 2009, S. 879
[241] Vgl. ebd., 2009, S. 879
[242] Mögliche Fertigungstechnologien werden in Kapitel 2.2 beschrieben
[243] Vgl. Dombrowski et al. (Lean Ramp-Up), 2009, S. 879

weiter zu beleuchtenden wissenschaftlichen Rahmens dar. Nimmt man die Betrachtung des Wiederanlaufs in den Produktentstehungsprozess auf, so ergibt sich eine neue Phase, die Wiederanlaufphase. Wie in Abbildung 3.13 dargestellt, folgt die Wiederanlaufphase auf eine vorausgegangene Anlaufphase.

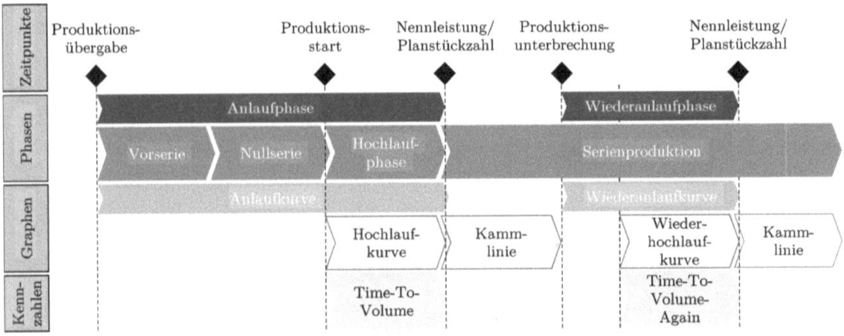

Abb. 3.13: Produktentstehungsprozess erweitert um eine Wiederanlaufphase[244]

Aus der Perspektive des Produktionsleistungsgraphen muss dazu die geplante Produktionsleistung, angegeben als Kennzahl in Stückzahl N pro Schicht, zumindest kurz die Kammlinie der Fertigung erreicht haben. Daraus resultiert letztlich der als Graph in Abbildung 3.14 dargestellte Verlauf der Produktionsleistung, die kurze Zeit die Kammlinie hält und folgend zum Zeitpunkt der Produktionsunterbrechung sinkt, worauf der Abschnitt der Wiederhochlaufkurve folgt, bis diese erneut in die Kammlinie mündet. Die Wiederanlaufphase kann in jeder Batteriezellproduktion vorkommen, tritt aber insbesondere in der Kleinserienproduktion häufig auf und findet immer während der Serienproduktion statt. Grundsätzlich werden die Kennzahlen in der Produktionstechnik, wie auch in Abbildung 3.13 dargestellt, auf eine möglichst hohe Stückzahl in kurzer Zeit bemessen. Daher folgt zum einen die Hochlaufkurve dem Prinzip Time-To-Volume und zum anderen die Wiederhochlaufkurve dem Prinzip Time-To-Volume-Again für die zu erwartenden Kennzahlen. Für das genaue Verständnis der Kennzahlen sind in Abbildung 3.14 die Produktionsleistung als Produktionsoutput in N Bauteilen pro Schicht über der Zeit aufgetragen. Die zeitliche Phaseneinteilung entspricht dem Produktionsentstehungsprozess aus Abbildung 3.13. Mit dem Zeitpunkt des Produktionsstarts als Ausgangspunkt folgt der Graph dem Ziel eines schnellen Time-To-Volume in Anlehnung an einen S-Kurvenverlauf. Betrachtet man den Punkt der Produktionsunterbrechung als weiteren Anhaltspunkt, so bietet diese Darstellung einen zusätzlichen Detailgrad. Ab der Produktionsunterbrechung nimmt die Stückzahl stark ab. Nach einem möglichst kurzen, oder wenn möglich sogar nach keinem vollständigen, Ausschalten der Linie folgt eine erneute Zunahme der Stückzahl entsprechend der Wiederhochlaufkurve. Die Wiederhochlaufkurve hat zum Kernziel

[244] I. A. a. R. Schmitt (Anlaufmanagement), 2015, S. 13, erweitert um die Wiederanlaufphase

das Time-To-Volume-Again und folgt damit dem Ziel einer klassischen Hochlaufkurve, die dem Time-To-Volume folgt. Nach erfolgreichem Wiederhochlauf der Linie stimmt die Produktionsleistung wieder mit der Nennleistung überein und die Kammlinie wird erreicht. Bei jeder weiteren Unterbrechung der Produktion wird die Wiederanlaufphase erneut durchlaufen.

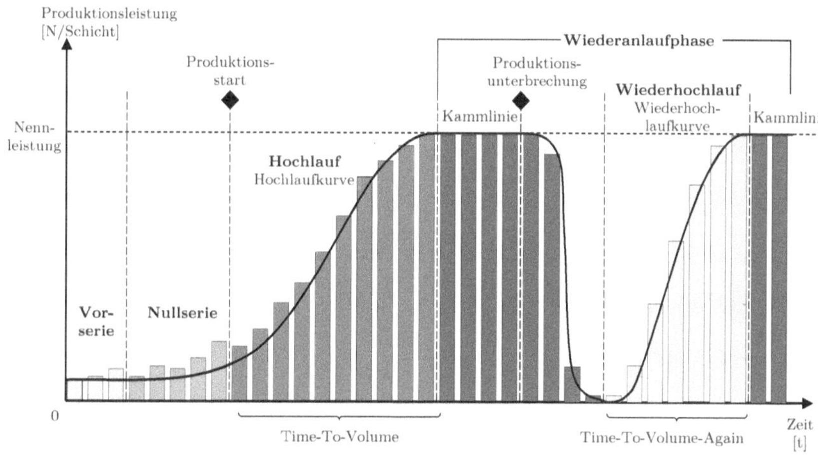

Abb. 3.14: Verlauf der Produktionsleistung für den erweiterten Produktionsanlauf

Verwendet man dieses Wissen für eine Gegenüberstellung mit dem Zielbereich der inhaltlichen Anforderungen, so wird die erste Anforderung durch den Wiederholanlauf kaum erfüllt, da nur eine Produktionsunterbrechung durch den Ausfall einer Fertigungstechnologie in einem Prozessschritt berücksichtigt wird. Erst durch die Konzeption einer Wiederanlaufkurve kann ein Produktionsunterbrechungszyklus für diese Methodik aufgestellt werden. Prinzipiell berücksichtigen die klassischen Anlaufarten keine dedizierte Prozessparameterwahl im Zusammenhang mit dem Wiedereinschalten, sodass auch die zweite Anforderung im Zielbereich kaum erfüllt wird. Da in den Theorien der Anlaufarten auch keine Messdatenerhebungsmethoden untersucht werden, wird die dritte Anforderung im Zielbereich ebenso kaum erfüllt. Dennoch handelt es sich um eine formal korrekte Theorie, sodass die formalen Anforderungen gänzlich erfüllt sind.

3.2.3.2 Logistisches Wachstum im Produktionsanlauf

Für die Beschreibung des Anlaufs ergibt die Darstellung eines Hochlaufs mit dem logistischen Wachstum Sinn, weil dieses zur Darstellung von Sättigungs- und Wachstumsprozessen und damit zur Darstellung des Hochlaufverhaltens von Stellgrößen geeignet ist.[245]

[245] Vgl. Nau (Auswahl von Fertigungstechnologien), 2012, S. 117

NAU verwendet die Funktion hauptsächlich zur Beschreibung des Hochlaufverhaltens von Fertigungstechnologien.[246] In dieser Arbeit soll das logistische Wachstum im Rahmen des Wiederanlaufs eingesetzt werden. Dazu wird die logistische Funktion aus Gleichung 3.1 verwendet und anhand der Abbildung 3.15 erläutert.[247]

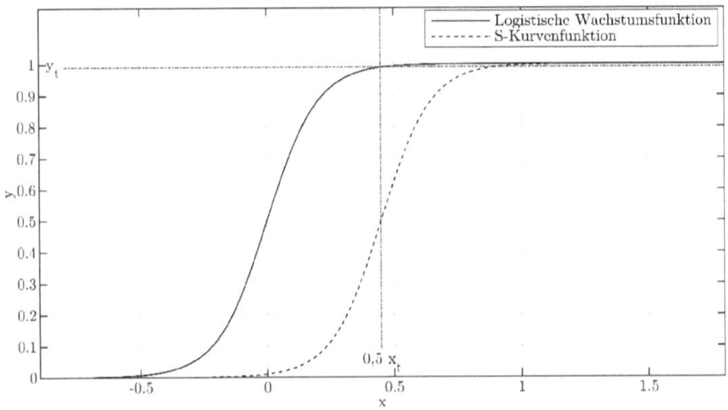

Abb. 3.15: Logistisches Wachstum als Hochlaufkurve

y ist dabei die Produktivität, die in Abhängigkeit von der Laufvariablen x wächst. Die Laufvariable x steht in diesem Zusammenhang für die Zeit. In Gleichung 3.1 ist a der Steigungsparameter, der darauf Einfluss hat, wie schnell die Produktivität ansteigt.

$$y(x) = \frac{1}{1 + e^{-ax}} \tag{3.1}$$

y Produktivität
x Laufvariable für die Zeit
a Steigungsparameter

Betrachtet man die Abbildung 3.15 an den Grenzen, so stellt die obere Grenze y_t den Zielwert für die Produktivität und der zugehörige Wert der Laufvariable x_t die Hochlaufdauer dar. Die Hochlaufdauer bezeichnet die Zeit, die y null bis zum Wert von y_t benötigt, die Wachstumskurve in Abbildung 3.15 beginnt allerdings schon im mathematisch negativen Bereich links des Ursprungs zu steigen, sodass diese Zeit mit berücksichtigt werden muss. Da der Wendepunkt mittig bei mathematisch $x = 0$ liegt und die Kurve punktsymmetisch zum Wendepunkt ist, kann man sagen, dass x für das Erreichen von y_t somit

[246] Vgl. Nau (Auswahl von Fertigungstechnologien), 2012, S. 116
[247] Vgl. ebd., 2012, S. 117

$0,5x_t$ betragen muss. Daher ergibt sich der Punkt y_t in Gleichung 3.2. Dabei muss erwähnt werden, dass die Hochlaufdauer x_t mathematisch begründet die Zeitspanne von $(1 - y_t)$ bis y_t beschreibt. Mit diesem Wissen kann der Steigungsparameter a in Abhängigkeit von dem Zielwert y_t und der zugehörigen Hochlaufdauer x_t ausgedrückt werden. Dazu wird Gleichung 3.1 nach a zu Gleichung 3.3 aufgelöst.[248]

$$y_t = \frac{1}{1 + e^{-0,5ax_t}} \tag{3.2}$$

$$a = -\frac{1}{0,5x_t} ln(\frac{1}{y_t} - 1) \tag{3.3}$$

$$y(x, c, x_t, y_t) = \frac{1}{1 + e^{\frac{x+c}{0,5x_t} ln(\frac{1}{y_t} - 1)}} \tag{3.4}$$

y Produktivität
x Laufvariable für die Zeit
y_t Zielwert für die Produktivität
x_t Hochlaufdauer von $y = (1 - y_t)$ bis $y = y_t$
a Steigungsparameter
c Verschiebungskonstante

Setzt man Gleichung 3.3 in Gleichung 3.1 ein erhält man die Funktion für die S-Kurve, die prinzipiell in dieser Methodik als Hilfsmittel dient. Um noch den bei mathematisch null liegenden Wendepunkt so zu verschieben, dass die Funktion der S-Kurve allgemeingültig eingesetzt werden kann, wird in Gleichung 3.4 neben Gleichung 3.3 ein zusätzlicher Parameter c für die Verschiebung des Wendepunkts eingesetzt. Bestimmt wird der Parameter c nach NAU über einen zusätzlichen Punkt $x_0 = 0$ und einer Variablen $y = y_0$ als y-Achsenabschnitt.[249] Setzt man diese Werte in Gleichung 3.4 ein, kann c bestimmt werden. Das Ergebnis gilt es erneut in Gleichung 3.4 einzusetzen, um die allgemein gültige Formel für die **S-Kurvenfunktion** aus Gleichung 3.5 zu erhalten.

$$y(x, x_t, y_t, y_0) = \frac{1}{1 + e^{\frac{x}{0,5x_t} ln(\frac{1}{y_t} - 1) + ln(\frac{1}{y_0} - 1)}} \tag{3.5}$$

x Laufvariable
x_t Hochlaufdauer des Qualitätsmerkmals von $y = (1 - y_t)$ bis $y = y_t$
y_t Zielwert des Qualitätsmerkmals (Produktivitätsziel)
y_0 Startwert des Qualitätsmerkmals (Startproduktivität)

[248] Vgl. ebd., 2012, S. 119
[249] Vgl. ebd., 2012, S. 119

Die darin enthaltene Variable y_0 in der S-Kurvenfunktion bietet die Möglichkeit, den Startpunkt ungleich null zu setzen, wenn beispielsweise die Linie nicht komplett ausgeschaltet wird. Jedoch wird dieser nahezu auf null gesetzt, um den gesamten Wiederanlauf analysieren zu können. Aus mathematischen Gründen lässt sich die Variable nicht vollständig auf null setzen, da die Wachstumsfunktion dies nicht zulässt. In Kapitel 5.2.3 wird dies mit einem Wert von $y_0 = 0,01$ realisiert. Für den Wiederanlauf eines Prozessschritts muss die Hochlaufzeit aus der Variablen x_t zusammen mit der Dauer des Hochlaufs der Hochlaufkurve von null bzw. y_0 bis zum Punkt $(1 - y_t)$ summiert werden, um die Wiederanlaufzeit des Qualitätsmerkmals zu erhalten. Die Hochlaufkurve wird nicht explizit zur Beschreibung von Stückzahlen eingesetzt wird. In dieser Methodik wird sie zur Beschreibung des Hochlaufs einer Stellgröße wie beispielsweise eines Parameters als Qualitätsmerkmal verwendet. Wenn der Anwender Vorwissen über die Hochlaufdauer einer Linie oder eines Prozesses besitzt, kann diese über x_t direkt eingeben. Als Zielwert y_t wird für den Wiederanlauf meist 99 % gefordert, sodass die Messeinrichtungen eine Produktivität ab $(1 - y_t)$ und somit 1 % erkennen müssen.

3.2.3.3 Zielsystem des Produktionsanlaufs

Der Produktionsanlauf kann verschiedene Zielsysteme besitzen, von denen die fünf am häufigsten in der Literatur verfolgten nach WINKLER in Abbildung 3.16 gezeigt werden.[250]

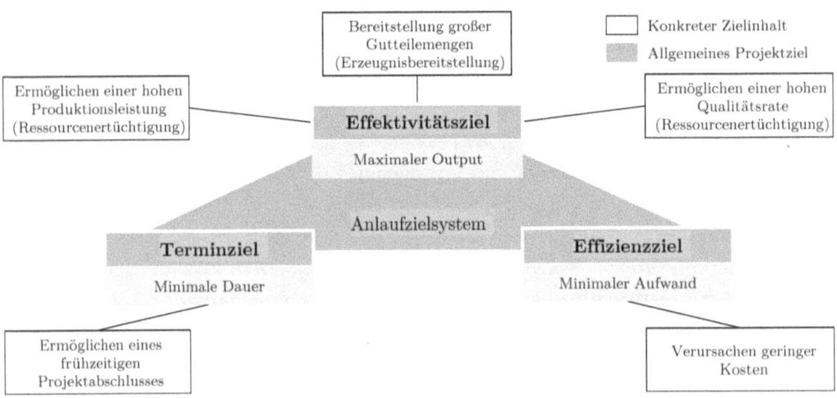

Abb. 3.16: Übersicht des Anlaufzielsystems

Insbesondere die im Rahmen des Produktionsanlaufs vorgestellten Ziele lassen sich in dieses Zielsystem einordnen. Unter das **Effektivitätsziel** fallen drei konkretisierbare untergeordnete Ziele, die für die Realisierung der Effektivität alle den maximalen Output

[250] Vgl. Winkler (Modellierung vernetzter Wirkbeziehungen), 2007, S. 7

verfolgen.[251] Ein **Terminziel** hat die minimale Dauer für den Anlauf zum Ziel. In der Praxis muss vor allen Dingen sichergestellt werden, dass der geplante Endtermin nicht überschritten wird. Das dritte Ziel befasst sich mit dem **Effizienzziel**, um mit minimalem Aufwand den Anlauf zu bewerkstelligen und eine Produktion hochzufahren. Die konkreten Zielinhalte müssen für die Produktionsplanung formuliert werden:[252]

- **Hohe Produktionsleistung** soll erreicht werden, indem die Maschinen und Anlagen als Produktionsressourcen dazu befähigt werden, hohe Produktionsmengen je Zeiteinheit zu produzieren (Ressourcenertüchtigung).
- **Hohe Qualitätsrate** soll über hochwertige Anlagen erreicht werden, indem der geplante Produktwert durch erhöhte Fertigungsgenauigkeit übertroffen werden kann (Ressourcenertüchtigung).
- **Hohe Gutteilemenge** soll erzielt werden, sodass möglichst große Mengen produziert werden, denn diese werden für unterschiedlichste Zwecke im Produktionsanlauf benötigt (Erzeugnisbereitstellung).
- **Frühzeitiger Projektabschluss** verhindert Konventionalstrafen und Imageverluste und kann zu einem Wettbewerbsvorteil führen.[253]
- **Geringe Kosten** sind die Effizienz des Anlaufs, um beim Anlauf eines neuen Produkts die Aufwände gering zu halten.

Inwiefern das Zielsystem die inhaltlichen Anforderungen abdecken kann, gilt es zu prüfen. Hinsichtlich der Anforderungen an den Objektbereich werden alle Anforderungen kaum erfüllt, denn das Anlaufzielsystem beinhaltet weder Analysen noch Lösungsansätze. Es findet somit keine Berücksichtigung der Produktflexibilität in Prozessschritten entsprechend der ersten Anforderung im Objektbereich statt. Eine hohe Qualitätsrate im Rahmen des Effektivitätsziels fordert zwar eine Ressourcenertüchtigung zu hoher Fertigungsgenauigkeit, allerdings werden hier keine Qualitätsmerkmale identifiziert, wie es die zweite Anforderung im Objektbereich verlangt. Die Betrachtung von Fertigungsfolgen für die dritte Anforderung des Objektbereichs lässt sich ansatzweise im Effizienzziel verorten, wird jedoch nicht adressiert. Die inhaltlichen Anforderungen im Zielbereich erfüllt das Zielsystem bedingt. Die erste Anforderung des Zielbereichs wird kaum erfüllt, da der konkrete Zielinhalt der hohen Produktionsleistung auf der Kontinuität der Fertigungstechnologien basiert, ein Produktionsunterbrechungszyklus aber nicht aufgestellt wird. Das nächste konkrete Ziel einer hohen Qualitätsrate bezieht sich auf die Prozessparameterauswahl der zweiten Anforderung im Zielbereich. Jedoch wird die Prozessparameterauswahl kaum betrachtet, sodass diese Anforderung kaum erfüllt ist. Die dritte Anforderung im Zielbereich nach einer Messdatenerhebung lässt sich dem Effizienzziel zuordnen, wobei das konkrete Ziel des minimalen Aufwands hier etwas widersprüchlich wirkt, denn Mess-

[251] Vgl. Maue (Gestaltung des Produktionsanlaufs), 2015, S. 37
[252] Vgl. Winkler (Modellierung vernetzter Wirkbeziehungen), 2007, S. 8
[253] Vgl. Maue (Gestaltung des Produktionsanlaufs), 2015, S. 37

technik verursacht Kosten. Da es sich um eine Zuordnung und keine explizite Betrachtung der Messdatenerhebung handelt, ist diese Anforderung kaum erfüllt. In Hinblick auf die inhaltlichen Anforderungen gilt es noch festzuhalten, dass die Konzeption des Zielsystems die formalen Anforderungen gänzlich erfüllt und somit eine Grundlage dieser Methodik darstellt. Das Zielsystem des Produktionsanlaufs wird in allen drei Zielen von einem gemeinsamen Faktor, dem Prozessausschuss, begleitet. In Kapitel 3.3 werden verschiedene ganzheitliche Ansätze zur Optimierung des Ausschusses im Anlauf untersucht, die im Kern auf dem klassischen Reglerprinzip basieren, das in Abbildung 3.17 dargestellt wird.[254]

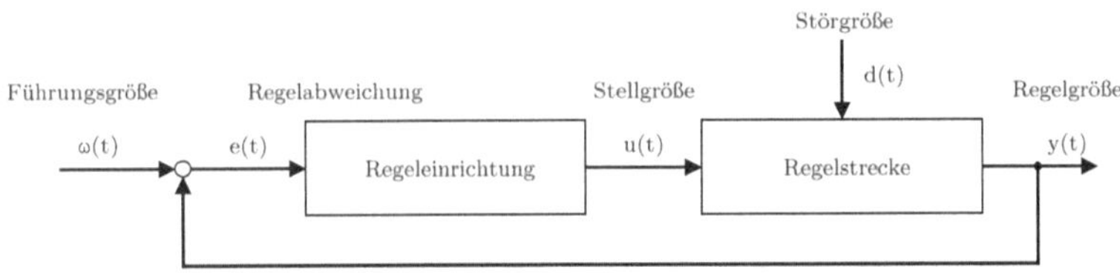

Abb. 3.17: Grundstruktur eines Regelkreises

Eine für die Batteriezellproduktion und den Anlauf verwendete Regelgröße an jeder Anlage ist die Stellgröße $u(t)$. Ein dynamisches System (Regelstrecke) mit einer von außen beeinflussbaren Größe (Stellgröße) und einer messbaren Größe (Regelgröße) $y(t)$ soll die Definition schärfen.[255] Für die Betrachtung eines Regelkreises müssen die Eingangs- und Ausgangsgröße festgelegt werden. Dabei kann der Regelkreis auch als System verstanden werden, wobei die Antwort auf ein Eingangssignal das Ausgangssignal ist.[256] Der Eingang wird mit einer sogenannten Führungsgröße $\omega(t)$ gespeist, die mit der Regelgröße zusammen die Regelabweichung $e(t)$ ergibt. In der Regeleinrichtung wird die Stellgröße erzeugt. Diese wirkt auf die Regelstrecke und wird häufig von einer Störgröße $d(t)$ überlagert, woraus sich die Regelgröße, die gleichzeitig die Ausgangsgröße des Prozesses darstellt, ergibt. Insgesamt kann festgehalten werden, dass die Stellgröße die Regelgröße, also die Ausgangsgröße über die Regelstrecke direkt beeinflusst. Im erweiterten Sinn können mehrdimensionale Abhängigkeiten und Regelkreise im Rahmen von datengetriebenen Methoden verwendet und unter dem Begriff Industrie 4.0 zusammengefasst werden. Der Begriff hat in seiner Namensgebung historischen Ursprung und soll die neue Industrieform beschreiben, die auf die dritte industrielle Revolution folgt. Wesentliche Teilbereiche sind die Datendurchgängigkeit zwischen Partnern, Lieferanten und Kunden sowie vertikale Durchgängigkeit innerhalb der eigenen Organisation.[257] Cyber-physische Systeme können mithilfe der echtzeitnahen Vernetzung sowie cloudbasierter Methoden der Datenverarbeitung Synergien und Skaleneffekte in Produktionssystemen ermöglichen.[258]

[254] Vgl. Lunze (Regelungstechnik 1), 2010, S. 4
[255] Vgl. ebd., 2010, S.4
[256] Vgl. Puente León et al. (Signale und Systeme), 2011, S. 4
[257] Vgl. Bauernhansl et al. (Industrie 4.0 in der Produktion), 2014, S. 129
[258] Vgl. ebd., 2014, S. 43

3.2.4 Regressionsanalyse zur Auswertung von Produktionsanlaufdaten

Für die modellbasierte Produktionsanlaufoptimierung ist die **Regressionsanalyse** ein wichtiges Werkzeug. Die Regressionsanalyse ist ein Hilfsmittel aus der Statistik und bietet eine Möglichkeit für die Auswertung von Versuchsdaten hinsichtlich abhängiger und unabhängiger Variablen eines Modells. Bei der linearen Regression wird die Ausgangsgröße nur von einer Eingangsgröße linear beeinflusst, wohingegen bei der multiplen Regression mehrere Eingangsgrößen simultan wirken.[259] Die Ausgangs- und Eingangsgrößen können auch als Variablen bezeichnet werden. Dabei liegt das Interesse laut KRONTHALER meist auf einer Variable, die von mehreren Variablen abhängig ist. Somit beeinflussen einige unabhängige Variablen die abhängige zu untersuchende Variable, weshalb sie wegen ihres Einflusses in der Regressionsanalyse mit zu berücksichtigen sind. Um das Verhalten der zu analysierenden Variable zu erfahren, müssen die anderen Variablen kontrolliert werden. Man spricht daher auch von Kontrollvariablen.[260] Das Ziel der Regressionsanalyse ist, den Einfluss der unabhängigen Variablen $x_{j,i}$ auf eine abhängige Variable z_i zu beschreiben und zu untersuchen, wie sich diese verhält, wenn die unabhängigen Variablen verändert werden. Für den Fall der Batteriezellfertigung muss zudem berücksichtigt werden, dass metrische Eingangsvariablen beliebige Werte annehmen können, wohingegen Variablen, die für eine binäre Entscheidung stehen, nur die Ausprägung eins oder null annehmen können. Beispielsweise muss in der Slurryproduktion im Mischprozessschritt entweder im oder gegen den Uhrzeigersinn gerührt werden. Das Rühren im Uhrzeigersinn bekäme den Wert eins und gegen den Uhrzeigersinn den Wert null. Diese Variablen beeinflussen die Regression gleichermaßen wie metrische Eingangsvariablen. In der folgenden Gleichung 3.6 ist die allgemeine Form der linearen Regression beschrieben. Darin ist zusätzlich der Fehlerterm e_i integriert, der die Abweichung der formulierten Größe von dem tatsächlichen Wert z_i umfasst.

$$z_i = c_0 + c_1 x_{1,i} + c_2 x_{2,i} + ... + c_j x_{j,i} + e_i \tag{3.6}$$

z_i	abhängige Variable des Versuchspunkts i
c_0	Absolutglied der Regressionsgleichung
c_j	Koeffizient j der Einflussgleichung
$x_{j,i}$	Werte der unabhängigen Variable j des Versuchspunkts i
j	Anzahl unabhängiger Variablen
i	Nummer des Versuchspunkts
e_i	Fehlerterm des Versuchspunkts i

Bei einer multiplen Regressionsgleichung lassen sich Terme höherer Ordnung ergänzen,

[259] Vgl. Kronthaler (Statistik angewandt: Datenanalyse), 2015, S. 244
[260] Vgl. ebd., 2015, S. 244

sodass es nicht bei einer Linearität bleibt. In diesem Fall spricht man in der Literatur häufig von einer Polynomregression.[261] Diese wird im Folgenden verwendet, wobei die Dimension des Lösungsraums der Summe an abhängigen und unabhängigen Variablen entspricht. Im genannten Beispiel des Mischprozessschritts hängt die Viskosität von der Drehzahl des Mischers und der Mischdauer ab, woraus sich ein dreidimensionaler Lösungsraum ergibt. Zur Erläuterung der Regression wird in der Literatur und auch in dieser Methodik aus Gründen der Übersichtlichkeit das Vorgehen anhand einer Regressionsgleichung bis zum ersten gemischten Term $x_{1,i}x_{2,i}$ aus Gleichung 3.7 erläutert.[262]

$$z_i = c_{0,i} + c_{1,i}x_{1,i} + c_{2,i}x_{2,i} + c_{3,i}x_{1,i}^2 + c_{4,i}x_{2,i}^2 + c_{5,i}x_{1,i}x_{2,i} + e_i \tag{3.7}$$

z_i abhängige Variable des Versuchspunkts i
$c_{0,i}$ Absolutglied des Versuchspunkts i
$c_{j,i}$ Koeffizient j der Einflussgleichung auf die Ausgangsgröße i
$x_{j,i}$ Werte der unabhängigen Variable j des Versuchspunkts i
j Anzahl unabhängiger Variablen
i Nummer des Versuchspunkts
e_i Fehlerterm des Versuchspunkts i

Die Regressionsgleichung kann so angepasst werden, dass sie das System möglichst gut beschreibt. Dafür können die unabhängigen Variablen entweder als einfache Eingangsgrößen wie beispielsweise die Drehzahl des Mischers und die Mischdauer vorliegen oder es können sogenannte transformierte Eingangsgrößen zum Einsatz kommen. Eine transformierte Eingangsgröße entsteht aus einer festen mathematischen Verknüpfung mehrerer Eingangsgrößen, zum Beispiel durch Multiplikation.[263] Somit können auch quadratische Wirkbeziehungen formal wie lineare Effekte betrachtet werden. Die an ein System angepasste Regressionsgleichung wird als Modellgleichung bezeichnet.

Die Durchführung der Regressionsanalyse beginnt mit dem Aufstellen der Gleichung 3.7 für jeden vorliegenden Datenpunkt $i = 1, 2, \ldots, n$. Die Datenpunkte können als bereits erfasste und sortierte Messdaten oder speziell für einen Versuch erstellte und durchgeführte Versuchspläne vorliegen. Zur weiteren Analyse werden die Gleichungen der Versuchspunkte (Gleichung 3.7) in die Matrix-Vektor-Schreibweise in Gleichung 3.8 überführt. Dabei ist die Modellmatrix X wie in Gleichung 3.9 aufgebaut.

$$\vec{z} = X\vec{c} + \vec{e} \tag{3.8}$$

[261] Vgl. Siebertz et al. (Statistische Versuchsplanung), 2017, S. 239
[262] Für weitere Erläuterungen zur Berechnung der Polynomregression siehe ebd., 2017, S. 243–248
[263] Vgl. ebd., 2017, S. 55

$$X = \begin{pmatrix} 1 & x_{1,1} & x_{2,1} & x_{1,1}^2 & x_{2,1}^2 & x_{1,1}x_{2,1} \\ 1 & x_{1,2} & x_{2,2} & x_{1,2}^2 & x_{2,2}^2 & x_{1,2}x_{2,2} \\ 1 & x_{1,3} & x_{2,3} & x_{1,3}^2 & x_{2,3}^2 & x_{1,3}x_{2,3} \\ 1 & x_{1,4} & x_{2,4} & x_{1,4}^2 & x_{2,1}^2 & x_{1,4}x_{2,4} \end{pmatrix} \tag{3.9}$$

Daran wird ersichtlich, dass hier auch Terme quadratischer Ordnung integriert sind. Es ist somit eine Modellmatrix X für eine Polynomregression dargestellt. Es soll zunächst der Zusammenhang zu Gleichung 3.7 verdeutlicht werden. Die unabhängigen Variablen $x_{j,i}$ werden in der Modellmatrix X zusammengefasst. Die Koeffizienten finden sich vereint im Vektor $\overrightarrow{c}$ und werden mit der Modellmatrix multipliziert, sodass der Wert der jeweiligen unabhängigen Variable mit entsprechend dem zugehörigen Koeffizienten multipliziert wird. Analog werden die Fehlerterme in einem Vektor $\overrightarrow{e}$ abgebildet. Das Ergebnis der Regression ist eine n-dimensionale Funktion, bei der die Fehlerquadrate minimal sind. Um die Koffezienten zu berechnen und zu überprüfen, wie genau Gleichung 3.8 die tatsächlichen Versuchpunkte beschreibt, muss die Summe der Fehlerquadrate F nach Gleichung 3.10 berechnet werden.

$$F = \sum_{i=1}^{n} e_i^2 = (\overrightarrow{z} - X\overrightarrow{c})^T(\overrightarrow{z} - X\overrightarrow{c}) \tag{3.10}$$

$$\overrightarrow{c} = (X^T X)^{-1} X^T \overrightarrow{z} \tag{3.11}$$

Dazu werden die Abweichungen e_i der Werte aus der Regressionsgleichung an die eigentlichen Versuchspunkte berechnet und deren Quadrate summiert.[264] Für die Berechnung der Koeffizienten $\overrightarrow{c}$ muss Gleichung 3.10 zunächst umgeformt und anschließend abgeleitet werden, bis man Gleichung 3.11 erhält.[265] Damit ist $\overrightarrow{c}$ die Parametermeterkonfiguration, die zusammen mit der Modellmatrix Gleichung 3.8 ergibt. Um die Güte von Regressionsmodellen zu bestimmen, soll das sogenannte Bestimmtheitsmaß verwendet werden. In Gleichung 3.12 ist das Bestimmtheitsmaß R^2 formuliert und gibt an, wie viel Prozent der Veränderung der abhängigen Variable z_i durch die unabhängigen Variablen $x_{j,i}$ erklärbar ist.

$$R^2 = 1 - \frac{\text{ungeklärte Varianz}}{\text{Gesamtvarianz}} = 1 - \frac{\sum_{i=1}^{n}(z_i - \hat{z}_i)^2}{\sum_{i=1}^{n}(z_i - \bar{z}_i)^2}; \quad 0 \leq R^2 \leq 1 \tag{3.12}$$

k Anzahl Koeffizienten
n Anzahl Messpunkte
z_i abhängige Variable des berechneten Versuchspunkts i
$\hat{z}_i$ Wert des Messpunkts i
$\bar{z}_i$ Mittelwert über alle Messwerte

264 Vgl. Hastie et al. (Statistical Learning), 2009, S. 45
265 Eine detaillierte Herleitung kann der Literatur entnommen werden, u.a. ebd., 2009, S. 45–46

Dabei teilt man die sogenannte *ungeklärte Varianz* der abhängigen Variable z_i vom eigentlichen Wert $\hat{z}_i$ durch die **Gesamtvarianz** der abhängigen Variable z_i zum Mittelwert von $\bar{z}_i$ als totale Varianz der abhängigen Variablen. Das Ergebnis sagt aus, wie viel Bewegung der Variable z durch die Regressionfunktion *erklärt* wird. In dieser Semantik wird das Verb *erklären* synonym für die Genauigkeit und Aussagekraft des aufgestellten Regressionsmodells verwendet. Um eine Angabe in Prozent zu erhalten, subtrahiert man den erläuterten Term von eins.[266] Da die Anzahl der unabhängigen Variablen einen Einfluss auf das Bestimmtheitsmaß hat, wird häufiger das korrigierte Bestimmtheitsmaß R^2_{korr} aus Gleichung 3.13 verwendet, das die Anzahl der unabhängigen Variablen berücksichtigt.[267]

$$R^2_{korr} = 1 - (1 - R^2) * \frac{(n-1)}{(n-k)}; \quad 0 \leq R^2_{korr} \leq 1 \tag{3.13}$$

Dies ist sinnvoll da die Gleichung 3.12 theoretisch mit steigender Anzahl unabhängiger Variablen kontinuierlich steigen und eine erhöhte Erklärungskraft vortäuschen würde.[268] Bei einer Ungewissheit über die Anzahl der Messpunkte sollte immer das korrigierte Bestimmtheitsmaß verwendet werden.[269] Die Variable k steht für die Anzahl der Koeffizienten im Regressionsmodell und n für die Anzahl der Messpunkte. Beide Bestimmtheitsmaße können Werte im Bereich zwischen null und eins annehmen, wobei die Qualität der Regression besser ist, je näher der Wert an eins, also 100 % ist.

Prüft man, ob die Regressionsanalyse die inhaltlichen Anforderungen erfüllt, so wird deutlich, dass insbesondere die zweite Anforderung im Objektbereich gänzlich erfüllt wird, da mit der Regression theoretisch alle Zusammenhänge zwischen den Stellgrößen und den Qualitätsparametern der Batteriezellproduktion beschrieben werden können. Allerdings werden die erste und die zweite Anforderung im Objektbereich dafür vernachlässigt. Die erste Anforderung bezüglich der Berücksichtigung der Produktflexibilität wird wegen der fehlenden Betrachtung eines Prozessschritts kaum erfüllt. Die dritte Anforderung, Fertigungsfolgen im Einschalten der Batteriezellfertigung aufzustellen, wird kaum erfüllt, da die Theorie zwar auf jeden einzelnen Fertigungsschritt angewendet werden kann, jedoch keine Fertigungsfolgen abbildet. Setzt man den Abgleich mit den inhaltlichen Anforderungen aus dem Zielbereich fort, so kann festgehalten werden, dass die erste Anforderung kaum erfüllt wird, da kein Produktionsunterbrechungszyklus in dieser Theorie aufgestellt wird. Die zweite Anforderung kann bis zur Analyse, Modellierung und Vorhersage des Anlaufverhaltens in Abhängigkeit von den Prozessparametern durch die Regressionsanalyse ermöglicht werden. Lediglich die Kenntnis über das Wiedereinschalten ist noch unbekannt, sodass diese Anforderung dennoch nahezu erfüllt wird. Ansätze zur Messdatenerhebung werden von der Theorie vernachlässigt, sodass die dritte Anforderung kaum erfüllt ist.

266 Vgl. Kronthaler (Statistik angewandt: Datenanalyse), 2015, S. 246
267 Vgl. Fahrmeir et al. (Regression: Modelle und Methoden), 2009, S. 160
268 Vgl. Kronthaler (Statistik angewandt: Datenanalyse), 2015, S. 247
269 Vgl. ebd., 2015, S. 246

Wie bei den vorangegangenen Theorien erfüllt auch diese alle formalen Anforderungen gänzlich.

3.2.5 Aufstellen von Versuchsplänen zur Analyse von Produktionsanlaufdaten

In der statistischen Versuchsplanung werden Eingangsgrößen eines Prozessschritts als Faktoren bezeichnet.[270] Ein Versuchsplan untersucht den Einfluss mehrerer Faktoren auf eine abhängige Variable, beispielsweise ein Qualitätsmerkmal, das beobachtet werden soll. Dabei werden die Faktoren eines Systems in Stufen eingestellt.[271] Diese gilt es, in einer Vorarbeit, beispielsweise in Vorversuchen, in sinnvollen Stufenabständen auszuloten. Zu geringe Stufenabstände können mit zu kleinen Effekten einhergehen, da kleine Änderungen in physischen Systemen häufig auch nur kleine Reaktionen haben. Gerade zu Beginn einer Untersuchung sind große Stufenabstände ratsam, die iterativ verringert werden können.[272] Ein Versuchsplan ist im Prinzip die tabellarische Darstellung von Faktoren, die in verschiedenen Stufen notiert sind, und den zu beachtenden Parametern, den Qualitätsmerkmalen, die aufgezeichnet werden. Mathematisch gesprochen stellt der Versuchsplan ein lineares Gleichungssystem dar, wobei jeder Versuch eine Funktionsgleichung liefert.[273] Um dies zu erreichen, müssen die Stufen ausreichend geplant werden, sodass mit einer Folgeanalyse, beispielsweise mit einem Regressionsmodell aus Kapitel 3.2.4, ein funktionaler Zusammenhang als Beschreibungsmodell abgeleitet werden kann. Grundsätzlich muss sich der Anwender die Frage stellen, welche Faktoren berücksichtigt werden sollen und wie viele Stufen er in den Versuchsplan als Stichprobenumfang aufnehmen möchte.[274] Praktisch ist es jedoch sinnvoll einen Überschuss an Versuchsergebnissen zu erarbeiten. Dies hat den Vorteil, dass neben der Ableitung von Wirkzusammenhängen eine Kontrolle des Beschreibungsmodells möglich ist. Gleichzeitig erhöht die Anzahl an Stufen den Aufwand der Versuchsdurchführung nachteilig. Im Folgenden sollen zwei Arten von Versuchsplänen, der vollfaktorielle und der D-optimale Versuchsplan, vorgestellt werden.

3.2.5.1 Vollfaktorieller Versuchsplan

Der vollfaktorielle Versuchsplan beinhaltet alle möglichen Kombinationen der Einflussgrößen, d. h. Faktoren, in festgelegten Stufen. Wenn alle möglichen Einstellungen der Faktoren miteinander kombiniert werden, benötigt der Anwender bei m Stufen und p Faktoren im Modell n Versuchspunkte. Die Anzahl der Versuchspunkte n errechnet sich nach

[270] Vgl. Schiefer et al. (Statistik für Ingenieure), 2018, S. 7
[271] Vgl. ebd., 2018, S. 2
[272] Vgl. Siebertz et al. (Statistische Versuchsplanung), 2017, S. 6
[273] Vgl. ebd., 2017, S. 28
[274] Vgl. Toutenburg (Versuchsplanung und Modellwahl), 1994, S. 3

Gleichung 3.14.[275] Somit hätte beispielsweise ein Versuchsplan zur Bestimmung der Homogenität die Parameter Rotationsrichtung und Mischdrehzahl als Einflussgrößen bzw. Faktoren. Es ergeben sich zwei Stufen aus den Rotationsrichtungen links bzw. rechts und es sollen zwei dedizierte Rotationsgeschwindigkeiten angenommen werden. Damit hätte dieser Versuchsplan nach Gleichung 3.14 vier Versuchspunkte. Die Wahl dieser Stufen resultiert aus dem Produktionsprozess. Für indiskrete Größen müssen Prüfstufen festgelegt werden.

$$n = m^p \tag{3.14}$$

n Anzahl der Versuchspunkte
m Anzahl der Stufen
p Anzahl der Faktoren im Modell

Der größte Vorteil des vollfaktoriellen Versuchsplans ist, dass alle Wechselwirkungen zwischen den Eingangsgrößen erprobt werden und sich damit erklären lassen. Jedoch nimmt die Anzahl der Versuche mit der Anzahl der Faktoren exponentiell zu, sodass bei einer hohen Zahl an Faktoren der vollfaktorielle Versuchsplan zu aufwendig wird und nicht mehr durchführbar ist.[276] In Kapitel 3.2.4 wurde die Modellmatrix in Gleichung 3.8 definiert, sodass der vollfaktorielle Versuchsplan in Vorbereitung auf die Regressionsanalyse dahin überführt werden kann und sich für jeden Versuchspunkt in Gleichung 3.15 überführen lässt.

$$z_i = \underbrace{c_{0,i}}_{Konstante} + \underbrace{c_{1,i}x_{1,i} + c_{2,i}x_{2,i}}_{\substack{lineare \\ Hauptwirkung}} + \underbrace{c_{3,i}x_{1,i}^2 + c_{4,i}x_{2,i}^2}_{\substack{quadratische \\ Wirkung}} + \underbrace{c_{5,i}x_{1,i}x_{2,i}}_{Wechselwirkung} + \underbrace{e_i}_{Fehler} \tag{3.15}$$

$$\vec{z} = X\vec{c} + \vec{e} = \begin{pmatrix} 1 & x_{1,1} & x_{2,1} & x_{1,1}^2 & x_{2,1}^2 & x_{1,1}x_{2,1} \\ 1 & x_{1,2} & x_{2,2} & x_{1,2}^2 & x_{2,2}^2 & x_{1,2}x_{2,2} \\ 1 & x_{1,3} & x_{2,3} & x_{1,3}^2 & x_{2,3}^2 & x_{1,3}x_{2,3} \\ 1 & x_{1,4} & x_{2,4} & x_{1,4}^2 & x_{2,1}^2 & x_{1,4}x_{2,4} \end{pmatrix} \begin{pmatrix} c_0 \\ c_1 \\ c_2 \\ c_3 \\ c_4 \\ c_5 \end{pmatrix} + \vec{e} \tag{3.16}$$

Mit vollfaktoriellen Versuchsplänen sind die Hauptwirkungen und die Wechselwirkungen der Faktoren berechenbar.[277] Der gesamte Versuchsplan lässt sich in Vektorschreibweise und mithilfe der Modellmatrix beschreiben. Die Modellmatrix wird um die quadratischen Terme erweitert und als Versuchsplanmatrix bezeichnet. Die Spalten der Versuchsplanmatrix X ergeben sich aus den Faktoren des Modells. Die Anzahl der Zeilen

[275] Vgl. Siebertz et al. (Statistische Versuchsplanung), 2017, S. 6
[276] Vgl. ebd., 2017, S. 28
[277] Vgl. Schiefer et al. (Statistik für Ingenieure), 2018, S. 9

entspricht der Anzahl der Versuchspunkte. Dabei besteht die erste Spalte der Versuchsplanmatrix X in Gleichung 3.16 aus Einsen und dient der Berechnung von c_0. In Spalte zwei und drei sind die einfachen Eingangsgrößen aufgeführt. Die Spalten vier, fünf und sechs enthalten durch Multiplikation erstellte, transformierte Eingangsgrößen. Aus der Gleichung 3.16 kann abgeleitet werden, dass mit steigender Anzahl der Faktoren der vollfaktorielle Versuchsplan aufwändig zu lösen ist. Gleichzeitig gilt nach SIEBERTZ ET AL., dass die Terme höherer Ordnung weniger Einfluss haben und in Abhängigkeit von der Untersuchung gezielt vom Anwender zu null gesetzt werden können.[278] In Gleichung 3.16 wären das die quadratischen Terme, die durch einen Anwender vernachlässigt werden könnten.

3.2.5.2 D-optimaler Versuchsplan

Die Verwendung eines D-optimalen Versuchsplans verfolgt das Ziel einer schnelleren Auswertung. Dafür wird während der Versuchsplanerstellung die Anzahl der Versuchspunkte reduziert und gleichzeitig der Informationsgehalt maximiert. Für das Aufstellen D-optimaler Versuchspläne gibt es verschiedene Verfahren, von denen der Zeilentauschalgorithmus für diese Methodik relevant ist und erläutert wird. Die Aufstellung des D-optimalen Versuchsplans basiert auf der sogenannten inversen Informationsmatrix $(X^T X)$, die sich aus der Modellmatrix X berechnet. Die Erstellung des D-optimalen Versuchsplan auf Basis des Zeilentauschalgorithmus soll folgend erklärt werden:

- Aus dem vollfaktoriellen Versuchsplan wird ein reduzierter Versuchsplan, ein sogenannter Grundplan aufgestellt und daraus die Modellmatrix X bestimmt. Die Anzahl der Versuchspunkte n des Grundplans errechnet sich nach Gleichung 3.17. Dabei werden p Faktoren als Hauptwirkung und $p\frac{p-1}{2}$ Wechselwirkungen sowie eine Konstante $(c_{0,i})$ in Gleichung 3.15 als ein zusätzlicher Versuchspunkt berücksichtigt. Zusätzlich kann man noch weitere Versuchspunkte vorsehen, um sicher zu gehen, dass das gesamte physische Verhalten festgestellt wird. Möchte der Anwender die quadratischen Wirkungen zwischen der linearen Hauptwirkung und der Wechselwirkung mit berücksichtigen, sollte man in jedem Fall eine Sicherheit von zwei zusätzlichen Versuchspunkten vorsehen.[279]

$$n = p + p\frac{p-1}{2} + 1 \tag{3.17}$$

  n Anzahl der Versuchspunkte
  p Anzahl der Faktoren (lineare Hauptwirkungen) im Modell

- Anschließend wird die Determinante der inversen Informationsmatrix $(X^T X)^{-1}$ be-

[278] Vgl. Siebertz et al. (Statistische Versuchsplanung), 2017, S. 29
[279] Vgl. Ronninger (Statistische Qualitäts- und Zuverlässigkeitsmethoden), 2020, S. 33

rechnet, die in ihrem Wert möglichst klein sein soll.[280] Im Prinzip wäre dabei die Informationsmatrix ($X^T X$) möglichst groß, worin sich ein maximaler Informationsgehalt begründen lässt. Damit wird eine möglichst stabile Berechnung der Koeffizienten c_i mittels der Regression erreicht.[281]

- Der erste und zweite Schritt werden so oft wiederholt, bis alle Kombinationen durchlaufen wurden. Der Grundplan mit der kleinsten Determinante ist somit der D-optimale Versuchsplan.[282]

Es sei noch erwähnt, dass es für die Erstellung eines D-optimalen Versuchsplans kein festes Vorgehen gibt und meist auf Softwarelösungen zurückgegriffen wird. Zudem gibt es die Alternative des A-optimalen Versuchsplans für die optimale mittlere Varianz der Regressionskoeffizienten. Der G-optimale Versuchsplan minimiert die Varianz der Vorhersagewerte, der I- und V-optimale Versuchsplan verfolgen eine mittlere Vorhersagegüte.[283]

Stellt man der Theorie der Versuchspläne die inhaltlichen Anforderungen gegenüber, so wird die erste Anforderung im Objektbereich kaum erfüllt, da die Berücksichtigung der Produktflexibilität mit einem Versuchsplan nur für einen Prozessschritt möglich ist. Die zweite Anforderung wird dagegen nahezu erfüllt, weil beispielsweise der vollfaktorielle Versuchsplan alle Zusammenhänge zwischen Stellgrößen und Qualitätsparametern für einen Prozessschritt darstellen kann. Prozessübergreifende Betrachtungen und eine Berücksichtigung der Fertigungsfolgen finden in der Anwendung eines Versuchsplans nicht direkt statt, sodass die dritte Anforderung kaum erfüllt ist. Im Zielbereich wird die erste Anforderung ebenso kaum erfüllt, da keine Produktionsunterbrechungszyklen betrachtet werden. Die zweite Anforderung wird dafür teilweise erfüllt, weil das Wiedereinschalten bei der Prozessparameterauswahl berücksichtigt wird, wenn der Versuchsplan dahingehend aufgestellt wird. Weder findet die Modellierung noch die Vorhersage des Wiedereinschaltens in der Anlaufkurve statt. Die Versuchspläne basieren auf der Messdatenerhebung und die Aufstellung eines D-optimalen Versuchsplans auf einer sinnvollen Messdatenfilterung, weshalb die dritte Anforderung teilweise erfüllt wird. Darüber hinaus sind alle Versuchsplantheorien formal korrekt und erfüllen die formalen Anforderungen.

3.3 Ganzheitliche Ansätze der Produktionsanlaufplanung

In Kapitel 3.1 wurden die Anforderungen an die Literatur in Objekt- und Zielbereich unterteilt und in jeweils vier Stufen des Erfüllungsgrades aufgeführt. Zur Einordnung in

[280] Vgl. Berechnung einer Matrixdeterminanten nach dem Laplace'schen Entwicklungssatz Merziger et al. (Formeln höhere Mathematik), 2010, S. 64

[281] Vgl. Siebertz et al. (Statistische Versuchsplanung), 2017, S. 56

[282] Vgl. Aguiar et al. (D-Optimal Designs), 1995, S. 202

[283] Für diese alternativen Versuchspläne siehe Siebertz et al. (Statistische Versuchsplanung), 2017, S. 56

das Vorgehen nach Abbildung 3.1 nimmt die Bewertung der ganzheitlichen Ansätze somit die Aufgabe der dritten Filterstufe ein. Die zu untersuchenden Ansätze und Methoden der Anlaufplanung in der Batteriezellfertigung werden hierzu auf ihren Erfüllungsgrad überprüft.

3.3.1 Gestaltung des Produktionsanlaufs nach MAUE

MAUE verfolgt die Zielsetzung der Entwicklung einer Methodik zur aufwandsorientierten Gestaltung des Produktionsanlaufs unter Berücksichtigung des gesamten Anlaufzielsystems und der Produktlebenszykluskosten, um die Anlaufaufwände zu reduzieren.[284] Zu Beginn der Methodik steht die Klassifizierung der Produktionsanläufe anhand der Merkmalskategorien Produkt, Prozesstechnologie, Qualität, Beschaffung (Netzwerk), Mitarbeiter und Anlaufdauer.[285,286] In der Arbeit von MAUE werden alle Prozesse von der Serienfreigabe des Prototyps bis zum Abschluss des Serienhochlaufs als Anlaufprozesse verstanden.[287] Dazu wird das Vorgehen der Methodik in drei Modelle unterteilt: ein Aufwandsmodell zur Erfassung aller anlaufrelevanten Aufwände, ein Wirkmodell für den Zusammenhang zwischen Aufwandsbestimmungsfaktoren und Prozessen im Anlauf und ein Gestaltungsmodell mit dem Ziel der Reduktion der Anlaufaufwände.[288,289,290] Da es in der von MAUE entwickelten Methodik primär um die Analyse und Reduktion von Anlaufaufwänden geht, wird nur die Produktvielfalt in Varianten- bzw. Teilevielfalt als Klassifizierung zur Einordnung von Anlaufprojekten verwendet.[291] Damit wird die Produktflexibilität einzelner Prozessschritte der Linie berücksichtigt, allerdings nicht als Leistungseigenschaft betrachtet. Somit wird die erste Anforderung im Objektbereich kaum erfüllt. Um die Aufwände zu reduzieren, untersucht MAUE unter anderem auch qualitätsbezogene Gestaltungsmaßnahmen wie Prüfverfahren und Prüfmittel.[292] Es erfolgt dafür beispielhaft die Identifikation von qualitätskritischen Prozessen, allerdings werden keine Zusammenhänge zwischen Stellgrößen und Qualitätsparametern aufgestellt. Wenn man unter dieser Betrachtung der Prozesse die Stellgrößen mit einschließt, so ist diese Anforderung teilweise erfüllt. In Bezug auf die dritte Anforderung im Objektbereich kann festgestellt werden, dass keine möglichen Fertigungsfolgen betrachtet werden und der Fokus der Arbeit primär auf den monetären Anlaufaufwänden liegt, sodass diese Anforderung ebenfalls kaum erfüllt ist. Bezüglich des Zielbereichs wird kein Produktionsunterbrechungszyklus aufgestellt, sondern lediglich die Fertigungstechnologie bzw. die

[284] Vgl. Maue (Gestaltung des Produktionsanlaufs), 2015, S. 3
[285] Vgl. ebd., 2015, S. 113
[286] Vgl. ebd., 2015, S. 118
[287] Vgl. ebd., 2015, S. 120
[288] Vgl. ebd., 2015, S. 116
[289] Vgl. ebd., 2015, Beziehungen des Wirkmodell S. 180
[290] Vgl. ebd., 2015, Maßnahmen des Gestaltungsmodells S. 182
[291] Vgl. ebd., 2015, S. 118
[292] Vgl. ebd., 2015, S. 154

Prozessschritte auf Kontinuität untersucht, sodass diese Anforderung kaum erfüllt ist.[293] In der Methodik von MAUE wird die Prozessparameterwahl indirekt durch die erwähnten qualitätsbezogenen Gestaltungsmaßnahmen adressiert und somit kaum berücksichtigt. In jedem Fall bleibt das Wiedereinschalten unberücksichtigt, sodass die zweite Anforderung im Zielbereich kaum erfüllt ist.[294] MAUE fordert innerhalb des Projektmanagements eine hohe Wissensverfügbarkeit und Informationstransparenz.[295] Die Ergebnisse von MAUE verlangen eine Informationstransparenz, da diese durch die Weitergabe von Informationen aller Art die wesentliche Grundlage für den Produktionsanlauf bildet.[296] Dazu fordert MAUE den Einsatz von IT-Systemen zur Prozessüberwachung, bietet allerdings keinen Implementierungsvorschlag, wie nicht kundenfähige Zwischenprodukte überprüft werden können, sodass die dritte Anforderung teilweise erfüllt wird. Die formalen Anforderungen werden dagegen gänzlich erfüllt, da die Methodik von MAUE, wenn auch nicht für den Wiederanlauf, auf jeden normalen Produktionsanlauf anwendbar ist.

3.3.2 Performance Management im Produktionsanlauf nach RENNER

RENNER entwickelt in einer kummulativen Hochschulschrift unter anderem einen Leitfaden zum praxisorientierten, anlaufspezifischen Performance Management, der die Entscheidungsfindung erleichtern, die Ableitung von Gestaltungsempfehlungen ermöglichen und generell ein effizientes und effektiveres Management schaffen soll. Der Begriff Performance Management bezeichnet die Planung, Messung und Beeinflussung des Produktionsanlaufs.[297] RENNER analysiert in seiner Arbeit das Performance Management im Produktionsanlauf. Produktionsvarianten von Batteriezellen analysiert er dabei nicht, da er keinen spezifischen Prozess betrachtet, sondern die Bedeutung der Produktvielfalt für Linien, auf denen später mehrere Fahrzeugmodelle gefertigt werden sollen, erwähnt. Damit adressiert er die Batteriezellproduktion nicht und erfüllt die erste Anforderung aus dem Objektbereich kaum.[298] Jedoch werden allgemeine Einflussfaktoren auf einen Produktionsanlauf beschrieben und dabei relevante Charakteristika und Einflussgrößen identifiziert.[299] Das entspricht der Identifikation von qualitätskritischen Prozessen und der Betrachtung ihrer Stellgrößen, sodass die zweite Anforderung im Objektbereich teilweise erfüllt ist. Da allerdings keine Fertigungsfolgen von Einschaltvorgängen berücksichtigt werden, wird die dritte Anforderung des Objektbereichs kaum erfüllt. RENNER stellt zwar keinen vollständigen Produktionsunterbrechungszyklus auf, jedoch berücksichtigt er Verbesserungs-

[293] Vgl. Maue (Gestaltung des Produktionsanlaufs), 2015, S. 173
[294] Vgl. ebd., 2015, S. 186
[295] Vgl. ebd., 2015, S. 168
[296] Vgl. Scholz-Reiter (Ramp-Up Excellence), 2010, S. 17
[297] Vgl. Renner (Performance Management im Produktionsanlauf), 2012, E-2, S. 9
[298] Vgl. ebd., 2012, A-3, S. 39
[299] Vgl. ebd., 2012, A-3, S. 32

maßnahmen als geplante Fertigungsunterbrechungen im Rahmen seines Modells für die Modellierung einer Anlaufkurve und erfüllt die erste Anforderung des Zielbereichs somit teilweise.[300] Die Auswahl von Prozessparametern für das Wiedereinschalten betrachtet er nicht, sondern nur den Projektneuheitsgrad und den damit verbundenen Neuheitsgrad der Prozesstechnologien im Anlauf, jedoch ohne das Wiedereinschalten zu berücksichtigen.[301] Damit ist die zweite Anforderung des Zielbereichs kaum erfüllt. Innerhalb eines Anlaufprojekts bezeichnet er die „Digitalisierung der Prozesse, Abläufe, Testverfahren und Technologien“ als eine Aufgabe, jedoch wird dieser Aspekt in der folgenden Arbeit nicht weiter verfolgt.[302] Daraus kann die Forderung nach digitaler Datenerfassung und -verarbeitung abgeleitet werden, sodass die letzte Anforderung im Zielbereich lediglich kaum erfüllt wird. Als formale Anforderung gilt dieser Ansatz im Hinblick auf die Handhabbarkeit für Linien kleinerer Stückzahlen als weniger geeignet, sodass diese Anforderung teilweise erfüllt ist.

3.3.3 Management von Serienanläufen nach SCHMITT

S. SCHMITT entwickelte ein Modell, das Gestaltungsempfehlungen zur Planung, Evaluierung und Regelung des Serienanlaufs auf Basis des Aachener Qualitätsmanagement Modells bereitstellt und den Ordnungsrahmen für die Gesamtheit der qualitätsbezogenen Aufgaben im Unternehmen aufspannt.[303,304] Es handelt sich im Detail um ein Gestaltungsmodell zum qualitätsorientierten Management von Serienanläufen, in dem die internen und externen Störgrößen in der Planung strukturiert und geregelt werden. Im Planungsmodul führt S. SCHMITT zunächst die Konzeption der qualitätsorientierten System-, Prozess- und Organisationsplanung durch, um die Prozesse im Serienanlauf abbilden zu können.[305] In einem Evaluierungsmodul sollen relevante Informationen wie anlaufspezifische Messdaten gesammelt und dem Entscheidungsträger bereitgestellt werden, sodass dieser kontinuierlich den Serienanlauf evaluieren kann.[306] Das darauffolgende Regelungsmodul umfasst die Regelungsgestaltung unter Berücksichtigung von dynamischen Einflüssen, die auf den Anlauf wirken, in einer kontinuierlich optimierten Regelkreisstruktur. Dabei sind das Anlaufzielsystem, die Systemgrenzen und die Schnittstellen eine determinierende Vorgabe.[307] Da S. SCHMITT ein allgemeines Modell zum Management von Serienanläufen entwickelt hat, findet keine nähere Betrachtung und Beschreibung von Produktionsvarianten von Batteriezellen statt, sodass die erste Anforderung im Objektbereich kaum erfüllt wird. Jedoch könnte man das Gestaltungsmodell im Anlauf der Batteriezellfertigung anwen-

[300] Vgl. ebd., 2012, B-3, S. 23
[301] Vgl. ebd., 2012, A-3, S. 43
[302] Vgl. ebd., 2012, A-3, S. 29
[303] Vgl. S. Schmitt (Management von Serienanläufen), 2012, S. 18, 60
[304] Vgl. Pfeifer et al. (Handbuch Qualitätsmanagement), 2014, S. 62
[305] Vgl. S. Schmitt (Management von Serienanläufen), 2012, S. 129
[306] Vgl. ebd., 2012, S. 145, 155
[307] Vgl. ebd., 2012, S. 156

den. Das entwickelte Modell beinhaltet einen Regelkreis zum Qualitätsmanagement im Anlauf und besitzt einen organisatorischen Charakter hinsichtlich der Ablauforganisation.[308] Eine Identifikation von Qualitätsmerkmalen und deren Zusammenhänge mit den Stellgrößen wird nicht erarbeitet, sodass die zweite Anforderung ebenso kaum erfüllt ist. Darüber hinaus befasst sich die Methodik mit dem Management des Produktionssystems, sodass keine möglichen Fertigungsfolgen der Einschaltvorgänge, sondern nur eine Fertigungsfolge der existierenden oder geplanten Linie berücksichtigt wird, womit die letzte Anforderung im Objektbereich teilweise erfüllt wird. Im Hinblick auf den Zielbereich wird kein Produktionsunterbrechungszyklus aufgestellt und es findet aufgrund des allgemeinen Modells zum Management des Serienanlaufs auch keine Betrachtung der einzelnen Fertigungstechnologien statt. Es erfolgt höchstens durch die qualitätsorientierte Prozessplanung eine Betrachtung hinsichtlich der Kontinuität, sodass die erste Anforderung im Zielbereich kaum erfüllt ist.[309] Die Auswahl geeigneter Prozessparameter wird auch ohne das Wiedereinschalten im Rahmen der Methodik zu berücksichtigen, kaum betrachtet, weshalb die zweite Anforderung des Zielbereichs ebenso kaum erfüllt wird. Das Gestaltungsmodell erfüllt jedoch die Forderung nach der Messdatenerhebung und sieht die Einbindung von Ansätzen zur Messdatenfilterung und -verarbeitung vor, wobei eine Überwachung von Zwischenprodukten ebenso realisiert wird.[310] Die Einbindung von informationstechnischer Infrastruktur umfasst zum einen die Identifikationen und Integration von Messpunkten und zum anderen den Entwurf eines adressatengerechten Berichtswesens, das neben weiteren Anforderungen auf strategische Anlaufziele abgestimmt ist.[311] Nach S. Schmitt sollten Messpunkte zur Überwachung kritischer Prozessschritte im Idealfall innerhalb oder in unmittelbarer Nähe zu dem kritischen Prozessschritt liegen, um Prozessstörungen erfassen zu können. Die Anforderung der Integration einer Messdatenerhebung zur Qualitätssteigerung und -überwachung von Zwischenprodukten wird mit einem erfolgreichen Automatisierungsvorgang gänzlich erfüllt.[312] Die formalen Anforderungen erfüllt die Methodik teilweise, da die Allgemeingültigkeit für die Anwendung auf den Wiederanlauf aufgrund der unidirektionalen Struktur des Planungsmoduls nicht ohne weitere Anpassungen gegeben ist.

3.3.4 Optimierung von Anlaufmanagement nach Stadler

Stadler untersucht die Produktionsprozesse und die darin auftretenden Wirkzusammenhänge. Es werden dabei Störeinflüsse, die negativ im Hinblick auf die Anlaufziele wirken, identifiziert und beseitigt.[313] Die Handlungsansätze sind die Ablauforganisation,

[308] Vgl. S. Schmitt (Management von Serienanläufen), 2012, S. 156
[309] Vgl. ebd., 2012, S. 129
[310] Vgl. ebd., 2012, S. 146
[311] Vgl. ebd., 2012, S. 145
[312] Vgl. ebd., 2012, S. 148
[313] Vgl. Stadler (Optimierung von Anlaufmanagement), 2016, S. 14

Aufbauorganisation, das Änderungsmanagement, Projektmanagement, Qualitätsmanagement sowie das Wissensmanagement.[314] Es werden vorhandene Prozesse bezüglich ihrer Eigenschaften analysiert und optimiert.[315] Dabei verläuft die Prozessanalyse als Expertenbefragung mit unterschiedlichen Befragungsarten in Form einer Studie.[316] Es werden für alle Handlungsansätze externe und interne Störeinflüsse identifiziert, die im Zuge der Erarbeitung eines proaktiven Anlaufmanagements durch entwickelte Organisationsstrukturen beseitigt werden sollen.[317] Die Organisations- und Managementoptimierung aus den Handlungsansätzen von STADLER sollen den Anforderungen dieser Methodik gegenübergestellt werden. Im Objektbereich wird die erste Anforderung kaum erfüllt, da die Produktflexibilität für das Änderungsmangement relevant ist, wenn die Bauteilfreigabe erfolgt. Jedoch wird die Produktflexibiltät für keinen Prozessschritt explizit berücksichtigt, sondern nur die Parallelisierung von Änderungen thematisiert.[318] Qualitätskritische Prozesse werden mit einem elektronischen Qualitätsüberwachungssystem zur Kommunikation von Problempunkten betrachtet. Das geschieht im Rahmen des Wissensmanagements, wodurch die zweite Anforderung im Objektbereich teilweise erfüllt wird.[319] Dabei wird die vorhandene Fertigungsfolge eines Fahrzeugderivats betrachtet, sodass die dritte Anforderung im Objektbereich kaum erfüllt wird. Den Zielbereich betreffend wird in den Handlungsansätzen auf Kontinuität geachtet, jedoch kein Produktionsunterbrechungszyklus aufgestellt, sodass die erste Anforderung kaum erfüllt wird. Die Prozessparameter werden nicht im Rahmen des Anlaufs betrachtet, sondern lediglich die Beanstandungen aus Audits, die in der Qualitätsabteilung untersucht werden.[320] Die zweite Anforderung im Zielbereich ist somit kaum erfüllt. Die dritte Anforderung wird teilweise erfüllt, da in der Ablauforganisation ein IT-System implementiert wird, das für die Messdatenfilterung modifiziert werden könnte.[321] Hinsichtlich der formalen Anforderungen findet eine teilweise Erfüllung statt, denn dieser Ansatz ist explizit auf die Fertigung der Dr. Ing. h.c. F. Porsche AG ausgelegt, sodass die Allgemeingültigkeit nicht vollständig gegeben ist.[322]

3.3.5 Ramp-Up Management nach TÜCKS

TÜCKS entwickelte eine Methodik zum Management von Produktionsanläufen in der Automobilindustrie unter Betrachtung des Managements von Produktionsanläufen.[323] Der Produktionsanlauf wird als Regelkreis dargestellt, in dem die Regelstrecke durch

[314] Vgl. ebd., 2016, S. 18
[315] Vgl. ebd., 2016, S. 19
[316] Vgl. ebd., 2016, S. 20, 21
[317] Vgl. ebd., 2016, S. 114
[318] Vgl. ebd., 2016, S. 115
[319] Vgl. ebd., 2016, S. 118
[320] Vgl. ebd., 2016, S. 88
[321] Vgl. ebd., 2016, S. 114
[322] Vgl. ebd., 2016, S. 20
[323] Vgl. Tücks (Ramp-Up Management), 2010, S. 67

ein Anlaufmodell beschrieben wird. Weiter wird ein Planungs- und Entscheidungsmodul, das dem Regler entspricht, mit Informationen aus einem Messmodul gespeist, das als Messglied zur Betriebsdatenerfassung und im Detail der Maschinendatenerfassung dient.[324,325,326,327] Zusätzlich wird dieser klassische Regelkreis um ein Anpassungsmodul ergänzt, um die Erfahrungen und Lerneffekte von vorangegangenen Anläufen zu dokumentieren und anschließend im Planungs- und Entscheidungsmodul bei künftigen Produktionsanläufen anwenden zu können.[328] Die Methodik fokussiert nicht unmittelbar die Batteriezellfertigung, sondern primär das Anlaufmanagement in der Automobilindustrie. Dabei werden die Produktvarianten im Anlaufmodell im Gestaltungsfeld des Produkts berücksichtigt.[329] Somit ist die Produktflexibilität als Leistungseigenschaft des Produktionsprozesses für beispielsweise eine Zellgeometrie in der Gestaltung mit berücksichtigt und die Anforderung der Beschreibung von Produktionsvarianten von Batteriezellen teilweise erfüllt. Theoretisch lässt sich die Methodik auf den Anlauf in der Batteriezellfertigung anwenden. TÜCKS entwickelt als Methode der Anlaufplanung einen Referenzkatalog mit den Dimensionen Technologie, Mitarbeiter, Produkt und Netzwerk.[330] Dieser besitzt jedoch nicht den Detailgrad, um für die Batteriezellfertigung Zusammenhänge zwischen Stellgrößen und Qualitätsparametern einer Komponente abzuleiten. Allerdings werden grundsätzlich qualitätskritische Prozesse und deren Stellgrößen wie beispielsweise die Prozessgeschwindigkeit betrachtet, sodass dieses Kriterium teilweise erfüllt ist. Für Einschaltvorgänge und im weiteren Sinne für den Anlauf wird von TÜCKS keine Berücksichtigung von möglichen Fertigungsfolgen vorgenommen, sondern im festen Werksverbund gearbeitet, d. h. nur eine Fertigungsfolge betrachtet und somit die dritte Anforderung im Objektbereich kaum erfüllt. Innerhalb des Katalogs für die Planungsgrößen werden zum Beispiel Schichtanzahl und -dauer oder Umrüstzeit berücksichtigt, d. h. die geplanten Produktionsunterbrechungen werden betrachtet.[331] Ein vollständiges Aufstellen eines Produktionsunterbrechungszyklus mit einer Beschreibung des Wiedereinschaltens erfolgt allerdings nicht. Es findet nur eine Untersuchung hinsichtlich Kontinuität statt, sodass die erste Anforderung im Zielbereich teilweise erfüllt wird. Da die Methodik das Anlaufmanagement beschreibt, werden Planungsgrößen wie die Prozessgeschwindigkeit betrachtet, allerdings nicht die zugehörige Prozessparameterauswahl. Dabei wird im Wirknetz der Anlaufplanungsgrößen nach TÜCKS das Wiedereinschalten nicht erwähnt, sodass die zweite Anforderung im Zielbereich kaum erfüllt ist.[332] Die dritte Anforderung im Zielbereich nach der Integration einer Messdatenerhebung erfüllt die Methodik von TÜCKS nahezu, da ein

[324] Vgl. Tücks (Ramp-Up Management), 2010, S. 106
[325] Vgl. ebd., 2010, Anlaufmodell S. 119
[326] Vgl. ebd., 2010, Planungs- und Entscheidungsmodul S. 126
[327] Vgl. ebd., 2010, Messmodul S. 141
[328] Vgl. ebd., 2010, S. 151
[329] Vgl. ebd., 2010, S. 124
[330] Vgl. ebd., 2010, S. 127
[331] Vgl. ebd., 2010, S. 127
[332] Vgl. ebd., 2010, S. 128

Konzept der „Digitalen Fabrik“ als Kopplung von realer an digitaler Fabrik aufgestellt wird.[333] TÜCKS versteht darunter die digitale Maschinendatenerfassung und -verwertung. Dabei sollen Informationen aus der Produktion mit Messgeräten verschiedener Fabrikate erfasst werden und die Daten vereinheitlicht werden.[334] Darüber hinaus beschreibt TÜCKS ein technisches Umsetzungskonzept und mögliche Anwendungsgebiete der digitalen Fabrik zur Hochlaufunterstützung.[335] Es bleibt nur noch die vollständige Automatisierung mit Software zur gänzlichen Erfüllung bestehen. Die formalen Anforderungen sind aufgrund der Reproduzierbarkeit auf der konzeptionellen Ebene gänzlich erfüllt.

3.3.6 Integrierte Messtechnik für Prozessketten nach KÖLMEL

KÖLMEL verfolgt das Ziel, prozessintegrierbare messtechnische Lösungen für unreife Technologien am Beispiel des Montageprozesses der Modul- und Batteriepackproduktion zu identifizieren, zu bewerten und für die konkrete Anwendung zu befähigen.[336] Dabei liegt der Betrachtungsfokus der Arbeit nicht auf der Zellfertigung, sondern explizit auf der Modul- und Batteriepackfertigung mit prismatischen oder Pouchzellen.[337] Dementsprechend werden die verschiedenen Produktionsvarianten von Batteriezellen nur als Teilkomponenten eines Batteriesystems beschrieben und sind nicht Teil der Betrachtungen, weshalb die erste Anforderung im Objektbereich kaum erfüllt ist. KÖLMEL identifiziert auf Basis der Produkt- und Prozessmerkmale mögliche Fehlerarten unter Beachtung von Qualitätsmerkmalen. Allerdings erfolgt dies nur in Bezug auf die Modul- und Batteriepackfertigung. Dabei analysiert er Fügeprozesse als die qualitätskritischsten Prozesse, woraus eine Übertragung auf die Batteriezellfertigung denkbar ist. Es werden z. B. beim Verschließen der Zellgehäuse ähnliche Fertigungstechnologien für das Fügen verwendet.[338] Wegen der primären Betrachtung von Qualitätsmerkmalen ohne Stellgrößen wird die zweite Anforderung im Objektbereich kaum erfüllt. Innerhalb des Ansatzes von KÖLMEL werden keine verschiedenen Fertigungsfolgen, sondern nur eine festen Reihenfolge der Assemblierung betrachtet, sodass die dritte Anforderung im Objektbereich kaum erfüllt ist.[339] In diesem Zusammenhang wird weder ein Produktionsunterbrechungszyklus aufgestellt noch das Wiedereinschaltverhalten beschrieben. Lediglich die Verfügbarkeit der Fertigung wird über eine stochastische Untersuchung betrachtet, sodass die Kontinuität der ersten Anforderung im Zielbereich berücksichtigt wird und diese somit kaum erfüllt wird.[340] Anhand eines Simulationsmodells prüft KÖLMEL den Einsatz von Messmitteln in der Modul- und Batteriepackfertigung. Dabei prüft er in Szenarien den Einsatz von Messmitteln an ver-

[333] Vgl. ebd., 2010, S. 142
[334] Vgl. ebd., 2010, S. 141
[335] Vgl. ebd., 2010, S. 143
[336] Vgl. Kölmel (Integrierte Messtechnik für Prozessketten), 2016, S. 4
[337] Vgl. ebd., 2016, S. 13
[338] Vgl. ebd., 2016, S. 53
[339] Vgl. ebd., 2016, S. 133
[340] Vgl. ebd., 2016, S. 138

schiedenen Stellen im Produktionsprozess und kommt zu dem Ergebnis, dass der Einsatz von Messmitteln offensichtlich zu einer Reduktion der Fertigungsgemeinkosten je Gutteil führt.[341] Dies zeigt, dass die Prozessparameterauswahl durch ihre Wirkung auf den Prozess und die Zwischenprodukte mit betrachtet werden müssen, allerdings ohne Bezug auf das Wiedereinschalten, wodurch die zweite Anforderung im Zielbereich kaum erfüllt wird. KÖLMEL kommt jedoch auch zu dem Ergebnis, dass der Einsatz von Messmitteln aus Aufwandssicht nicht bei jedem Prüfmerkmal und Zwischenschritt sinnvoll ist, indem er die Fertigungsgemeinkosten pro Gutteil betrachtet.[342] Der Einsatz der Messmittel verlangt grundsätzlich eine Messdatenerhebung zur Qualitätssicherung und -überwachung, sodass eine Fehlerentdeckungswahrscheinlichkeit ausgegeben werden kann.[343] Die Angabe einer Entdeckungswahrscheinlichkeit setzt eine Filterung der Messdaten voraus. Darüber hinaus wird im Rahmen dieses Ansatzes für die Messmittelauswahl ein Messtechnikkatalog erarbeitet, der im übertragenen Sinne und bei Anwendung eine Infrastruktur zur Messdatenerhebung darstellt.[344] Hinsichtlich des Zielbereichs wird damit die dritte Anforderung nahezu erfüllt. Die formalen Anforderungen werden in der strategischen Methodik gänzlich erfüllt.

3.3.7 Simulationsbasierte Anlaufunterstützung nach LANZA

LANZA entwickelt ein Simulationssystem zur OEE-Prognose im Produktionsanlauf, das bei der Beherrschung und Verkürzung des Produktionsanlaufs hilft.[345] Das Ziel der Anlaufunterstützung ist eine Methodik, die Instabilitäten des Produktionssystems abbildet, eine planungsbegleitende Bewertung ermöglicht, anlaufbegleitende Aktionsmöglichkeiten empfiehlt und leicht anwendbar für die Anlaufbeteiligten sein soll.[346] Dafür wird die Prozesskette in Elementarprozesse zerlegt.[347] Für die Elementarprozesse werden Qualitätsfähigkeitskurven aufgestellt, die einen eindimensionalen Charakter haben und die Erfüllung eines Qualitätsmerkmals über der Prozesszeit simulieren. Gleichzeitig wird die Qualitätsfähigkeit in einer normierten Verteilung dargestellt, um die zu erwartende Lage, d. h. den Wert des Qualitätsmerkmals, zu erfahren.[348] Unter Berücksichtigung der organisatorischen Gegebenheiten, wie der Schichtmodelle im Anlauf, wird die $OEE_{sim}(t)$ simuliert.[349] Die Validierung findet nicht an der Batteriezellproduktion, sondern an der Fertigung des unteren Querlenkers eines Achsenherstellers statt.[350] Bezüglich der Anforderungen im Ob-

[341] Vgl. Kölmel (Integrierte Messtechnik für Prozessketten), 2016, S. 142
[342] Vgl. ebd., 2016, S. 141
[343] Vgl. ebd., 2016, S. 137
[344] Vgl. ebd., 2016, S. 146
[345] Vgl. Lanza (Simulationsbasierte Anlaufunterstützung), 2005, S. 99
[346] Vgl. ebd., 2005, S. 19
[347] Vgl. ebd., 2005, S. 81
[348] Vgl. ebd., 2005, S. 91, 92
[349] Vgl. ebd., 2005, S. 100
[350] Vgl. ebd., 2005, S. 116

jektbereich wird die erste Anforderung kaum erfüllt, denn die Produktvarianten werden in Form des Auftragsspektrums zwar für jeden Elementarprozess berücksichtigt, jedoch ohne Bezug zur Batteriezellproduktion.[351] Da für jeden Elementarprozess die Qualitätsmerkmale und qualitätsrelevanten Einflussfaktoren identifiziert werden, ist die zweite Anforderung im Objektbereich nahezu erfüllt.[352] Die Analyse der Qualitätsbeziehungen wird nicht weiter betrachtet, jedoch ein Hinweis auf die Relevanz der Betrachtung von Qualitätsbeziehungen im Anlauf gegeben.[353] Bezüglich der dritten Anforderung im Objektbereich wird nur eine feste Fertigungsfolge mittels prozessinterner Ablaufregeln untersucht, sodass diese kaum erfüllt wird.[354] Die erste Anforderung im Zielbereich wird kaum erfüllt, da neben der Angabe von Planbelegungszeit, Stillstandszeiten und produzierter Stückzahl kein Produktionsunterbrechungszyklus aufgestellt wird.[355] Die Einflussfaktoren in Form der Prozessparameter werden immer ohne Berücksichtigung des Wiedereinschaltens gewählt, sodass die zweite Anforderung im Zielbereich kaum erfüllt ist. Gleiches gilt für die dritte Anforderung des Zielbereichs, da keine Messdatenerhebungsmethoden betrachtet werden, sodass auch diese Anforderung kaum erfüllt wird. Die formalen Anforderungen werden von LANZA gänzlich erfüllt. Auch wenn die Anwendung der Methodik auf Querlenker stattgefunden hat, ist die Anwendbarkeit auf die Batteriezellproduktion gegeben.

3.3.8 Bewertung der Herstellkosten nach SCHÜNEMANN

SCHÜNEMANN entwickelt ein Kalkulationsmodell zur Vorhersage der Herstellkosten von Lithium-Ionen-Batteriezellen unter Berücksichtigung von Eingangsparametern der Dimensionen Erzeugnis, Produktion und Ökonomie.[356] Für die Produktion betrachtet er die Einführung der elektrochemischen Impedanzspektroskopie (EIS) als Instrument der fertigungsbegleitenden Qualitätssicherung.[357] Die Produktflexibilität wird für einzelne Prozessschritte wie beispielsweise das Stapeln oder Wickeln, die Schichtdicke beim Beschichten oder der Verdichtungsgrad beim Kalandrieren der Elektroden als Einflussparameter für das Herstellkostenmodell verwendet, sodass die erste Anforderung im Objektbereich kaum erfüllt ist.[358] Insgesamt geht SCHÜNEMANN von einer Referenzbatterie eines Elektofahrzeugs mit modellierten Parametern aus und beschreibt daran die Kosteneffekte von unterschiedlichen Schichtdickenvariationen.[359] Im Weiteren wird die Impedanz einer Batteriezelle als Qualitätsmerkmal verwendet, die nach SCHÜNEMANN mithilfe der EIS in der

[351] Vgl. ebd., 2005, S. 109
[352] Vgl. ebd., 2005, S. 89
[353] Vgl. ebd., 2005, S. 98
[354] Vgl. ebd., 2005, S. 109
[355] Vgl. ebd., 2005, S. 111
[356] Vgl. Schünemann (Bewertung der Herstellkosten), 2015, S. 3
[357] Vgl. ebd., 2015, S. 125
[358] Vgl. ebd., 2015, S. 107, 114
[359] Vgl. ebd., 2015, S. 114

Formierung oder dem Gradingprozess geprüft werden kann.[360] Insbesondere die Schichtdicke wird in Bezug zu der Kapazität gesetzt, sodass die zweite Anforderung im Objektbereich teilweise erfüllt ist. Es wird eine Fertigungsfolge innerhalb der Prozesskette betrachtet, jedoch erwähnt, dass es Technologiealternativen wie das Stapeln oder Wickeln gibt, sodass hier die Reihenfolge innerhalb des Prozesskette bekannt sein muss. Daraus resultiert, dass die dritte Anforderung im Objektbereich teilweise erfüllt ist. Die erste Anforderung im Zielbereich wird kaum erfüllt, da durch die Betrachtung des Einflusses der Ausschussrate auf die Herstellkosten die Kontinuität der Fertigungstechnologien berücksichtigt wird. Die zweite Anforderung mit dem Fokus auf das Wiedereinschalten der Prozessparameter wird kaum erfüllt, weil die Prozessparameterwahl nicht explizit untersucht wird. Es werden die Prozessparameter des Stapel- und Wickelprozesses analysiert, jedoch ohne Berücksichtigung des Wiedereinschaltens.[361] Lediglich eine Integration der EIS als mögliche Prüfmethode wird im Prozessabschnitt des Zellfinishings untersucht, wobei die Messung in die Formierungsanlage eingebunden und dementsprechend automatisiert abläuft. Weitere Prozessschritte für die Qualitätsüberwachung entlang der gesamten Prozesskette werden nicht betrachtet, sodass die Anforderung der Integration einer Messdatenerhebung zur Qualitätssicherung und -überwachung von Zwischenprodukten nicht gänzlich, aber nahezu erfüllt wird.[362] Die formalen Anforderungen erfüllt die Methodik teilweise, da eine Allgemeingültigkeit für die im Modell festgelegten Wirkzusammenhänge einzelner Prozessschritte nicht für alle Fertigungslinien gilt. Gleichzeitig wird keine methodische Herangehensweise zur Identifikation der Wirkzusammenhänge in Prozessschritten erläutert und damit die Anwendbarkeit eingeschränkt.

3.3.9 Analyse komplexer Prozessketten nach WESTERMEIER

WESTERMEIER setzt das Wissen über die qualitätsrelevanten Ursache- und Wirkzusammenhänge für die Optimierung komplexer, fertigungstechnischer Prozessketten hinsichtlich der Kosten- und Qualitätsziele in produzierenden Unternehmen voraus.[363] Aus diesem Grund entwickelt er eine Methodik, die Mitarbeiter der technischen Planung und des Qualitätsmanagements bei der Analyse bestehender oder sich in der Entwicklung befindlicher Prozessketten unterstützt. Die Methodik kann in allen Phasen des Produktionsanlaufs angewendet werden.[364] Sie besteht aus drei Teilmethoden, der Wissensakquisition und Wissensinterpretation, der empirischen Analyse sowie dem Beschreibungs- und Erklärungsmodell.[365,366] Die empirische Analyse dient der Identifikation formelmäßiger Zusammenhänge

[360] Vgl. Schünemann (Bewertung der Herstellkosten), 2015, S. 128
[361] Vgl. ebd., 2015, S. 109
[362] Vgl. ebd., 2015, S. 133
[363] Vgl. Westermeier (Analyse komplexer Prozessketten), 2016, S. 151
[364] Vgl. ebd., 2016, S. 3
[365] Vgl. ebd., 2016, S. 69
[366] Vgl. ebd., 2016, S. 77

zwischen Qualitätsmerkmalen und -einflüssen und dessen Abbildung in einem quantitativen Erklärungsmodell.[367,368] WESTERMEIER betrachtet in seiner Arbeit die Prozessketten der Herstellung für Hardcase- und Pouchzellen, jedoch weder inwiefern verschiedene Varianten eines Zellformats auf einer Linie produziert werden können noch die damit verbundenen Leistungseigenschaften, sodass die erste Anforderung im Objektbereich kaum erfüllt wird. Er definiert 20 Hauptprozesse in der Herstellung von Batteriezellen, zu denen er 252 Stellgrößen und 18 Qualitätsmerkmale identifiziert.[369,370] Zur Identifikation von weiteren Merkmalen und Stellgrößen nutzt er eine Methodik zur Wissensakquisition und -interpretation, weshalb die Methodik von WESTERMEIER die Anforderung der Identifikation der Zusammenhänge zwischen Stellgrößen und Qualitätsparametern im Objektbereich nahezu erfüllt. Es wird eine Fertigungsfolge für die Batteriezellfertigung aufgestellt bzw. betrachtet, die für die Zelltypen der prismatischen Hardcase- und Pouchzellen gültig ist.[371] Es wird aber nicht analysiert, wie eine potenzielle Änderung der Reihenfolge der Einschaltvorgänge innerhalb der Prozesskette wirkt. Da es sich um eine Fertigungsfolge für zwei Zelltypen handelt, wird die dritte Anforderung im Objektbereich teilweise erfüllt. WESTERMEIER geht nicht auf die Aufstellung eines Produktionsunterbrechungszyklus ein, jedoch analysiert er den kontinuierlichen Fertigungsbetrieb, sodass die erste Anforderung im Zielbereich kaum erfüllt wird. Da in der während der Betrachtung der Wirkzusammenhänge und der Prozessparameter das Wiedereinschalten nicht berücksichtigt wird, wird die zweite Anforderung im Zielbereich auch kaum erfüllt. Dagegen wird die Anforderung der Integration einer Messdatenerhebung zur Qualitätssteigerung nahezu erfüllt. Denn es werden Daten gesammelt, die WESTERMEIER in einer MySQL-Datenbank speichert, wobei ein Großteil der Messwerte automatisch von den Fertigungsanlagen über definierte Protokolle zur Verfügung gestellt wird. Die Ergebnisse von Prüfprozessen müssen allerdings meist individuell eingetragen werden.[372] Wegen der teilweise individuellen und manuellen Arbeiten in der Methodik werden die formalen Anforderungen in Bezug au die Handhabbarkeit teilweise erfüllt.

3.3.10 Modellierung vernetzter Wirkbeziehungen nach WINKLER

WINKLER baut ein Modell vernetzter Wirkbeziehungen für die Prognose und die Beschleunigung des Produktionsanlaufs auf. Dabei wird zunächst ein Beschreibungsmodell für Anläufe erarbeitet, das eine Typisierung von Modellelementen sowie die Definition ihrer Attribute und logischen Verknüpfungsarten zwischen Objekten und Vorgängern beinhaltet. Bei einem Objekt handelt es sich nicht zwingend um einen Prozessschritt, denn WINKLER

[367] Vgl. ebd., 2016, S. 85
[368] Vgl. ebd., 2016, S. 108
[369] Vgl. ebd., 2016, S. 116
[370] Vgl. ebd., 2016, S. 117
[371] Vgl. ebd., 2016, S. 111
[372] Vgl. ebd., 2016, S. 129

strukturiert Objekte in Objektklassen für Erzeugnisse, Ressourcen und Informationen.[373] Die technischen Anlagen gehören zur Objektklasse Ressourcen.[374] Aufbauend auf diesem Strukturierungsansatz werden quantitative Modelle der Wirkbeziehungen, benötigte Teilmodelle sowie Analysekonzepte der Wirknetze entwickelt.[375] Die effektive Anlaufdauer wird als die Zeitdauer vom geplanten Projektstart bis zum realisierten Projektendtermin definiert.[376] Neben qualitätsorientierten Wirkbeziehungen untersucht WINKLER auch terminorientierte und kostenorientierte.[377] Das aufgebaute Modell soll die Auswirkung der Störgrößen und Handlungsalternativen auf die Projektziele ermitteln, wobei die Produktflexibilität nicht als Leistungseigenschaft berücksichtigt wird.[378] Die erste Anforderung im Objektbereich wird somit kaum erfüllt. Eine sog. stagnierende Wirkbeziehung sieht WINKLER in der Steigerung der Qualitätsfähigkeit einer Produktionsanlage in Abhängigkeit von der Erzeugnismenge. Dabei handelt es sich um eine asymptotische Funktion, die sich einem Zielwert annähert.[379] Damit wird die zweite Anforderung im Objektbereich nahezu erfüllt, da der Zusammenhang zwischen von Stellgrößen und Qualitätsparametern in einem Projektschritt aufgestellt wird.[380] Der Ansatz ist nicht auf die Batteriezellfertigung fokussiert und es wird keine Fertigungsfolge aufgestellt, sodass die dritte Anforderung des Objektbereichs kaum erfüllt ist. In Bezug auf den Zielbereich untersucht WINKLER keine Fertigungstechnologien oder Produktionsunterbrechungszyklen, sodass die erste Anforderung kaum erfüllt wird. Für die Anlaufzielbetrachtung wird nur der Wert der aufgestellten Objekte herangezogen und in einem Anlauffortschrittsdiagramm aufgetragen, um eine Aussage über deren Erfüllung zu treffen.[381] Darüber hinaus stellt WINKLER eine Stellhebelanalyse für die Quantifizierung des Einflusses vor.[382] Damit werden die Objekte und somit auch Qualitätsmerkmale ohne Analyse der Prozessparameter und immer ohne Berücksichtigung des Wiederanlaufs betrachtet, sodass die zweite Anforderung im Zielbereich kaum erfüllt ist. Im Kern entwickelt WINKLER einen prognosebasierten Anlaufregelkreis, womit die Projektzielgrößen unter Berücksichtigung erkannter Störgrößen und entwickelter Reaktionsmaßnahmen vorhergesagt werden können.[383] Das kann als Forderung nach einer Messdatenerhebung gedeutet werden, beinhaltet jedoch keine Ansätze zur Datenverarbeitung, sodass die dritte Anforderung im Zielbereich kaum erfüllt ist. Die formalen Anforderungen werden von WINKLER gänzlich erfüllt, da sein Prognosesystem unabhängig vom Produkt auf jede Fabrik anwendbar ist.

373 Vgl. Winkler (Modellierung vernetzter Wirkbeziehungen), 2007, S. 73
374 Vgl. ebd., 2007, S. 74
375 Vgl. ebd., 2007, S. 5, 65
376 Vgl. ebd., 2007, S. 81
377 Vgl. ebd., 2007, S. 87
378 Vgl. ebd., 2007, S. 63
379 Vgl. ebd., 2007, S. 98
380 Vgl. ebd., 2007, S. 126
381 Vgl. ebd., 2007, S. 108
382 Vgl. ebd., 2007, S. 109
383 Vgl. ebd., 2007, S. 49

3.3.11 Auswahl von Fertigungsressourcen nach Heimes

Heimes entwickelt eine Methodik zur Auswahl von Fertigungsressourcen in der Lithium-Ionen-Batterieproduktion. Diese Methodik soll den Planungsprozess einer Batteriezellfertigung unterstützen.[384] Bezüglich der Fertigungsressourcen folgt Heimes der Definition von Nau, dass diese „die Umsetzung von Technologien in Maschinen und Anlagen" darstellen.[385] In der ersten Phase der Arbeit von Heimes werden die Kundenanforderungen für das zu fertigende Produkt abgeleitet und in der zweiten Phase die Prozesseigenschaften des Gesamtprozesses formuliert.[386] Ein Bewertungskriterium für den Produktionsprozess ist die Flexibilität. Wenn der Kunde also eine hohe Anforderung an das Feld Flexibilität stellt, können auch verschiedene Typen von Batteriezellen auf einer Linie gefertigt werden. Damit erfüllt Heimes die erste Anforderung im Objektbereich nahezu, da nur die Bestimmung der optimalen Flexibilität offenbleibt. Den Begriff Flexibilität verwendet Heimes für die Anpassungsfähigkeit an unterschiedliche Aufgaben, wie die Volumen- oder die Produktmixflexibilität.[387] Über die Leistungseigenschaft Qualität bewertet Heimes, inwiefern eine Fertigungsressource die geforderten Produktmerkmale realisieren kann.[388] Für die Batteriezellproduktion wurde dazu ein Katalog erstellt, in dem die Interdependenz zwischen Produktmerkmal und Fertigungsressource beschrieben wird.[389] Darin wird ein Zusammenhang zwischen den Stellgrößen und den Qualitätsparametern beschrieben, sodass die zweite Anforderung im Objektbereich gänzlich erfüllt wird. Die Methodik berücksichtigt zwar eine Fertigungsfolge in der Batteriezellfertigung, eine Änderung der Reihenfolge oder alternative Fertigungsfolgen unter Berücksichtigung des Einschaltens werden hingegen nicht analysiert, sodass die dritte Anforderung im Objektbereich teilweise erfüllt wird. Bezüglich des Zielbereichs stellt Heimes keinen Produktionsunterbrechungszyklus auf und beschreibt auch nicht den Prozess des Wiedereinschaltens. Wenn die Technologien hinsichtlich ihres Reifegrads untersucht werden, kann abgeleitet werden, dass reifere Technologien eine unterbrechungsfreiere Fertigung gewährleisten.[390] Damit wird die erste Anforderung im Zielbereich kaum erfüllt. Es wird analysiert, inwiefern eine Fertigungsressource den Anforderungen des Gesamtprozesses gerecht wird und die geforderten Produktmerkmale realisieren kann. Darüber hinaus wird betrachtet, inwieweit die Fertigungsressourcen sich gegenseitig beeinflussen.[391] Neben der Betrachtung der Prozessparameterauswahl wird das Wiedereinschalten einer Fertigungsressource nicht untersucht, sodass die zweite Anforderung im Zielbereich kaum erfüllt ist. Im weiteren Ablauf der Methodik wird innerhalb des Fertigungsprozesses keine Messdatenerhebung

[384] Vgl. Heimes (Auswahl von Fertigungsressourcen), 2014, S. 173
[385] Vgl. Nau (Auswahl von Fertigungstechnologien), 2012, S. 4
[386] Vgl. Heimes (Auswahl von Fertigungsressourcen), 2014, S. 118, 125
[387] Vgl. ebd., 2014, S. 127
[388] Vgl. ebd., 2014, S. 127
[389] Vgl. ebd., 2014, S. 59, 202
[390] Vgl. ebd., 2014, S. 127
[391] Vgl. ebd., 2014, S. 150

zur Qualitätssteigerung und -überwachung erarbeitet, obwohl dies für die Dokumentation des Gestaltungsergebnisses sinnhaft wäre, sodass die dritte Anforderung des Zielbereichs kaum erfüllt wird. Grundsätzlich folgt die Methodik allen formalen Anforderungen und erfüllt diese gänzlich.

3.3.12 Anlauforientierte Technologieplanung nach NAU

NAU entwickelt eine Methodik zur Integration der Auswahl von Fertigungstechnologien in die Planung von Produktionsanläufen, um Anlaufziele effizienter zu erreichen.[392] Die Methodik unterteilt sich in drei Schritte. Zunächst findet eine aufwandsgerechte Vorauswahl der Technologieplanungsmethode statt, in der Schlüssel- und Einflussfaktoren identifiziert werden, um anschließend Planungsszenarien zu bilden.[393] Anhand dieser Planungsszenarien wird der Aufwand berechnet und eine geeignete Technologieplanungsmethode ausgewählt.[394] Die Arbeit von NAU beschreibt keine Produktionsvarianten von Batteriezellen einer Linie, da ein anderes Fallbeispiel für ein Teil eines Kugelgelenks zwischen Lenkstange und Rad behandelt wird. Darin wird hinsichtlich der Fexibiltät des Fertigungsystems eine Sondermaschine konzipiert, sodass die erste Anforderung im Objektbereich kaum erfüllt ist.[395] Dennoch ist die Anwendung der entwickelten Methodik auch für die Auswahl von Fertigungstechnologien in der Batteriezellproduktion denkbar. NAU stellt in Bezug auf das Hochlaufverhalten einzelner Fertigungsgrößen einen klaren Zusammenhang zwischen Prozessgrößen wie Stellgrößen und Ergebnisgrößen wie Qualitätsparametern her. Er unterscheidet zwischen langfristigen und kurzfristigen Stellgrößen, auf deren Basis er mithilfe einer modifizierten logistischen Funktion das Hochlaufverhalten der Fertigungstechnologien modelliert.[396] Damit ist die zweite Anforderung im Objektbereich nahezu erfüllt. NAU berücksichtigt in keiner Instanz seiner Methodik alternative Fertigungsfolgen, weder in der Fertigungslinie noch innerhalb eines Prozessschritts. Es wird eine Fertigungsfolge angenommen, sodass die dritte Anforderung im Objektbereich kaum erfüllt wird. Innerhalb der Methodik stellt NAU keinen Produktionsunterbrechungszyklus auf und berücksichtigt keine Fertigungsunterbrechungen. Stattdessen nimmt die Methodik innerhalb eines Prozessschritts und während des Fertigungszeitraums einen kontinuierlichen Produktionsablauf an, sodass die erste Anforderung im Zielbereich kaum erfüllt wird. Das Wiedereinschalten der Linie wird in der Prozessparameterwahl nicht betrachtet, allerdings werden die möglichen Fertigungstechnologien für jeden Anwendungsfall von den entsprechenden Anwendern und Experten vorausgewählt.[397] Das bedeutet, dass im Falle einer Anwendung der Methodik in der Batteriezellproduktion konsultierte Exper-

[392] Vgl. Nau (Auswahl von Fertigungstechnologien), 2012 S. 37
[393] Vgl. ebd., 2012, S. 64, 66
[394] Vgl. ebd., 2012, S. 67
[395] Vgl. ebd., 2012, S. 123
[396] Vgl. ebd., 2012, S. 105
[397] Vgl. ebd., 2012, S. 124

ten direkt mögliche Fertigungstechnologien, die für häufiges Wiedereinschalten geeignet sind, vorschlagen müssten. Zusätzlich analysiert und modelliert das von NAU entwickelte Modell das Hochlaufverhalten von Fertigungstechnologien.[398] Dieses Vorgehen kann potenziell zur Lösung der Forschungsfragen beitragen, jedoch wird in dieser Methodik nur das Anlaufverhalten der Produktionstechnologie in Abhängigkeit von den Prozessparameter analysiert, sodass dementsprechend die zweiten Anforderung im Zielbereich teilweise erfüllt wird.[399] Die Integration von Datenverarbeitungsmethoden oder die Wiedereinbindung von Zwischenprodukten in die Linie wird in der Methodik nicht betrachtet und die dritte Anforderung aus dem Zielbereich damit kaum erfüllt. Die formalen Anforderungen erfüllt die Methodik allerdings. Auch wenn sie in der aktuellen Form nur auf Produktionstechnologien angewendet wird, ist sie theoretisch auf ganze Fertigungslinien anwendbar.

3.3.13 Konfiguration der Produktmixflexibilität nach NOWACKI

NOWACKI entwickelt eine Methodik zur kontextabhängigen Konfiguration der Produktmixflexibilität einer Technologiekette für verschiedene Szenarien eines Produktionssystems am Beispiel der Lithium-Ionen-Batteriezelle.[400] In seiner Methodik beschreibt er die Bestimmung des optimalen Flexibilitätsgrads einer Linie in der Batteriezellproduktion, sodass er damit die erste Anforderung im Objektbereich gänzlich erfüllt. Als Entscheidungskriterium für den Grad der Produktmixflexibilität verwendet NOWACKI den Nettonutzen als Differenz aus erwartetem Wertbeitrag und antizipativen Kosten einzelner Gestaltungsmaßnahmen zur Ausweitung der Flexibilität.[401] In einem Anwendungsbeispiel untersucht NOWACKI mit seiner Methodik die Konfiguration der Beschichtungsanlage und der Schneideanlage der Elektroden.[402] Mittels Teilmerkmalsdeterminanten für das Aufführen der Qualitätsparameter (beispielsweise Beschichtungshöhe) und Produktionsprozessparameter (beispielsweise Spalthöhe Zufluss, Viskosität Slurry, Bahngeschwindigkeit, Zuflussgeschwindigkeit Slurry) ermöglicht die Methodik eine Gegenüberstellung der Qualitätsparameter und der Stellgrößen der Prozessschritte.[403] Die Beziehungen zwischen den Teilmerkmalsdeterminanten und Produktionsprozessparametern werden nach ihrer Stärke gewichtet, so dass ein Zusammenhang zwischen Qualitätsmerkmal und Stellgröße identifiziert wird. Mit diesem Anwendungsbeispiel wird die zweite Anforderung im Objektbereich nahezu erfüllt, da nur noch die Anwendung auf die gesamte Batterieproduktion ausstehend ist. Die Fertigungsfolgen werden von NOWACKI zwar betrachtet, aber für eine beliebige Prozesskette und nicht für die Fertigungsfolge der Einschaltvorgänge innerhalb einer spezifischen Prozesskette, sodass die dritte Anforderung im Objektbereich teilwei-

[398] Vgl. ebd., 2012, S. 116
[399] Vgl. ebd., 2012, S. 115
[400] Vgl. Nowacki (Konfiguration der Produktmixflexibilität), 2016, S. 8
[401] Vgl. ebd., 2016, S. 214
[402] Vgl. ebd., 2016, S. 229
[403] Vgl. ebd., 2016, S. 228

se erfüllt wird. Nowacki stellt weder einen Produktionsunterbrechungszyklus auf noch berücksichtigt er geplante oder ungeplante Fertigungsausfälle, obwohl die Fertigungstechnologien im Detail betrachtet werden. Somit wird die erste Anforderung des Zielbereichs kaum erfüllt. In der Auswahl potenzieller Gestaltungsmaßnahmen nennt Nowacki Fertigungstechnologiewechsel als eine der möglichen Maßnahmen, indem er zwischen der Substitution mit einer bekannten oder einer unbekannten Technologie und Veränderung der Prozessreihenfolge unterscheidet.[404] Damit berücksichtigt er das Anlaufverhalten des betrachteten Prozesses und nicht automatisch den Wiederanlauf, sodass die zweite Anforderung des Zielbereichs teilweise erfüllt wird. Auf die Integration oder Notwendigkeit der Messdatenerhebung geht Nowacki in seiner Methodik nicht ein. Dennoch bezeichnen die an der praktischen Anwendung beteiligten Unternehmen die Methodik als ein Hilfsmittel für die integrierte Produktplanung, wozu eine entsprechende Messdatenerhebung hilfreich ist und somit indirekt gefordert wird.[405] Daher ist die letzte Anforderung kaum erfüllt. Die formalen Anforderungen werden von der Methodik beachtet und gänzlich erfüllt.

3.3.14 Gestaltung von Fertigungssystemen nach Stauder

Stauder entwickelt eine Methodik zur Optimierung und Bewertung von Fertigungssystemen unter Berücksichtigung der Fertigungshistorie bei Änderungsanläufen.[406] Dabei geht er für einen Änderungsanlauf von bereits bestehenden Fertigungssystemen aus, die nicht komplett neugestaltet werden, sondern nur Änderungen in ihren offenen und veränderbaren Prozessfolgen erfahren.[407] Stauder geht in seiner Methodik nicht auf die Beschreibung der Produktionsvarianten von Batteriezellen ein. Grundsätzlich werden keine verschiedenen Produkte, auch nicht aus vorangegangenen Produktgenerationen betrachtet, da keine unterschiedlichen Produkte auf dem betrachteten anlaufenden Fertigungsystem hergestellt werden.[408] Damit wird die erste Anforderung im Objektbereich kaum erfüllt. Zudem identifiziert er keine Zusammenhänge zwischen Stellgrößen und Qualitätsparametern für die Batteriezellproduktion und nennt lediglich die Einflussbereiche Branche, Bauteil, Produkt und Anlaufmanagement, welche die Anlaufsituation beeinflussen, sodass die zweite Anforderung im Objektbereich ebenso kaum erfüllt wird.[409] Alternative Fertigungsfolgen unter Berücksichtigung der Einschaltvorgänge analysiert Stauder nicht, sondern beachtet die Fertigungshistorie nur für eine Problembetrachtung und zum Einleiten von Gegenmaßnahmen zur Produktoptmierung, sodass die dritte Anforderung im Objektbereich kaum erfüllt ist.[410] Einen Produktionsunterbrechungszyklus stellt er nicht auf, statt-

[404] Vgl. Nowacki (Konfiguration der Produktmixflexibilität), 2016, S. 186
[405] Vgl. ebd., 2016, S. 242
[406] Vgl. Stauder (Gestaltung von Fertigungssystemen), 2017, S. 36
[407] Vgl. ebd., 2017, S. 7
[408] Vgl. ebd., 2017, S. 48
[409] Vgl. ebd., 2017, S. 63
[410] Vgl. ebd., 2017, S. 70

dessen wird der Einfluss von dynamischen Einflussgrößen auf die Anlaufkurve modelliert. Eine dynamische Einflussgröße führt nach STAUDER zu einer Schwankung der Ausbringungsmenge und somit zu einer Dynamik der Anlaufkurve. Zu diesen Einflüssen zählt er auch die Fertigungsunterbrechung, die im Modell als ungeplante Unterbrechungen (Fertigungsmittelausfälle) und geplante Unterbrechungen (Verbesserungsmaßnahmen) abgebildet werden.[411] Da STAUDER geplante und ungeplante Fertigungsunterbrechungen, wenn auch ohne direkten Bezug zum Wiederanlauf, berücksichtigt, wird die erste Anforderung im Zielbereich teilweise erfüllt. Der letzte Schritt in der Methodik von STAUDER ist das Entscheidungsmodell zur Priorisierung von Fertigungssystemen, worin die Fertigungstechnologieauswahl und auch die Betrachtung der Prozessparameter stattfinden, allerdings ohne die Berücksichtigung des Wiedereinschaltens.[412] Somit wird die zweite Anforderung im Zielbereich teilweise erfüllt. Auf die Integration einer Messdatenerhebung zur Qualitätssteigerung oder -überwachung geht STAUDER nicht ein. Diese kann jedoch für seine Betrachtung der Fertigungshistorie als Forderung verstanden werden, sodass diese Anforderung kaum erfüllt wird. Die Arbeit von STAUDER ist formal korrekt und insbesondere nachvollziehbar, sodass diese Anforderung gänzlich erfüllt wird.

3.4 Handlungsbedarf aus der Theorie

In Kapitel 3.1 wurden die Anforderungen an die Methodik hergeleitet. Damit wurden im darauffolgenden Kapitel 3.2 die bestehenden Theorien des Produktionsanlaufs detailliert und bewertet sowie abschließend in Kapitel 3.3 die ganzheitlichen Ansätze der Produktionsanlaufplanung analysiert und ebenso bewertet. Das Ergebnis der Bewertung ist in Abbildung 3.18 visualisiert und verdeutlicht den Handlungsbedarf aus der Theorie.

Zunächst sind die Theorien und Ansätze in drei Handlungsfelder untergliedert. Das Handlungsfeld A *Anlauforganisation* vereint Theorien und Ansätze, die sich zu einem frühen Zeitpunkt, teilweise noch vor dem physischen Anlauf, mit dessen Organisation, Management oder der Optimierung in der vorausgegangenen Entwicklung befassen. Ansätze, die maßgeblich die *Prozessqualität* adressieren, werden im Handlungsfeld B zusammengefasst. Dazu gehören ganzheitliche Ansätze, womit die Prozesskette analysiert oder modelliert, Wirkzusammenhänge berücksichtigt oder auch die Aufwände berechnet werden können. Das dritte Handlungsfeld C vereint ganzheitliche Ansätze der *Prozessgestaltung* mit Fokus auf die Fertigungsressourcen, die verwendeten Technologien, die Konfiguration und Gestaltung des Fertigungssystems.

Bei der Betrachtung der Abbildung 3.18 wird deutlich, dass keine Theorie und kein Ansatz existiert, der die dritte Anforderung des Objektbereichs bzw. die erste oder zweite Anforderung des Zielbereichs gänzlich erfüllt. Das Ergebnis aus dieser Analyse zeigt so-

[411] Vgl. ebd., 2017, S. 93
[412] Vgl. ebd., 2017, S. 119

mit, dass hier ein Theoriedefizit vorliegt. Grundsätzlich können Ansätze oder Theorien, die neben den formalen Anforderungen zusätzlich eine aus dem Objekt- oder Zielbereich gänzlich erfüllen, verwendet werden, um die aus der jeweiligen Anforderung resultierende Aktivität für deren Erfüllung umzusetzen.

		Anforderung → / Theorien und ganzheitliche Ansätze ↓	Objektbereich			Zielbereich			
			Beschreibung der Produktionsvarianten von Batteriezellen einer Linie	Identifikation der Zusammenhänge zwischen Stellgrößen und Qualitätsparametern	Berücksichtigung möglicher Fertigungsfolgen der Einschaltvorgänge	Aufstellen eines Produktionsunterbrechungszyklus mit Beschreibung des Wiedereinschaltens	Berücksichtigen des Wiedereinschaltens in der Prozessparameterwahl	Integration einer Messdatenerhebung zur Qualitätssteigerung und -überwachung von Zwischenprodukten	Formale Anforderungen
A	Theorien	Produktentwicklung	◕	◔	◔	◔	◑	◔	●
A	Theorien	Prozessentwicklung	◕	◔	◔	◔	◔	◕	●
A	Theorien	Anlaufarten	◑	◔	◑	◔	◔	◔	●
A	Theorien	Anlaufzielsystem	◔	◔	◔	◔	◔	◔	●
A	Theorien	Regressionsanalyse	◔	●	◔	◔	◕	◔	●
A	Theorien	Versuchspläne	◔	◕	◔	◔	◑	◑	●
A	Ganzheitliche Ansätze	Maue 2015	◔	◑	◔	◔	◔	◑	●
A	Ganzheitliche Ansätze	Renner 2012	◔	◑	◔	◑	◔	◔	◑
A	Ganzheitliche Ansätze	Schmitt 2012	◔	◔	◑	◔	◔	●	◑
A	Ganzheitliche Ansätze	Stadler 2016	◔	◑	◔	◔	◔	◑	◑
A	Ganzheitliche Ansätze	Tücks 2010	◑	◑	◔	◑	◔	◕	●
B	Ganzheitliche Ansätze	Kölmel 2016	◔	◔	◔	◔	◔	◕	●
B	Ganzheitliche Ansätze	Lanza 2005	◔	◕	◔	◔	◔	◔	●
B	Ganzheitliche Ansätze	Schünemann 2015	◔	◑	◑	◔	◔	◕	◑
B	Ganzheitliche Ansätze	Westermeier 2016	◔	◕	◑	◔	◔	◕	◑
B	Ganzheitliche Ansätze	Winkler 2007	◔	◕	◔	◔	◔	◔	●
C	Ganzheitliche Ansätze	Heimes 2014	◕	●	◑	◔	◔	◔	●
C	Ganzheitliche Ansätze	Nau 2012	◔	◕	◔	◔	◑	◔	●
C	Ganzheitliche Ansätze	Nowacki 2019	●	◕	◑	◔	◑	◔	●
C	Ganzheitliche Ansätze	Stauder 2017	◔	◔	◔	◑	◑	◔	●

Legende
Handlungsfelder: A Anlauforganisation; B Prozessqualität; C Prozessgestaltung
Erfüllungsgrade: ◔ kaum erfüllt; ◑ teilweise erfüllt; ◕ nahezu erfüllt; ● gänzlich erfüllt

Abb. 3.18: Bewertung bestehender Theorien und Ansätze

Ist die Anforderung durch keinen Ansatz gänzlich erfüllt, soll im Rahmen dieser Methodik eine Lösung erarbeitet werden. Die Methodik wird grundsätzlich Hilfsmittel aus den Theorien und Ansätzen verwenden, sofern diese eine Anforderung erfüllen. Die Handlungsfelder bieten mit ihrem Fokusbereich die Zuordnung der Theorien und Ansätze und darin entwickelte Hilfsmittel. Möchte man die Lösung des Theoriedefizits erzeugen, müssen alle Kategorien berücksichtigt werden. Wäre das Defizit beispielsweise ausschließlich mit einer Lösung innerhalb der Prozessgestaltung zu erarbeiten, so müssten alle Anforderungen innerhalb des Handlungsfelds C erfüllt werden. Deutlich wird dies in Kapitel 4.2 bei der Aufstellung der Aufbaustruktur, wo die Fokusbereiche der Kategorien in den einzelnen Phasen aufgegriffen werden. Sofern in einer Theorie oder einem Ansatz Hilfsmittel entwickelt wurden, so werden diese darin verankert. Wenn die Anforderung noch zu erfüllen ist, wird diese ein Bestandteil des Vorgehens einer Phase. In Handlungsfeld A wird deutlich, dass insbesondere für die Produktionsvariantenbetrachtung die Theorien der PRODUKT- und PROZESSENTWICKLUNG weiterhelfen können. Darin wird das logistische Wachstum in der Theorie der ANLAUFARTEN erwähnt, das weniger in Handlungsfeld A zu einer Anforderungserfüllung, sondern erst durch die Verwendung von NAU maßgeblich mit der entwickelten S-Kurve zu Handlungsfeld C beiträgt und die zweite Anforderung im Objektbereich damit nahezu erfüllt. Beide Hilfsmittel werden in der folgenden Methodik verwendet. Darüber hinaus bietet die Theorie der REGRESSIONANALYSE die Möglichkeit einer vollständigen Identifikation der Zusammenhänge zwischen allen Stellgrößen und Qualitätsparametern in der Batteriezellproduktion, weshalb diese die Anforderung gänzlich erfüllt. Ebenso wird die D-optimale Gestaltung der VERSUCHSPLÄNE, die hier eine nahezu Erfüllung ermöglicht, dafür als Hilfsmittel verwendet. Im Weiteren bietet die REGRESSIONSANALYSE die Möglichkeit zur Berücksichtigung des Wiedereinschaltens in der Prozessparameterwahl, weshalb auch die zweite Anforderung im Zielbereich nahezu erfüllt wird. Da S. SCHMITT die dritte Anforderung im Zielbereich gänzlich erfüllt, kann dieser Ansatz als Hilfsmittel zu Festlegung der Messpunkte und -zyklen verwendet werden. In Handlungsfeld B sind insbesondere die von WESTERMEIER entwickelten Kausalketten aus der Wissensakquisition für die Qualitätssteigerung relevant, womit die zweite Anforderung im Objektbereich nahezu erfüllt wird. In Verbindung mit HEIMES können daraus als Hilfsmittel die Kausalitätsdiagramme und das Quality Function Deployment abgeleitet werden. Weil damit die Prozessgestaltung verbessert wird, fällt dieser Ansatz in Handlungsfeld C. Ein weiterer relevanter Ansatz zur Untersuchung der Produktionsvarianten aus diesem Handlungsfeld ist der von NOWACKI, der mit der Konfiguration der Produktmixflexibilität einer Technologiekette die erste Anforderung im Objektbereich gänzlich erfüllt. Weitere Hilfsmittel für die Konzeption der Lösung werden im Grobkonzept der Methodik eingeführt.

Insgesamt kann mit den Grundlagen des Gestaltungsbereichs in Bezug auf den Handlungsbedarf aus der Praxis nach Kapitel 2.4 in den existierenden Theorien und Ansätzen keine Lösung des Praxisproblems gefunden werden, sodass die Forschungsfrage mit einer neuen Methodik beantwortet werden muss.

4 Konzeption der Methodik

In den Betrachtungen der Kapitel 2 und 3 wurde gezeigt, dass es keine Herangehensweise gibt, um den Wiederanlauf der Lithium-Ionen-Batteriezellproduktion zu planen. Für das Praxisdefizit des Ausschusses im Wiederanlauf existiert somit bisher keine Lösung.[413] In diesem Kapitel wird die Konzeption der Methodik vorgestellt. Zu Beginn werden in Kapitel 4.1 die Grundlagen der Modellierungstheorie hergeleitet, wobei die verwendete Systemtechnik erarbeitet wird. Im darauffolgenden Kapitel 4.2 wird die Aufbaustruktur der Methodik in einem Grobkonzept in Abschnitte gegliedert und detailliert.

4.1 Grundlagen der Modellierungstheorie

Um die notwendigen Modellierungen zur Lösung der Forschungsfrage anwenden zu können, müssen die Grundsätze der allgemeinen Modellierungstheorie nach Kapitel 4.1.1 berücksichtigt werden. Für die Umsetzung der Methodik ist zudem die Detaillierung und Anwendung von Methoden der Systemtechnik aus Kapitel 4.1.2 notwendig.

4.1.1 Allgemeine Modellierungstheorie

Das Wort Modell stammt in seiner Semantik vom ursprünglich lateinischen Wort modulus ab, dessen Übersetzung Maß oder Maßstab ist.[414] In der Modellierung gilt es, drei Hauptmerkmale des allgemeinen Modellbegriffs zu berücksichtigen: das Abbildungsmerkmal, das Verkürzungsmerkmal sowie das pragmatische Merkmal, die ein Modell bestimmen.[415] Das **Abbildungsmerkmal** besagt, dass Modelle von Abbildungen Repräsentationen natürlicher oder künstlicher Originale selbst wieder Modelle sein können. Der Abbildungsbegriff liegt dem mathematischen Begriff der Zuordnung von Modellattributen zu Original-Attributen zugrunde.[416] Das **Verkürzungsmerkmal** bezieht sich auf das Erfassen des Modells, wobei im Allgemeinen nicht alle Attribute des repräsentierten Originals durch das Modell berücksichtigt werden, sondern nur diejenigen, die dem Modellerschaffer oder -benutzer relevant erscheinen. Dies setzt eine Transparenz voraus, wodurch deutlich wird, welche Originalattribute vom Modell erfasst werden. Dazu muss der Modellerschaffer alle

[413] Vgl. Kehrer et al. (Rejects in Production), 2021, S. 6
[414] Vgl. Stachowiak (Allgemeine Modelltheorie), 1973, S. 129
[415] Vgl. ebd., 1973, S. 131–133
[416] Vgl. ebd., 1973, S. 132

Attribute des Originals kennen.[417] Das **pragmatische Merkmal** besagt, dass für jedes Modell eine Bestimmung des Modellbenutzers, des Nutzungszeitraums, sowie der möglichen Einschränkungen erfolgen muss.[418]

Neben den unterschiedlichen Merkmalen eines Modells lassen sich Modelle nach dem Einsatzzweck einteilen und ermöglichen somit eine genauere Unterscheidung von Modellarten.[419] Die Modelle dienen zunächst alle der Modellierung des Originals, bauen aufeinander auf und stehen in Beziehung zueinander.[420] Bevor auf die einzelnen Modelle eingegangen wird, soll zunächst die Modellentstehung in vier Schritten erläutert werden. Dazu wird das in Abbildung 4.1 dargestellte Vorgehen durchlaufen.[421]

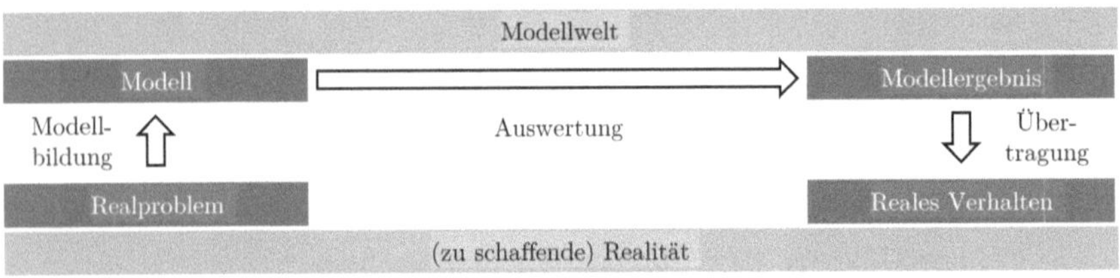

Abb. 4.1: Phasen der Modellierung[422]

Für die Erläuterung des prinzipiellen Vorgehens der Modellierung wird, wie in Abbildung 4.1 dargestellt, zwischen einer Ebene der Realität und einer darüberliegenden Ebene der Modellwelt unterschieden. Für die Lösung eines in der Realität liegenden Realproblems wird unter Berücksichtigung der Hauptmerkmale nach STACHOWIAK ein Modell gebildet, um dieses auf der Ebene der Modellwelt auszuwerten und das resultierende Modellergebnis als Lösung in ein reales Verhalten zu übertragen. Dabei werden mithilfe von Experimenten oder Simulationsuntersuchungen Auswertungen durchgeführt, um Erkenntnisse über das Modellverhalten zu erlangen.[423] Das reale Verhalten beschreibt nun die anfangs definierte zu schaffende Realität. Um eine Lösung im realen Verhalten in der Realität zu schaffen, ist nach PATZAK entsprechend des Verwendungszwecks zwischen vier verschiedenen Modelltypen zu differenzieren, die im Folgenden dargestellt werden.[424] Ein **Beschreibungsmodell** bildet vorgefundene Zustände ab und gibt damit eine Antwort auf die Frage „Was ist?". Ein Modell dieser Art baut auf unterschiedlich detaillierten Erfassungen von Phänomensystemen konkreter oder auch abstrakter Natur auf, wobei es jedoch keine Auskunft darüber gibt, welche Wirkzusammenhänge als Ursache für das

[417] Vgl. Stachowiak (Allgemeine Modelltheorie), 1973, S. 132
[418] Vgl. ebd., 1973, S. 133
[419] Vgl. Rieper (Betriebswirtschaftliche Entscheidungsmodelle), 1992, S. 88
[420] Vgl. Maue (Gestaltung des Produktionsanlaufs), 2015, S. 103
[421] Vgl. Tücks (Ramp-Up Management), 2010, S. 98
[422] I. A. a. ebd., 2010, S. 98
[423] Vgl. ebd., 2010, S. 99
[424] Vgl. Patzak (Systemtechnik komplexer Systeme), 1982, S. 313

Auftreten der beobachteten Zustände zugrunde gelegt werden können. Somit beinhaltet ein Beschreibungsmodell weder wesentliche deduktive noch induktive Schritte.[425] Ein **Erklärungsmodell** folgt der Fragestellung „Warum ist etwas so?“, indem es Phänomene in induktiven Schritten in ein Erkärungsmodell mit allgemeingültigen Wirkzusammenhängen überführt, die quantitative oder nur qualitative Form haben. Im gleichen Zuge werden Voraussetzungen und Beschränkungen für die Gültigkeit der Gesetzmäßigkeiten angegeben. Es ist im Prinzip eine auf dem Beschreibungsmodell aufbauende Hypothesenbildung.[426] Ein **Vorhersagemodell** gibt Antwort auf die Frage „Wie wird etwas sein?“ und prognostiziert damit zukünftige Systemzustände und zukünftiges Systemverhalten. Ein Vorhersagemodell wird mittels deduktiver Schritte aus einem Erklärungsmodell abgeleitet.[427] Ein **Entscheidungsmodell** beantwortet die Frage „Was soll sein?“ und bestimmt Handlungsalternativen. Das bedeutet, es werden für ein vorgegebenes Zielsystem optimale Modellstrukturen ermittelt, die eine oder mehrere Zielsetzungen, Randbedingungen der zugehörigen Situation und explizite Entscheidungsvariablen beinhalten. Die gestaltbaren Zustände folgen demnach einer Vorschrift unter Anwendung formalisierter Entscheidungsmodelle.[428] Es werden in Kapitel 5 das Abbildungs- und das Verkürzungsmerkmal angewendet, um damit initial ein Beschreibungsmodell zu konzipieren, woran ein Erklärungsmodell anschließt und zusammen mit einem Vorhersagemodell eine optimale Wiedereinschaltkonfiguration erarbeitet wird. Die Optimierung wird mit einem Entscheidungsmodell in einer Software, dem sog. Matrizen Laboratorium, kurz MATLAB, der Firma MathWorks Inc. realisiert. Die systematische Modellierung soll mit einer passenden Modellierungssprache methodisch unterstützt werden. Primär dient sie dazu, Parameter des Produktionswiederanlaufs zu erfassen, darzustellen und auszuwerten.

4.1.2 Systemtechnik

Im Grunde ist ein System als eine Menge von Elementen definiert, die Eigenschaften besitzen und durch Relationen miteinander verbunden sind.[429] Der Zweck der Systemtechnik und des systemtechnischen Vorgehens ist es, für hochkomplexe und interdisziplinäre Problemstellungen erfolgreich eine Lösung zu ermitteln.[430] Nach HABERFELLNER ET AL. stellt das Systemdenken eine Denkweise dar, die es ermöglicht, komplexe Systeme besser zu verstehen und zu gestalten. Die Systemtechnik befähigt den Anwender, die Lösung komplexer Probleme effizient, ohne unzulässige Vereinfachung, zu veranschaulichen, um eine Lösung zu finden.[431]

[425] Vgl. ebd., 1982, S. 313
[426] Vgl. ebd., 1982, S. 313
[427] Vgl. ebd., 1982, S. 314
[428] Vgl. ebd., 1982, S. 314
[429] Vgl. ebd., 1982, S. 19
[430] Vgl. ebd., 1982, S. 15
[431] Vgl. Haberfellner et al. (Systems Engineering), 1997, S. 4

Für den Umgang mit den komplexen Wirkzusammenhängen innerhalb eines Systems bildet das **vernetzte Denken** nach GOMEZ ET AL. einen Lösungsansatz.[432] Im Wesentlichen werden Situationen aus verschiedenen Perspektiven abgegrenzt und eine Problembeschreibung erzielt, die mit den sechs Schritten in Abbildung 4.2 aggregiert werden kann.[433]

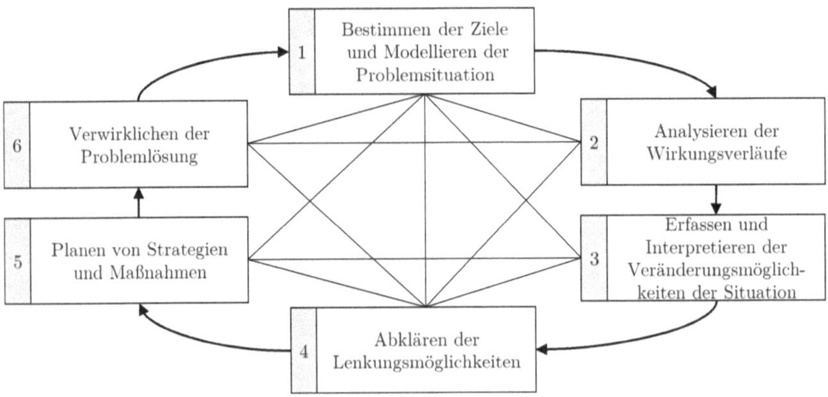

Abb. 4.2: Methodik des vernetzten Denkens[434]

Diese Schritte können nacheinander abgehandelt werden, jedoch sind die einzelnen Schritte vernetzt, sodass Änderungen oder neue Informationen während der Problemlösung aufgenommen werden können und der Anwender iterativ zu vorangegangen Schritten zurückkehren kann.[435] Im ersten Schritt des vernetzten Denkens werden die Ziele bestimmt sowie die Problemsituation modelliert. Hierbei ist es von entscheidender Bedeutung, zunächst die Wurzel des Problems zu identifizieren, um diese später mit geeigneten Maßnahmen effektiv und nicht nur symptomatisch adressieren zu können. Es sollten bei der Modellierung der Problemsituation die verschiedenen Sichtweisen auf die Situation betrachtet werden, um Zusammenhänge, Beziehungen und Interaktionen zu erfassen und im Anschluss eine umfassende und ganzheitliche Abgrenzung zu anderen Bereichen vorzunehmen. Bei komplexen Problemen liegt eine Vielzahl an Zielen vor, die sich zum Teil gegenseitig widersprechen können, sodass eine fundierte Auseinandersetzung, Spezifizierung und Gewichtung der Ziele und Teilziele vorgenommen werden muss.[436] Im zweiten Schritt werden die Wirkverläufe analysiert sowie Einflüsse und Veränderungsmöglichkeiten erfasst. Dabei wird die Netzwerktechnik angewendet, die es erlaubt, Beziehungen festzuhalten sowie deren Eigenschaften zu analysieren und unter folgenden Richtlinien

[432] Vgl. Gomez et al. (Vernetztes Denken), 1989, S. 3
[433] Vgl. ebd., 1989, S. 6
[434] I. A. a. ebd., 1989, S. 6
[435] Vgl. ebd., 1989, S. 7
[436] Vgl. ebd., 1989, S. 7

abzubilden:[437]

- Die Richtung der Wirkung muss festgelegt werden.
- Die Wirkung in verstärkender Art in derselben Richtung wird mit einem Pluszeichen (+) versehen.
- Die Wirkung in entgegengesetzter Richtung der Wirkbeziehung, d. h. wenn eine negative Wirkung vorliegt, wird mit einem Minuszeichen (–) gekennzeichnet.

Auf Basis der Netzwerktechnik wird zur Erfassung der Wirkungszusammenhänge das Instrument der Kausalitätsdiagramme abgeleitet und insbesondere für die korrekte Erfassung der Kausalitäten komplexer Situationen verwendet. Der Begriff der Kausalität beschreibt dabei den Zusammenhang zwischen Ursache und Wirkung, sodass Aneinanderreihungen von Ursache-Wirkungs-Zusammenhängen als Kauslitätsketten bezeichnet werden.[438] In technischen Prozessen können Ursachen als Eingangsgrößen sowie Anfangszustände eines Prozesses aufgefasst werden. Hingegen umfassen Wirkungen die Ausgangsgrößen des betrachteten Prozesses und sind wiederum Eingangsgrößen und mögliche Ursachen des folgenden Prozesses. Zwischenproduktmerkmale in technischen Prozessen bilden die Kopplungsgrößen zwischen den einzelnen Kausalitätsketten, weil sie sowohl Wirkung eines Prozesses als auch Ursache des Folgeprozesses sind. Global betrachtet beeinflussen sie zudem als Teilmenge der gesamten Prozesskette die Qualitätsmerkmale des Endprodukts. Im dritten Schritt des Erfassens und Interpretierens der Veränderungsmöglichkeiten geht es um die Identifikation einzelner Kreisläufe aus den erarbeiteten Zusammenhängen. Aufgrund des dynamischen Verhaltens komplexer Systeme können Vorhersagen über zukünftige Entwicklungen nur unzureichend bestimmt werden. Es bedarf daher der Ausarbeitung von Szenarien, die wahrscheinliche Entwicklungen beschreiben. Die Szenarien dürfen nicht isoliert für einzelne Größen erstellt werden, weil aufgrund der mangelnden Betrachtung von Wirkbeziehungen Fehlinterpretationen entstehen könnten. Zudem sollten sie Prozessgrößen beinhalten, die eingestellt werden können. Ausgehend von einem Grundszenario für einen relevanten Szenarienbereich sollten durch die Variation der Wirkbeziehungen in ihrer Wirkrichtung und Intensität verschiedene Alternativszenarien entwickelt und anschließend die Veränderungsmöglichkeiten interpretiert werden.[439] Im folgenden vierten Schritt sind die Lenkungsmöglichkeiten zu identifizieren, d. h. zwischen lenkbaren und nicht lenkbaren Systemelementen zu unterscheiden, um das Lenkungsvermögen der einzelnen Systemelemente und die Intensität ihres Einflusses auf das Gesamtsystem zu bestimmen. Hierbei wird zwischen drei verschiedenen Parametern differenziert. Lenkbare Größen ermöglichen die Steuerung des Systems. Dagegen müssen nicht lenkbare Größen während der Prozessdauer überwacht werden. Mithilfe von Indikatoren kann der Erfolg der Gestaltungs- und

[437] Vgl. ebd., 1989, S. 9
[438] Vgl. Westermeier (Analyse komplexer Prozessketten), 2016, S. 10
[439] Vgl. Gomez et al. (Vernetztes Denken), 1989, S. 12–13

Lenkungseingriffe festgestellt werden.[440] Bei diesen Eingriffen wird das System verändert, beispielsweise durch eine Anpassung der Bahngeschwindigkeit im Beschichtungsprozess einer Batteriezellfertigung. Unter Zuhilfenahme der lenkbaren Elemente wie Prozessparametern soll das System in die gewünschte Weise und Richtung beeinflusst werden. Im fünften Schritt werden Strategien und Maßnahmen zur Lösung entwickelt, mit dem Ziel, die Art und Weise der Eingriffe in die Problemsituation festzulegen. Im Rahmen eines kreativen Prozesses sollen anhand von systematischen Lenkungsregeln die Strategien der Gestaltung und Lenkung ausgearbeitet und im Anschluss gedanklich simuliert werden. Weiterführend wurden von GOMEZ ET AL. Lenkungsregeln definiert, die bei der Identifikation relevanter Größen, dem Nutzen von Eigendynamiken des Systems sowie dem Schaffen von Synergien helfen.[441] Im letzten und sechsten Schritt wird die Problemlösung verwirklicht und umgesetzt.[442] Hierfür sollten klare Realisierungspläne und -projekte ausgearbeitet und durchgeführt werden. Zudem sollten die von der Veränderung betroffenen Personen und Abteilungen beispielsweise im Rahmen von Workshops einbezogen werden. Die ausgearbeiteten Problemlösungen sind so zu realisieren, dass sie bei sich ändernden Voraussetzungen flexibel angepasst und weiterentwickelt werden können. Dafür bedarf es einer periodischen Überprüfung und bei identifizierten Abweichungen einer entsprechende Neudefinition.[443] Sofern die Ziele neu definiert werden, schließt sich der Kreislauf und beginnt erneut.

Neben dem vernetzten Denken soll das **System Engineering** Vorgehensmodell in Betracht gezogen werden, dem vier Grundgedanken als Prinzipien zugrunde liegen. Die Grundgedanken werden als Komponenten gesehen und kombiniert verwendet.[444] Das Vorgehensprinzip **vom Groben zum Detail** (engl. Top-down) und nicht umgekehrt sollte umgesetzt werden. Dabei wird zunächst das Betrachtungsfeld weiter erfasst und schrittweise enger fokussiert, d. h. das Problem erst grob strukturiert und abgegrenzt, bevor eine detaillierte Betrachtung durchgeführt wird. Analog erfolgt die Lösungserarbeitung, wobei zuerst generelle Ziele festgelegt werden und im weiteren Verlauf der Detaillierungs- und Konkretisierungsgrad steigen.[445] Das gegenläufige Bottom-up-Prinzip verlangt eine bereits existierende Lösung mit Kenntnis der Details für die Implementierung von Maßnahmen, um ein Systemverhalten zu erzielen, und wird daher nicht angewendet.[446] Das Prinzip der **Variablenbildung** fordert, mehrere Lösungsalternativen in Betracht zu ziehen, sich einen Überblick über die Lösungsalternativen zu verschaffen und sich nicht mit der erstbesten Lösungsvariante zufriedenzugeben.[447] In Kombination mit dem Vorgehensprinzip vom Groben zum Detail soll zunächst nach Prinzipvarianten gesucht werden,

[440] Vgl. Gomez et al. (Vernetztes Denken), 1989, S. 14–15
[441] Vgl. ebd., 1989, S. 15–16
[442] Vgl. ebd., 1989, S. 11
[443] Vgl. ebd., 1989, S. 16
[444] Vgl. Haberfellner et al. (Systems Engineering), 1997, S. 29
[445] Vgl. ebd., 1997, S. 33
[446] Vgl. ebd., 1997, S. 32
[447] Vgl. ebd., 1997, S. 33

die sich in der Grundidee deutlich voneinander unterscheiden, bevor die Detailvarianten betrachtet werden.[448] Das Prinzip der **Phasengliederung** untergliedert die Lösung in einzelne Phasen, die inhaltlich und zeitlich voneinander getrennt sind.[449] Das Prinzip des **Problemlösungszyklus** soll für alle Problemstellungen in jeder Phase angewandt werden und setzt sich aus der Zielsuche mittels Situationsanalyse und Zielformulierung, der Lösungssuche sowie Auswahl der besten oder zweckmäßigsten Lösung zusammen.[450] Unter Anwendung der Modelltheorie und der Systemtechnik soll das Realproblem gelöst werden. Hierzu wird eine Methodik zur Gestaltung des Wiederanlaufs der Lithium-Ionen-Batteriezellproduktion aufgestellt. Dabei ist die Methodik nach LAUFENBERG der Ordnungsrahmen mehrerer Methoden oder Modelle, die durch geeignete Hilfsmittel gestaltet werden.[451]

4.2 Aufbaustruktur der Methodik

Die Methodik lässt sich in drei Module gliedern, die in Kapitel 4.2.1 in den Gesamtzusammenhang eingeordnet und beschrieben werden. Die Phasen der einzelnen Module lassen sich in die bereits vorgestellten Phasen der Modellierung aus Kapitel 4.1.1 einordnen. Für die Detaillierung in Kapitel 5 wird in Kapitel 4.2.2 eine Modellierungssprache festgelegt.

4.2.1 Grobkonzept der Methodik

Für die Analyse und die Optimierung des Wiederanlaufs muss sich der Anwender zunächst mit den Fertigungsprozessen befassen. Hierzu wird im Initiierungsmodul zum einen die Prozesskette aufgenommen und zum anderen werden das Produkt und dessen Qualitätsmerkmale identifiziert. Anschließend werden im Analysemodul die Wirkzusammenhänge betrachtet, das Einschaltverhalten der Prozessschritte analysiert und diese in eine physisch-mathematische Modellierung überführt. Nach erfolgreichem Abbilden der Prozessschritte gilt es im Gestaltungsmodul die Wiederanlaufsteuerung zu modellieren und zu optimieren, woraus die Auswahl des wirtschaftlichsten Wiedereinschaltprozesses erfolgen kann. Dafür werden den Modulen mehrere Phasen zur Lösung der Teilforschungsfragen zugeordnet.

Im **Initiierungsmodul** werden in der ersten Phase die gesamte Fertigungskette sowie deren Einzelprozesse aufgenommen und betrachtet, wobei die einstellbaren Prozessparameter, die resultierenden Zwischenprodukte sowie lokalen Qualitätsmerkmale der einzelnen Fertigungsschritte erarbeitet werden. Es werden die Prozesszusammenhänge allge-

[448] Vgl. ebd., 1997, S. 35
[449] Vgl. ebd., 1997, S. 37
[450] Vgl. ebd., 1997, S. 58
[451] Vgl. Laufenberg (Projektgestaltung Simultaneous Engineering), 1996, S. 6

meingültig aufbereitet, sodass relevante Prozessparameter sowie lokale Qualitätsmerkmale der einzelnen Fertigungsabschnitte abgeleitet werden können. In der zweiten Phase erfolgt die Definition des Produkts sowie die Identifikation der Qualitätsmerkmale. Die in dieser Phase identifizierten Qualitätsmerkmale werden als global bezeichnet, sobald sie für den Kunden relevant sind. Als Produkt wird die Lithium-Ionen-Batteriezelle betrachtet, die in ihren Spezifikationen definiert werden muss. Für die Identifikation der relevanten Produktmerkmale aus Kundensicht werden Roadmaps und Produktdatenblätter analysiert. Insgesamt erhält der Anwender als Ergebnis der zweiten Phase die globalen Qualitätsmerkmale. Somit verfolgt das Initiierungsmodul die folgende Teilforschungsfrage, die in zwei Phasen gegliedert wird:

Wie können Prozessparameter und Qualitätsmerkmale in einer Fertigungslinie identifiziert werden?

- Phase I: *Welche Prozessschritte und Fertigungsfolgen sind in der zu betrachtenden Fertigungslinie vorhanden?*
- Phase II: *Wie können die relevanten lokalen und globalen Qualitätsmerkmale einer Lithium-Ionen-Batteriezelle identifiziert werden?*

Die Phasen des Initiierungsmoduls adressieren zwei inhaltliche Anforderungen aus dem Objektbereich in Abbildung 3.3 aus Kapitel 3.1.1:

- Berücksichtigung möglicher Fertigungsfolgen der Einschaltvorgänge,
- Beschreibung der Produktionsvarianten von Batteriezellen einer Linie.

Beide Phasen basieren auf einem Beschreibungsmodell, wenn der Prozess und das Produkt beschrieben werden. Es ergeben sich somit folgende Phasenbezeichnungen:

- Phase I: Aufnahme des existierenden Gesamtprozesses,
- Phase II: Definition der Qualitätsmerkmale der Batteriezelle.

Im **Analysemodul** werden die Wirkzusammenhänge zwischen den Prozesselementen, das Einschaltverhalten der einzelnen Prozessschritte und die zugehörige physisch-mathematische Modellierung analysiert. Hierbei untergliedert sich die dritte Phase in ein zweiteiliges Vorgehen. In der ersten Unterphase III.a werden die Ursache-Wirkungsbeziehungen zwischen den Prozessparametern und den lokalen Qualitätsmerkmalen, d. h. den Merkmalen der Prozessparameter jedes einzelnen Prozessschritts identifiziert. Hierbei bildet das im Initiierungsmodul aufgenommene Prozessverständnis die Grundlage des Vorgehens. Die Wirkzusammenhänge werden mithilfe eines Kausalitätsdiagramms erfasst. Anschließend können die Korrelationen in eine Qualitätsabhängigkeitsmatrix, später als Q_x-Matrix bezeichnet, auf Prozessebene überführt werden. Die Methode und das Vorgehen zur Erstellung der ungewichteten Korrelationsmatrizen werden in Kapitel 5.2.1 detailliert erläutert. Im selben Kapitel werden in der zweiten Unterphase III.b die Wirkzusammenhänge zwischen den lokalen und den globalen Qualitätsmerkmalen erarbeitet. Hierzu werden die erstellten Kausalitätsdiagramme um die Ursache-Wirkungsbeziehungen der globalen Qualitätsmerkmale ergänzt. Im Anschluss werden, analog zur Unterphase III.a, die Zusammenhänge in eine Qualitätsabhängigkeitsmatrix auf Produktebene überführt, die als Q_z-Matrix bezeichnet wird. Nach Durchlaufen der Phase III erhält der Anwender ungewichtete Korrelationen zwischen den lokalen und globalen Qualitätsmerkmalen. Die vierte Phase verfolgt eine Analyse der Wiederhochlaufkurven der Prozessschritte für das Erreichen des Betriebszustands und der Zielqualität. Darin gilt es, die durch ein Ausschalten entgangene Produktion im Prozess so gering wie möglich zu halten. Die entgangene Produktion beschreibt die Menge an Teilen, die durch das Ausschalten nicht produziert werden kann. Gleichzeitig wird der Prozessauschuss betrachtet, der die Nennleistung zusätzlich reduziert. Das Analyseergebnis wird in einem Produktionsleistungsgraphen visualisiert, der für die weitere Analyse des Wiederanlaufs aufgestellt wird. Anschließend wird das für den Produktionswiederanlauf relevante Zielsystem festgelegt. In der fünften Phase wird das Wiederanlaufverhalten zwischen den Prozessparametern und den lokalen Qualitätsmerkmalen quantifiziert. Auf Basis der in Phase III qualitativ ermittelten Kausalitäten auf Prozessebene werden die genauen Wechselwirkungen bestimmt. Darin wird erarbeitet, wie die einstellbaren Prozessparameter für den jeweiligen Fertigungsabschnitt variiert werden müssen, um eine bessere Qualität zu erreichen. Das Verhalten der lokalen Qualitätsmerkmale soll für eine Modellierung genutzt werden. Dies erfolgt entweder auf Basis vorher aufgezeichneter Messdaten oder mittels experimenteller Erprobung. In beiden Fällen gilt es, eine Mindestanzahl an Versuchspunkten zu berücksichtigen. Für diese Selektion der Parameter wird die Aufstellung eines D-optimalen Versuchsplans nach Kapitel 3.2.5 angewendet. Durch das Erstellen von Versuchsplänen ist es möglich, die Versuchsreihe in kurzer Zeit mit nur wenigen Versuchspunkten durchzuführen. Dabei bleibt dem Anwender überlassen, ob zusätzliche Versuchspunkte aufgenommen werden sollen. Auf Basis dieser Daten wird der Einfluss mehrerer Prozessparameter auf ein lokales Qualitätsmerkmal analysiert und in Form eines mehrdimensionalen Diagramms aufgetragen. Daraus ergibt sich der sogenannte Qualitätsabhängigkeitsgraph mit einem Qualitätskennfeld, aus dem mittels der in Kapitel 5.2.3 entwickelten Isolinienwanderung für den Wiederanlauf optimale Prozessparameterkonfigurationen ausgelesen werden. Gleichzeitig wird der Einfluss der Prozessparameterkonfigurationen berücksichtigt. Das Analysemodul verfolgt somit die folgende Teilforschungsfrage, die in drei Phasen gegliedert wird:

Wie hängen die Wirkungen der Prozessparameter auf die Qualitätsmerkmale im Wiederanlauf der Lithium-Ionen-Batteriezellproduktion zusammen?

- Phase III: *Wo liegen die Wirkzusammenhänge zwischen Prozessparametern und Qualitätsmerkmalen in der Fertigungslinie?*
- Phase IV: *Wie verhalten sich die einzelnen Qualitätsmerkmale im Wiederanlauf?*
- Phase V: *Welcher physisch-mathematische Zusammenhang ist die Basis für das Wiederanlaufverhalten der einzelnen Qualitätsparameter und wie kann eine Beschleunigung realisiert werden?*

Die drei Phasen des Analysemoduls adressieren eine inhaltliche Anforderung aus dem Objektbereich und zwei inhaltliche Anforderungen aus dem Zielbereich in Abbildung 3.3 aus Kapitel 3.1.1:

- Identifikation der Zusammenhänge zwischen Stellgrößen und Qualitätsparametern,
- Aufstellen eines Produktionsunterbrechungszyklus mit Beschreibung des Wiedereinschaltens,
- Integration einer Messdatenerhebung zur Qualitätssteigerung und -überwachung von Zwischenprodukten.

Die ersten beide Phasen des Analysemoduls basieren auf einem Erklärungsmodell, wenn die Zusammenhänge zwischen Prozess- und Qualitätsparametern erarbeitet und das Wiederanlaufverhalten untersucht wird. Die dritte Phase des Analysemoduls folgt einem Vorhersagemodell, weil die Modellierung auch nicht empirisch analysierbare Bereiche vorhersagt. Es ergeben sich somit die folgenden drei Bezeichnungen für die Phasen des Analysemoduls:

- Phase III: Analyse der Wirkzusammenhänge lokaler und globaler Qualitätsmerkmale,
- Phase IV: Analyse des Einschaltverhaltens der einzelnen Prozessschritte,
- Phase V: Analyse der physisch-mathematischen Modellierung.

Im **Gestaltungsmodul** werden die analysierten Zusammenhänge und das Produktionsverhalten in ein Wiederanlaufmodell überführt. Darin wird die Wiederanlaufplanung modelliert und der wirtschaftlichste Wiedereinschaltprozess ausgewählt. Die sechste Phase beinhaltet den Aufbau des Wiederanlaufmodells für die Gestaltung des Wiederanlaufs und die Wahl der optimalen Prozessparameterkonfiguration. Dafür werden mit der Regressionsanalyse aus Messdaten Graphen für das Verhalten der Qualitätsmerkmale erzeugt. Durch das Betrachten von Datenpunkten innerhalb eines Wertebereichs wird anschließend eine Optimierung erzielt. In der letzten Phase findet die Überprüfung des Wiederanlaufmodells statt. Dazu werden alle Prozessschritte mit ihren Wiederhochlaufkurven der Qualitätsmerkmale gekoppelt und deren Verlauf dem ursprünglichen Verlauf vor der Optimierung gegenübergestellt. Darüber hinaus wird in der Überprüfung das Potenzial zur Verbesserung der Ausbringung, durch die Produktivitätssteigerung im beschleunigten Wiederanlauf, berechnet. Das Gestaltungsmodul folgt der dritten Teilforschungsfrage, die sich wiederum in zwei Phasen gliedern lässt:

Wie kann aus den identifizierten Korrelationen der Wiedereinschaltprozess optimiert werden?

- Phase VI: *Wie müssen die Prozessparameter gewählt werden, um einen möglichst schnellen und qualitativ hochwertigen Wiederanlauf gewährleisten zu können?*
- Phase VII: *Wie kann der Wiedereinschaltprozess über alle Prozessschritte optimiert werden?*

Die zwei Phasen des Gestaltungsmoduls adressieren zwei inhaltliche Anforderungen aus dem Zielbereich in Abbildung 3.3 aus Kapitel 3.1.1:

- Berücksichtigung des Wiedereinschaltens in der Prozessparameterwahl,
- Aufstellen eines Produktionsunterbrechungszyklus mit Beschreibung des Wiedereinschaltens.

Die inhaltliche Anforderung zum Aufstellen eines Produktionsunterbrechungszyklus mit Beschreibung des Wiedereinschaltens wird bereits im Analysemodul mit einem Erklärungsmodell untersucht. Die beide Phasen des Gestaltungsmoduls sind allerdings aus einem Entscheidungsmodell aufgebaut, weil es um die Wahl eines korrekten Modells und der wirtschaftlichsten Wiederanlaufkonfiguration geht. Es ergeben sich somit die folgenden zwei Bezeichnungen für die Phasen des Gestaltungsmoduls:

- Phase VI: Modellierung der Wiederanlaufplanung,
- Phase VII: Überprüfung des Wiederanlaufprozesses.

Die vorgestellten Module sind in Abbildung 4.3 zu einer Aufbaustruktur zusammengefasst, die den Phasen der Modellierung aus Abbildung 4.1 folgt.

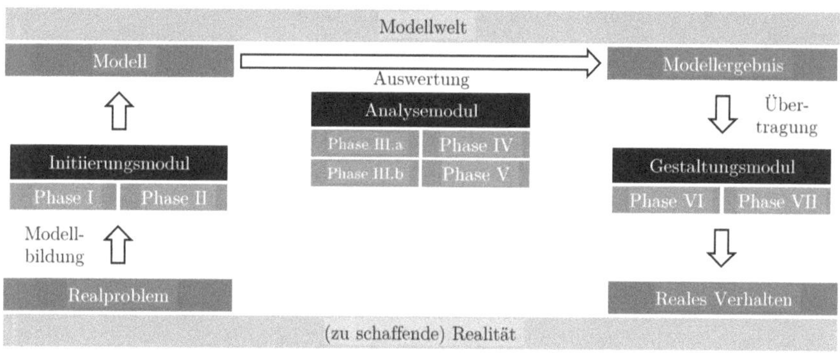

Abb. 4.3: Aufbaustruktur der Modulübersicht

Wie die einzelnen Phasen aufgebaut sind und welche Informationen für ein Durchlaufen der Phasen notwendig sind, wird aus der Aufbaustruktur deutlich, die im folgenden Kapitel 4.2.2 eingeführt wird.

4.2.2 Definition der Ablaufstruktur

Die Beschreibung der Ablaufstruktur bedarf der Auswahl einer Modellierungssprache, um eine nachhaltige und konsequente Durchführung der Methodik zu ermöglichen. Hierfür wurde bereits die Modulübersicht in Abbildung 4.3 vorgestellt, die in die Phasen I bis VII gegliedert ist. Für die Durchführung der einzelnen Phasen soll aus Gründen der Handhabbarkeit im Rahmen der Bearbeitung eine einheitliche Darstellung gewählt werden. In Abbildung 4.4 wird die verwendete Modellierungssprache für die einzelnen Phasen in Anlehnung an HEIMES beschrieben.[452]

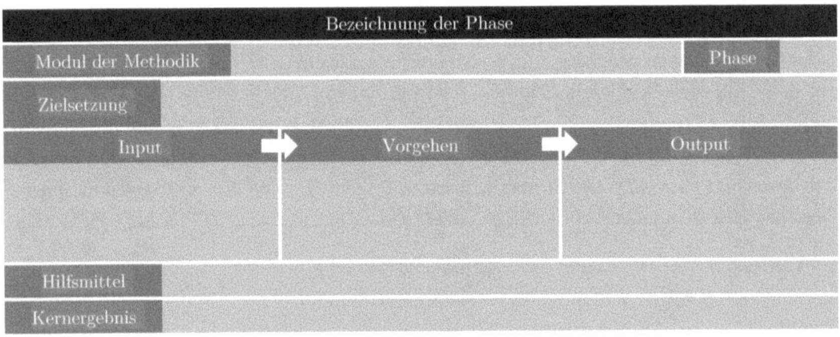

Abb. 4.4: Phasenübersicht in der Modellierungssprache[453]

Die Übersicht trägt als Titel die Bezeichnung der jeweiligen Phase, ordnet jede Phase dem entsprechenden Modul der Methodik zu und beschreibt die Zielsetzung. Zusätzlich werden die als Input bezeichneten Eingangsgrößen gesammelt, das Vorgehen notiert und die angestrebten Ergebnisse als Output gelistet. Darüber hinaus werden im Vorfeld die verwendeten Hilfsmittel der Phasen aufgeführt, sodass der Anwender die Erläuterung aus den Grundlagen in Kapitel 3.2 und Kapitel 3.3 entnehmen kann. Für die Präzisierung des Outputs wird das Kernergebnis jeder Phase getrennt ausgewiesen.

4.3 Zwischenfazit

Das Kapitel 4 erarbeitet die Konzeption einer Methodik zur Gestaltung des Wiederanlaufs der Lithium-Ionen-Batteriezellproduktion. Zuvor wird das Praxisdefizit in Kapitel 2.4 als Handlungsbedarf aus der Praxis identifiziert sowie der Handlungsbedarf in der Theorie in Kapitel 3.4 hergeleitet. In Kapitel 4.1 wird neben den Phasen der Modellierung als Bestandteil der allgemeinen Modellierungstheorie die Systemtechnik mit den Methoden des vernetzten Denkens und des System Engineering erläutert. In der Modellierungstheorie werden das Abbildungsmerkmal, das Verkürzungsmerkmal sowie das pragmatische Merkmal als Hauptmerkmale der Modellbildung für diese Methodik beschrieben. Zudem ist die Modellierungstheorie Grundlage für die Modellbildung des Realproblems aus Kapitel 2.4.

[452] Vgl. Heimes (Auswahl von Fertigungsressourcen), 2014, S. 110
[453] I A. a. ebd., 2014, S. 110

In der Konzeption wird das Realproblem in der Modellwelt ausgewertet und anschließend in ein reales Verhalten übertragen. Für die Modellierung werden das Beschreibungs-, Erklärungs-, Vorhersage- und Entscheidungsmodell zur Verwendung in der Ablaufstruktur eingeführt. Gleichzeitig wird aus der Systemtechnik die Methode des vernetzten Denkens für die Identifikation von Wirkzusammenhängen in dieser Methodik erläutert und für den Einsatz im Wiederanlauf der Lithium-Ionen-Batteriezellproduktion detailliert. Dabei werden Anforderungen von Kunden an die Qualitätsmerkmale des Endprodukts als globale Anforderungen definiert. Die vier Grundgedanken des System Engineering, des Vorgehensprinzips vom Groben zum Detail, der Variablenbildung, der Phasengliederung und des Problemlösungszyklus aus Kapitel 4.1.2 eröffnen der Methodik insbesondere die Strukturierung des Lösungsvorgehens in Module und Phasen. In Kapitel 4.2 wird darauf aufbauend die Aufbaustruktur als Grobkonzept der Methodik aufgestellt. Dazu werden drei Module konzipiert, eines für die Initiierung, die Analyse und die Gestaltung der Methodik. Das Initiierungsmodul setzt sich aus den Phasen I und II zusammen, in denen der Gesamtprozess aufgenommen wird und die Qualitätsmerkmale der Batteriezelle definiert werden. Das Analysemodul beinhaltet die Phase III.a und III.b zur Analyse der Wirkzusammenhänge, die Phase IV zur Analyse des Einschaltverhaltens und Phase V zur Analyse der physisch-mathematischen Modellierung des Wiederanlaufverhaltens der Qualitätsmerkmale in Abhängigkeit von den Prozessparametern. Abschließend folgt das Gestaltungsmodul, das mit Phase VI den Wiederanlauf modelliert und optimiert und mit Phase VII eine Überprüfung durchführt. Für jede Phase wird zudem in Kapitel 4.2.2 eine Ablaufstruktur in Form einer Modellierungssprache zur Bearbeitung eingeführt, um allen formalen Anforderungen gerecht zu werden. Die Ablaufstruktur bietet den Ordnungsrahmen für die Detaillierung der Module und Phasen des Lösungsvorgehens in Kapitel 5 und der anschließenden Validierung in Kapitel 6.

5 Detaillierung der Methodik

Das Kapitel 5 ist in die drei Module aus Abbildung 5.1 gegliedert. In dieser ist eine Modulabfolge festgelegt, die von einer darin ablaufenden Phasenreihenfolge ergänzt wird. Der Informationsfluss folgt sowohl der Modulabfolge als auch der nummerierten Phasenreihenfolge. Zusätzliche Informationsflüsse neben der Phasenreihenfolge sind ebenso gekennzeichnet.

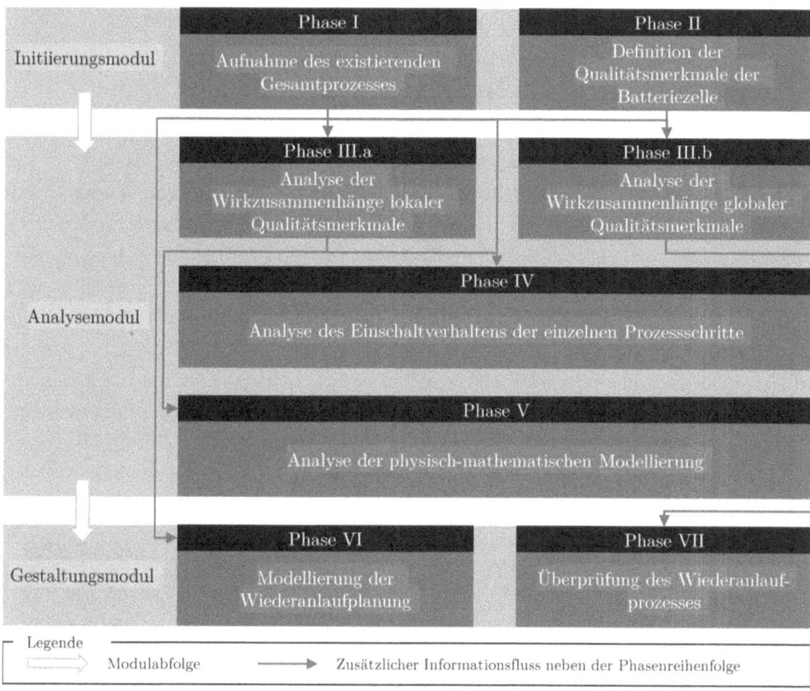

Abb. 5.1: Detaillierung der Methodik

Kapitel 5.1 detailliert die Phasen I und II des Initiierungsmoduls und die Anwendung der darin aufgeführten Methoden. Mittels eines Beschreibungsmodells wird in Phase I der existierende Gesamtprozess aufgenommen und werden in Phase II die Qualitätsmerkmale der Batteriezelle definiert. Die Ergebnisse des Initiierungsmoduls dienen als Eingangsgrößen für die folgenden Module. Das Analysemodul wird unter Verwendung der initiierten Informationen und Anwendung eines Erklärungsmodells sowie eines Vorhersagemodells in Kapitel 5.2 detailliert. In Phase III werden alle vorhandenen Produkt-Prozesskorrelationen aus dem Initiierungsmodul aufgenommen und damit die vorhandenen Wirkzusammenhänge lokaler und globaler Qualitätsmerkmale analysiert. Jeder einzelne Prozessschritt wird anschließend in Phase IV hinsichtlich seines Einschaltverhaltens analysiert. Zum Abschluss des Analysemoduls wird in Phase V eine physisch-mathematische Modellierung der Qualitätsmerkmale erarbeitet und das Wiederanlaufverhalten daraus abgeleitet. Das abschließende Gestaltungsmodul in Kapitel 5.3 folgt einem Entscheidungsmodell, mit dem die Wiederanlaufplanung und -steuerung in Phase VI modelliert und die Prozessparameterkonfiguration gewählt wird. Am Ende des Gestaltungsmoduls wird die erarbeitete Prozessparameterkonfiguration im Hinblick auf einen wirtschaftlichen Wiederanlauf überprüft.

5.1 Detaillierung des Initiierungsmoduls

Die Qualität einer Batteriezelle kann in zwei Merkmale unterteilt werden. Einerseits kann das Erreichen unterschiedlicher Spezifikationen der gefertigten Batteriezellen als Qualitätsmerkmal betrachtet werden. Ein Beispiel dafür ist die Kapazität einer Batteriezelle. Andererseits können die Eigenschaften der Zwischenprodukte der Batteriezellfertigung als Qualitätsmerkmale betrachtet werden, beispielsweise die Festigkeit der Schweißnaht zwischen den Tabs und dem Elektrodenstapel. Die beiden Betrachtungen werden durch das Initiierungsmodul vereint, das zu Beginn der Methodik einmalig vom Anwender ausgeführt wird. Das Initiierungsmodul setzt sich, wie in Abbildung 5.2 dargestellt, aus der Aufnahme des existierenden Gesamtprozesses in Phase I und der Definition der Qualitätsmerkmale in Phase II zusammen. Die Qualitätsmerkmale werden dabei aus den Zellspezifikationen abgeleitet. Bei dieser Festlegung der Qualitätsmerkmale wird ein Beschreibungsmodell verwendet.

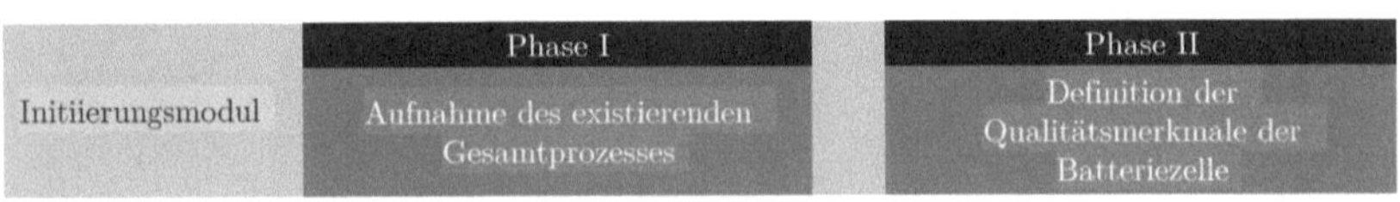

Abb. 5.2: Initiierungsmodul mit den Phasen I und II

5.1.1 Aufnahme des existierenden Gesamtprozesses

Jeder Schritt in der Batteriezellfertigung ist wichtig und sollte nach den höchsten Standards ausgeführt werden. Jedoch nehmen die Schritte unterschiedlichen Einfluss auf die

Qualitätsmerkmale einer Batteriezelle. Um die Einflüsse der Fertigungsfeatures auf die Batteriequalität abzuleiten, müssen diese zunächst identifiziert werden. Ein Fertigungsfeature bezeichnet ein Fertigungsmerkmal und ist ein operativ-strategischer Begriff. Es beschreibt eine geometrische, technologische Bearbeitungsaufgabe, bei der ein Werkzeug eine vorgegebene initiale Geometrie in eine definierte finale Geometrie umsetzt.[454] Primärfeatures sind Fertigungsmerkmale, deren Bearbeitung im jeweiligen Fertigungsschritt vorgesehen ist, sodass eine Fertigungstechnologie mindestens ein Primärfeature besitzt.[455] Mit einem Sekundärfeature bezeichnet man die ungewollte Beeinflussung eines Features bei der Bearbeitung des Primärfeatures durch die Fertigungstechnologie.[456] Da diese Methodik auf eine bereits existierende Fertigungslinie angewendet wird, soll wie in Abbildung 5.3 in Phase I die Aufnahme der Prozesskette der existierenden Fertigungsressourcen erfolgen. Anschließend werden aus den Prozessschritten in Phase II die Qualitätsmerkmale als Primärfeatures der Fertigungsprozesse definiert.

Aufnahme des existierenden Gesamtprozesses		
Modul der Methodik	Initiierungsmodul	Phase I
Zielsetzung	Definition der **Prozesskette der Fertigungslinie** durch Aufnahme der existierenden Fertigungsressourcen	
Input	Vorgehen	Output
▪ Produktionslayout der Fertigungslinie ▪ Anlagendatenblätter der Fertigungsressourcen	▪ Identifikation der Prozessschritte inklusive der Prozessparameter, Prozessunterbrechungen und Puffer ▪ Aufnahme möglicher Ursachen für die Fertigungsunterbrechung ▪ Identifikation der Wiederanlaufzeiten der Prozessschritte	▪ Prozessreihenfolge ▪ Prozessparameter ▪ Wiederanlaufzeiten ▪ Liste geplanter und ungeplanter Fertigungsunterbrechungen
Hilfsmittel	**Fabrikvisite**	
Kernergebnis	**Prozessreihenfolge**	

Abb. 5.3: Aufnahme des existierenden Gesamtprozesses

Als Input und Informationsbasis dienen in Phase I zum einen das Produktionslayout der Fertigungslinie, zum anderen die Anlagendatenblätter der Fertigungsressourcen. Das Produktionslayout der Fertigung kann als Hallenplan in verschiedenen Detailgraden vorliegen. Eine Maschine oder Anlage bezeichnet darin eine Einheit, in der eine oder mehrere Fertigungsressourcen integriert sind. Das zugehörige Anlagendatenblatt beschreibt die Spezifikationen dieser Einheit und beinhaltet Prozesserläuterungen, die im Vorgehen der Phase verwendet werden.

Das Vorgehen der Phase lässt sich in drei Schritte gliedern, (i) die Identifikation der Prozessschritte inklusive der Prozessparameter, Prozessunterbrechungen und Puffer, (ii)

454 Vgl. Eversheim et al. (Information Modelling for Tool Selection), 1994, S. 430

455 Vgl. Stauder (Gestaltung von Fertigungssystemen), 2017, S. 52

456 Vgl. ebd., 2017, S. 52

die Aufnahme möglicher Ursachen für die Fertigungsunterbrechung und (iii) die Identifikation der Wiederanlaufzeiten der Prozessschritte. Die Prozessschritte werden primär aus den Informationen in den Anlagendatenblättern abgeleitet. Die Abgrenzung sinnvoller Anlagenverbunde zu einem Prozessschritt erfolgt über das Produktionslayout. Für eine vollständige Identifikation der Prozessschritte in der vorliegenden Fertigungslinie kann der grundlegende Batterieproduktionsprozess nach Kapitel 2.2 als Basis verwendet werden. Damit können Fertigungsabhandlungen strukturiert werden. Gleichzeitig lässt sich damit die Technologie und das Primärfeature herausarbeiten. Durch diesen Abgleich kann für jeden Prozessschritt ein Steckbrief mit Kampagneninformationen nach Abbildung 5.4 erstellt werden, der relevante Informationen für die spätere Wiederanlaufbeschleunigung beinhaltet.

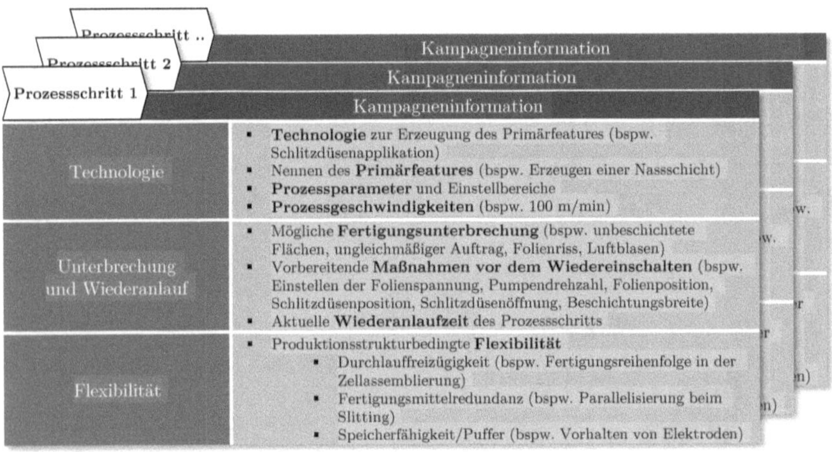

Abb. 5.4: Kampagneninformationen als Prozesssteckbrief

Eine zugehörige **Fertigungskampagne** schließt einen Zeitraum ein, in dem eine bestimmte Stückzahl an Bauteilen gefertigt wird. Im Prozesssteckbrief gilt es zunächst, die Fertigungstechnologie des Prozessschritts zu identifizieren. Dabei ist bei mehreren verbauten oder verfügbaren Technologiealternativen diejenige der betrachteten Fertigungskampagne gesucht. Die Fertigung mehrerer Zelltypen auf einer Linie kann zum Einsatz verschiedener Technologien innerhalb eines Prozessschritts führen, jedoch nicht innerhalb einer Kampagne. Daher ist es wichtig, das Primärfeature, beispielsweise das Erzeugen einer Nassschicht, zu kennen. Zu jeder einsetzbaren Technologie müssen die Prozessparameter und deren Einstellbereiche identifiziert werden. Ein damit verbundener Parameter ist die Prozessgeschwindigkeit, beispielsweise wenn Elektroden mit hundert Meter pro Minute beschichtet werden. Für die späteren Phasen IV, V und VI sind insbesondere die Ursachen und Gründe der existierenden Fertigungsunterbrechungen wichtig, um sowohl Wirkzusammenhänge abzuleiten als auch einen Produktionsunterbrechungszyklus aufzustellen. Daher werden für jede Kampagne die möglichen Fertigungsunterbrechungen gelistet sowie vorbereitende Maßnahmen für einen Wiederanlauf dokumentiert. In diesem Zusammenhang ist es notwendig, eine erste Wiederanlaufzeit als Referenz zu dokumentieren, um eine Verbesserung nach Anwendung der Methodik messen zu können. Neben der Identifikation der situativen Informationen muss zusätzlich die Flexibilität betrachtet werden. Dazu wird die produktionsstrukturbedingte Fexibilität aus Abbildung 5.5 untersucht.

Flexibilitätsbereich	Flexibilitätsart	Maßnahmen der Flexibilitätspolitik
Strukturelle Flexibilität	Arbeitsstrukturbedingte Flexibilität	• Arbeitsfeldvergrößerung • Arbeitsfelderweiterung • Arbeitsfeldbereicherung • Aufgaben- und Arbeitsplatzwechsel • Schaffung von Gruppenautonomie
	Produktionsstrukturbedingte Flexibilität	• Durchlauffreizügigkeit • Fertigungsmittelredundanz • Speicherfähigkeit

Abb. 5.5: Strukturelle Flexibilität

Prinzipiell untergliedert sich die strukturelle Flexibilität in die arbeitsstrukturbedingte und die produktionsstrukturbedingte Flexibilität. Die arbeitsstrukturbedingte Flexibilität schließt mögliche Arbeitsfeldvergrößerungen, Arbeitsfelderweiterungen, Arbeitsfeldbereicherungen, Arbeitsplatzwechsel oder das Schaffen von Gruppenautonomie ein. Für diese Methodik wird der Fokus auf die produktionsstrukturbedingte Flexibilität gelegt. Dafür sind die Durchlauffreizügigkeit, die Fertigungsmittelredundanz und die Speicherfähigkeit zu betrachten.[457] Die fokussierten Bereiche sollen nun detailliert und in Zusammenhang gesetzt werden. Die Durchlauffreizügigkeit ermöglicht, einen Auftrag in unterschiedlichen Reihenfolgen von Arbeitsgängen zu steuern.[458] Beispielsweise kann dies in der Fertigungsreihenfolge und den Arbeitsgängen in der Assemblierung vorteilig sein. Über die Fertigungsmittelredundanz können Parallelisierungseffekte genutzt werden, wenn mehrere Anlagen in einem Prozessschritt verwendet werden. Mittels der Pufferung können Unterschiede im Absatz- und Kapazitätsverlauf durch Zwischenlagerung von Halb- oder Fertigprodukten ausgeglichen werden.[459] Die Fertigungsmittelredundanz wird unter anderem im Slittingprozess aufgrund vieler parallel laufender Schneideanlagen angewendet. Das Puffern ist zum Beispiel mit beschichteten Elektroden möglich, da diese aufgewickelt gelagert werden können. Grundsätzlich wird der vorgestellte Steckbrief für jeden Prozessschritt erstellt und muss für jede zu untersuchende Kampagne überprüft oder angepasst werden.

Parallel zu den Kampagneninformationen im Steckbrief der Prozessschritte muss die

[457] Vgl. Wiendahl et al. (Handbuch Fabrikplanung), 2009, S. 117
[458] Vgl. ebd., 2009, S. 118
[459] Vgl. ebd., 2009, S. 119

Reihenfolge der Prozessschritte identifiziert werden. Diese wird mittels der in Kapitel 2.2 vorgestellten Symbolik modelliert. Die Einzelprozessschritte können für die Handhabbarkeit der Methodik entsprechend des Verkürzungsmerkmals aus Kapitel 4.1 ohne die Information über den Prozessinput und -output verkettet werden. Es müssen jedoch die einstellbaren Prozessparameter aufgenommen und deren mögliche Einstellungsbereiche identifiziert werden. In Abbildung 5.6 sind die möglichen Prozessschritte einer Lithium-Ionen-Batteriezellfertigung aggregiert aufgeführt.

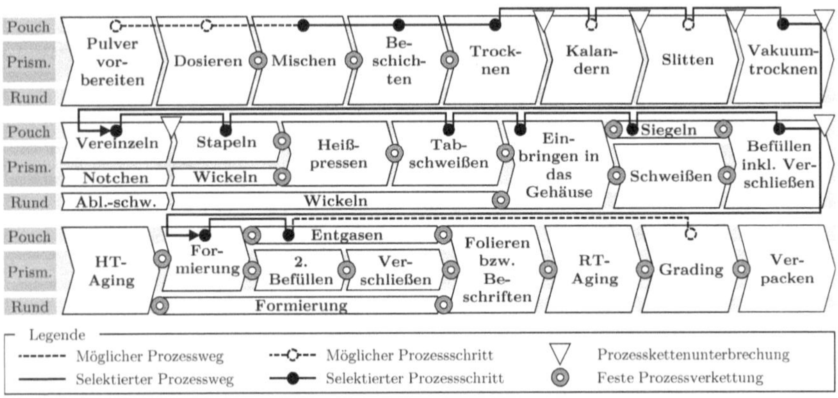

Abb. 5.6: Abzuleitende Prozesskette der Batteriezellfertigung

Darin ist eine beispielhafte Prozesskette eingezeichnet, die vom Anwender entsprechend der zu betrachtenden Fertigungslinie angepasst werden muss. Die durchgezogene Linie in Verbindung mit den ausgefüllten Punkten stellt die selektierte Route dar. Die gestrichelten Linien und die nicht ausgefüllten Punkten stellen eine mögliche Route dar. Weiter sind in Abbildung 5.6 die Prozessschritte des Mischens, Beschichtens und Trocknens entsprechend der Nomenklatur aus Kapitel 2.2 in einer festen Prozessverkettung ausgeführt. Das bedeutet, dass diese Schritte für den Wiederanlaufvorgang gemeinsam betrachtet werden müssen. Die folgenden drei Schritte haben jeweils eine Prozesskettenunterbrechung am Ende ihres Prozessabschnitts, sodass sie im folgenden Modul getrennt voneinander analysiert werden können. In der Zellassemblierung, d. h. je nach Zellformat somit ab dem Vereinzeln, Notchen bzw. Ableiterschweißen sind die Prozessschritte grundsätzlich etwas autarker gestaltet. Dies hängt damit zusammen, dass es sich zu einem Großteil um Montageschritte handelt, sodass die Art der Verkettung von Fertigungslinie zu Fertigungslinie variieren kann. Im Zellfinishing, d. h. ab dem HT-Aging sind die Prozesschritte Formierung und das darauf folgende Entgasen und Verschließen der Pouchzelle direkt verkettet. Diese Darstellung kann als Grundlage für die Initiierung der gesamten Prozesskette verwendet werden. Darin aufgeführte Verkettungen sind üblich, jedoch individuell anzupassen. Nachdem die Prozessschritte definiert wurden, kann die abgeleitete Prozesskette der

Fertigungslinie verwendet werden, um in jedem Prozessschritt nach möglichen Ursachen für die Fertigungsunterbrechung zu suchen. Für eine Produktionsanalyse bietet sich eine Fabrikvisite in Form eines Besuchs vor Ort an. Die Aufteilung der Fertigungsvorgänge in Prozessschritte ermöglicht der folgenden Methodik eine Segmentierung des Analyseprozesses, womit im Analysemodul ein Abbild des Wiederanlaufverhaltens modelliert wird.[460] Problemzusammenhänge sind vielfältig und müssen aus dem Produktionsprozess extrahiert werden. Aus diesem Grund bedient sich das Analysemodul u. a. der Netzwerktechnik, um die Wirkzusammenhänge zu identifizieren.

Als Output der Phase I wird die Prozessreihenfolge der zu betrachtenden Fertigungslinie initial festgelegt. Dabei werden in den Prozesssteckbriefen die Prozessparameter und die aktuellen Wiederanlaufzeiten basierend auf den geplanten und ungeplanten Fertigungsunterbrechungen dokumentiert. Als Kernergebnis existiert nun die Prozessreihenfolge als Beschreibungsmodell in einer Prozessübersicht für die weitere Analyse.

5.1.2 Definition der Qualitätsmerkmale der Batteriezelle

In Phase II werden die Eigenschaften der Batteriezellen aufgenommen. Dabei handelt es sich zum einen um Zellspezifikationen aus Zelldatenblättern der Batteriezellen, die auf der zu betrachtenden Linie bereits gefertigt wurden, kurz vor der Fertigung stehen oder in Zukunft auf der Linie gefertigt werden sollen. Für die Identifikation von Qualitätsmerkmalen sollten zudem Datenblätter anderer Hersteller herangezogen werden. In der Detaildarstellung in Abbildung 5.7 ist die Zielsetzung der Phase II als Festlegung der relevanten Qualitätsmerkmale formuliert.

Definition der Qualitätsmerkmale der Batteriezelle		
Modul der Methodik	Initiierungsmodul	Phase II
Zielsetzung	Festlegen der **relevanten Qualitätsmerkmale** der zu fertigenden Batteriezellen der betrachteten Fertigungslinie	
Input	Vorgehen	Output
▪ Zelldatenblätter von Referenzzellen ▪ Roadmaps für die Ableitung zukünftiger Zellspezifikationen	▪ Identifikation der Kundenanforderungen aus den Datenblättern ▪ Identifikation der Qualitätsmerkmale aus den Roadmaps der Batteriezelle ▪ Beschreibung der Produktionsvarianten von Batteriezellen einer Linie	▪ Relevante Qualitätsmerkmale des Produkts ▪ Relevante Qualitätsmerkmale der Zwischenprodukte
Hilfsmittel	Produktdatenblätter, Roadmaps	
Kernergebnis	**Qualitätsmerkmale**	

Abb. 5.7: Definition der Qualitätsmerkmale der Batteriezelle

460 Vgl. Schilde (Bewertung von Rationalisierungsmaßnahmen), 1982, S. 29

Der dazu benötigte Input dient als Referenz bereits gefertigter Batteriezellen sowie als Ausblick möglicher zukünftiger Zellspezifikationen. In der Phase werden die Merkmale aus den Input-Informationen identifiziert und alle zu berücksichtigenden Qualitätsmerkmale für die Zwischenprodukte und die Lithium-Ionen-Batteriezelle als Output der Phase bereitgestellt.

Als Input dienen primär Zelldatenblätter von Referenzzellen aus eigener oder fremder Herstellung. Für die Zukunftsplanung können Zellspezifikationen aus Roadmaps abgeleitet und ergänzt werden. Die Informationen aus den Zelldatenblättern werden in Abbildung 5.8 in ihren Kundenanforderungen strukturiert aufgenommen.

Zellspezifikation				Zelldatenblätter		
				Zellhersteller 1	Zellhersteller 2	Zellhersteller i
Kundenanforderungen	Elektrische Spezifikationen	stetig	Kapazität [Ah]	...	...	...
			Nennspannung[V]	...	...	...
			Ladeschlussspannung [V]	...	...	...
			Entladeschlussspannung [V]	...	...	...
			Maximaler Ladestrom [A]	...	...	...
			Empfohlener Ladestrom [A]	...	...	...
			Maximaler Entladestrom [A]	...	...	...
			Energiegehalt [Wh]	...	...	...
			Entladeleistung [W]	...	...	...
			Innenwiderstand [mΩ]	...	...	...
			Grav. Leistungsdichte [W/g]	...	...	...
			Vol. Leistungsdichte [W/l]	...	...	...
			Grav. Energiedichte [Wh/g]	...	...	...
			Vol. Energiedichte [Wh/l]	...	...	...
			Zyklenfestigkeit [Zyklenzahl]	...	...	...
	Allgemeine Spezifikationen		Dimensionen HxBxT [mm]	...	...	...
			Betriebstemperatur [°C]	...	...	...
			Lagertemperatur [°C]	...	...	...
			Kalendarische Lebensdauer [a]	...	...	...
			Gewicht [g]	...	...	...
		diskret	Anodenmaterialien	...	...	...
			Kathodenmaterialien	...	...	...
			Elektrolytspezifikation	...	...	...
			Leistungsklasse	...	...	...
			Gehäuseform	...	...	...

Abb. 5.8: Aufnahme der Zellspezifikationen

Die Roadmaps werden dazu verwendet, um ein hypothetisches Datenblatt zu generieren. Dazu können die Zelleigenschaften aus den Roadmaps entnommen und in das Format eines Datenblatts überführt werden. Dabei kann es sich auch um erwartete Spezifikationswerte handeln, die mit einer Zellchemie in Verbindung gebracht werden. Die Angaben sollten idealerweise für alle in Abbildung 5.8 aufgeführten Größen eingetragen werden. Für das Durchlauf der Methodik ist es nicht notwendig, alle Werte vollständig einzutragen, zumindest zwei Drittel der Angaben sollten jedoch vollständig sein. Die Spezifikationen der Batteriezellen in den Datenblättern werden in elektrische und allgemeine Spezifikationen unterteilt. Zu den elektrischen Spezifikationen gehören ausschließlich metrisch stetige Größen. Zunächst zählen die Kapazität, die Nennspannung, die Ladeschlussspannung, die Entladeschlusspannung, der maximale und empfohlene Ladestrom, der maximale Entladestrom, der Energieinhalt und die Zyklenfestigkeit zu den stetigen Anforderungen. Die Entladeleistung ist angegeben oder kann aus dem maximalen Entladestrom und der Nennspannung errechnet werden. Zudem kann der Innenwiderstand einer Zelle, sofern dieser nicht angegeben ist, über das ohmsche Gesetz berechnet werden, nachdem ein Strom angelegt und die resultierende Spannung gemessen wurde. Weitere Größen sind die volumetrische sowie gravimetrische Leistungs- bzw. Energiedichte. Für eine Berechnung werden die Leistung und die Energie der Batteriezelle jeweils durch das Volumen sowie das Gewicht der Batteriezelle dividiert. Die allgemeinen Zellspezifikationen setzen sich sowohl aus diskreten als auch stetigen Größen zusammen. Stetige Größen sind hier die Dimensionen, die Betriebs- und Lagertemperatur, die kalendarische Lebensdauer und das Gewicht der Batteriezelle. Diskrete Spezifikationen sind Materialangaben zu Anode und Kathode sowie die Elektrolytspezifikation, bei denen es sich je nach verfügbaren Informationen um Angaben zur Komposition oder Herstellungsrezeptur handelt. Weiter soll die Leistungsklasse der Zelle hinsichtlich der Auslegung als Hochenergie- oder Hochleistungszelle angegeben werden. Als weiteres diskretes Kriterium wird die Gehäuseform Pouch, rund oder prismatisch eingetragen. Zu beachten ist, dass die Methodik für jedes Zellformat einzeln durchlaufen werden muss. Es ist zu erwähnen, dass die Spezifikationen in Abbildung 5.8 grundsätzlich um weitere Eigenschaften ergänzt werden können.

Das Vorgehen in Phase II beinhaltet neben der Identifikation der Kundenanforderungen aus den Datenblättern und den ergänzenden Anforderungen aus den Roadmaps für zukünftig zu fertigende Batteriezellen auch die Identifikation der globalen Qualitätsmerkmale. Dabei folgt der Anwender dem in Abbildung 5.9 visualisierten Ansatz zur Identifikation der globalen Qualitätsmerkmale. Bei diesem Ansatz muss darauf geachtet werden, dass die Qualitätsmerkmale die von allen Informationsquellen genannten Spezifikationen beinhalten.

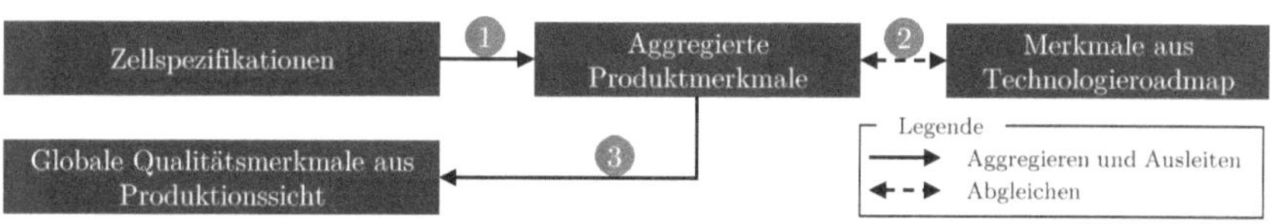

Abb. 5.9: Ansatz zur Identifikation der globalen Qualitätsmerkmale

Im ersten Schritt werden die Zellspezifikationen zu einer repräsentativen Menge an Produktmerkmalen aggregiert. Für die Identifikation darf der Anwender nur stetige Zellspezifikationen verwenden. Berechenbare Produktmerkmale sollten aus Effizenzgründen nicht mit aggregiert werden. Einzig, wenn diese explizit aufgrund ihrer technologischen Besonderheit hervorgehoben oder regelmäßig in allen Datenblättern genannt werden, müssen sie betrachtet werden. Mit den aggregierten Produktmerkmalen findet im zweiten Schritt ein

Abgleich mit den Merkmalen aus den Technologieroadmaps statt. Dazu können Zellspezifikationen, die bisher nicht in den existierenden oder generierten Datenblättern aufgeführt sind, direkt als aggregiertes Produktmerkmal ergänzt werden. Dabei ist es dem Anwender überlassen, welche Roadmaps er hinzuzieht. Im dritten Schritt werden die globalen Qualitätsmerkmale aus Produktionssicht ausgeleitet. Somit ist ein globales Qualitätsmerkmal als ein aus den Zellspezifikationen abgeleitetes Produktmerkmal definiert, das durch den Abgleich mit den Roadmaps aus der Wissenschaft als relevant identifiziert wurde. Dieses dreischrittige Vorgehen wird im Folgenden im Detail erläutert. Der erste Schritt ist in Abbildung 5.10 auf der linken Seite ersichtlich.

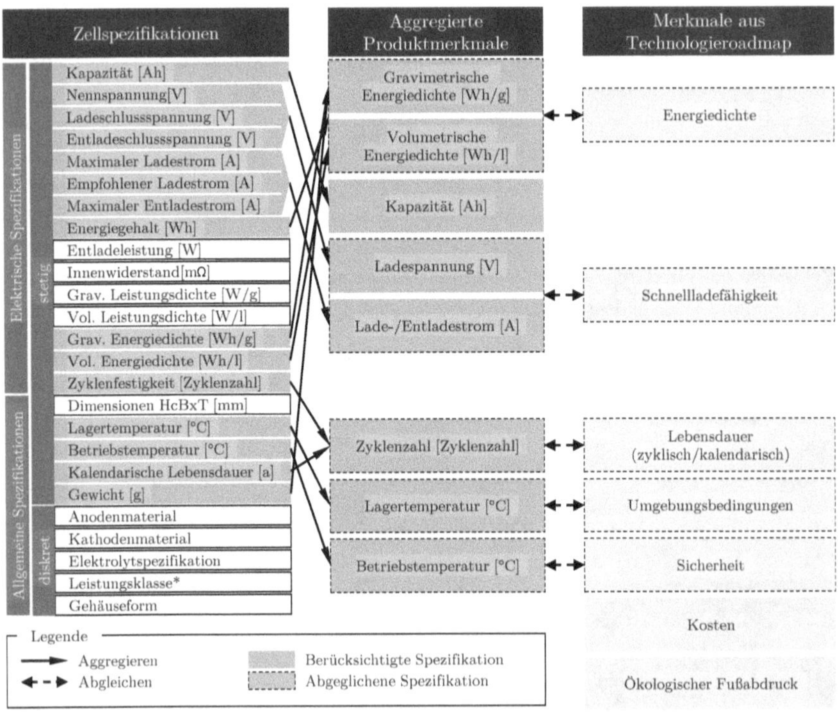

Abb. 5.10: Aggregieren der Produktmerkmale

Die Überführung der stetigen Spezifikationen findet als Aggregation statt, wobei die Kapazität als absolute Größe zu den Produktmerkmalen übernommen wird. Die Nennspannung, Ladeschlussspannung und die Entladeschlussspannung werden aggregiert, da sie voneinander abhängig sind und als Ladespannung in die Produktmerkmale aufgenommen werden. Betrachtet man im Folgenden die Größen für den Strom, so werden der maximale Ladestrom, der empfohlene Ladestrom sowie der maximale Entladestrom im

Produktmerkmal Lade- bzw. Entladestrom aggregiert. Der Energiegehalt der Zelle wird wegen der rechnerischen Überführbarkeit mit den Größen gravimetrische und volumetrische Energiedichte, inklusive des Gewichts, aggregiert. Als zentrale Größe bleibt die Zyklenfestigkeit, d. h. die mögliche Zyklenzahl, als Produktmerkmal bestehen. Die Zyklenzahl deckt zudem die kalendarische Lebensdauer ab, weil diese meist nicht erreicht wird, sodass sie nicht berücksichtigt werden muss. Aufgrund der sicherheitstechnischen Relevanz werden die Betriebs- und Lagertemperatur direkt zu den Produktmerkmalen hinzugefügt. Als weniger relevante Merkmale werden die Entladeleistung, der Innenwiderstand, die gravimetrische und volumetrische Leistungsdichte, die Dimensionen, sowie die ohnehin diskreten Größen, Anoden- und Kathodenmaterialien, die Elektrolytspezifikation, die Leistungsklasse und die Gehäuseform nicht direkt in ein Produktmerkmal überführt. Im zweiten Schritt werden für den Abgleich mit den Technologieroadmaps zunächst alle darin als relevant aufgeführten Merkmale in der rechten Spalte in Abbildung 5.10 gelistet und mit den bereits abgeleiteten Produktmerkmalen in der mittleren Spalte abgeglichen. In der Roadmap „Batterie-Produktionsmittel 2030“ werden sieben zentrale technische Performance-Parameter für elektrische Energiespeicher definiert.[461] Dazu gehören die Energiedichte, die sich auf das Gesamtgewicht der Zelle bezogen den Merkmalen gravimetrische und volumetrische Energiedichte zuordnen lässt. Die Schnellladefähigkeit ist eine zentrale Größe, für die hohe Ladeströme notwendig sind. Da dies reziprok für das Entladen gilt und der Ladezustand über die Zellspannung überwacht wird, wird diese Eigenschaft über die Ladespannung bzw. den Lade- und Entladestrom berücksichtigt. In den Roadmaps werden die zyklische und kalendarische Lebensdauer einer Zelle als Performance-Parameter genannt, da sie von der späteren Beanspruchung der Batteriezelle abhängen und ein Maß für deren Haltbarkeit sind.[462] Abgedeckt werden diese Spezifikationen über das Produktmerkmal Zyklenzahl. Es müssen die Umgebungsbedingungen mit berücksichtigt werden, die über das abgeleitete Produktmerkmal Lagertemperatur abgedeckt sind. Die Sicherheit von Batteriezellen wird in den Roadmaps häufig genannt und muss gewährleistet werden. Eine Lithium-Ionen-Batteriezelle muss bruch-, brand-, und auslaufsicher sein. Als Beurteilungsstandard wird häufig das sogenannte EUCAR-Level herangezogen, in dem verschiedene Akzeptanzkriterien für einen Schadensfall definiert sind. Das Thema Sicherheit muss in einen größeren Rahmen gesetzt werden, da die Sicherheit von mehreren Parametern abhängt. Wenn die Sicherheit im Betrieb betrachtet wird, so kann ein kritischer Fehlerfall immer an der Betriebstemperatur erkannt werden, weshalb das Monitoring der Betriebstemperatur dieses Produktmerkmal einschließt. Zudem sind die Kosten einer Batteriezelle entscheidend, die wegen der nennenswerten Kosten für die Aktivmaterialien mit der Zellkapazität zusammenhängen.[463] Ein alleiniger Zusammenhang mit der Kapazität lässt sich durch den Abgleich nicht herleiten, da sich fast alle Produktmerkmale auf die Kosten auswirken. Übergreifend ist der ökologische Fußabdruck

[461] Vgl. Michaelis et al. (Roadmap Batterieproduktionsmittel 2030), 2023, S. 38
[462] Vgl. ebd., 2023, S. 38
[463] Vgl. ebd., 2023, S. 38

der Fertigung relevant, der insbesondere über den gesamten Lebenszyklus inklusive des Recyclings berücksichtigt werden muss. Eine alleinige Berücksichtigung für den Wiederanlauf wird daher in dieser Methodik nicht betrachtet. Die zentralen Produktmerkmale einer Batteriezelle nach THIELMANN ET AL. sind die Energiedichte, die Schnellladefähigkeit, die Lebensdauer sowie die Kosten.[464] Diese Merkmale stimmen zudem mit den Parametern aus den analysierten Roadmaps überein. Lediglich die beiden Anforderungen der Umgebungsbedingung sowie Sicherheit werden nicht genannt, finden jedoch in dieser Methodik Berücksichtigung. In anderen Studien wird teilweise noch das Schnellladen bis SOC 80 oder die Kaltstartleistung in der Einheit Watt pro Kilogramm verwendet.[465] Sollte der Fokus in der Endanwendung der Batteriezelle insbesondere schnelles Laden oder extreme Klimabedingungen verlangen, ergibt diese Betrachtung durchaus Sinn. Im allgemein gültigen Fall muss dies jedoch nicht explizit mit berücksichtigt werden. Nachdem die Produktmerkmale aus den Datenblättern aggregiert und mit den Roadmaps abgeglichen wurden, sollen im folgenden dritten Schritt nach Abbildung 5.9 die Qualitätsmerkmale ausgeleitet werden. In Abbildung 5.11 werden in der linken Spalte die fünf globalen Qualitätsmerkmale Energiedichte, Kapazität, Schnellladefähigkeit, Lebensdauer sowie Sicherheit einer Batteriezelle ausgeleitet und können vom Anwender bei Bedarf ergänzt werden.

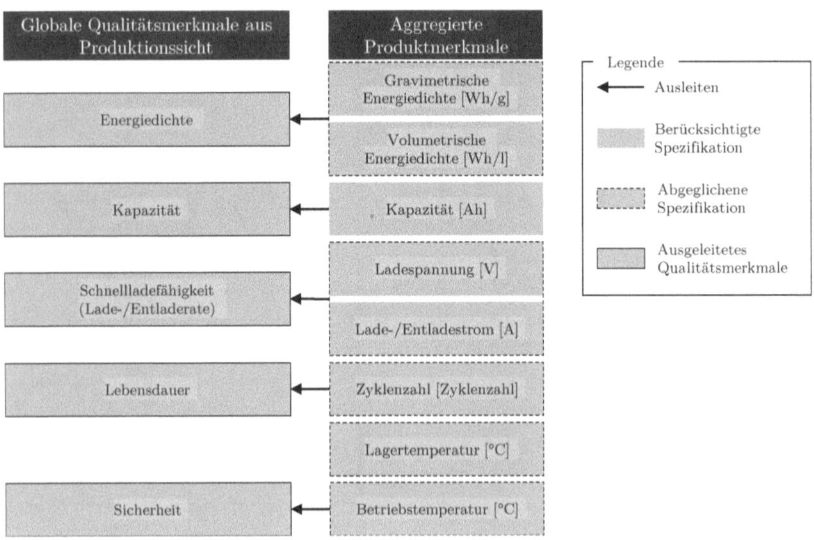

Abb. 5.11: Ausleiten der globalen Qualitätsmerkmale

Im Gegensatz zu den Roadmaps werden die Kosten und der ökologische Fußabdruck

[464] Vgl. Thielmann et al. (Energiespeicher-Roadmap), 2017, S. 14
[465] Vgl. Weber et al. (Roadmap Battery Production), 2016, S. 16

nicht den globalen Qualitätsmerkmalen zugeordnet. Dies hat den Hintergrund, dass die Kosten und die CO_2-Emissionen von der Effizienz eines Produktionsprozesses beeinflusst werden und somit keine unabhängige Größe darstellen, die im Rahmen der Wiederanlaufoptimierung gesteuert werden kann. Für eine weitere Detaillierung dieser Argumentation werden die Stoßrichtungen der Analyse in Kapitel 5.2.2 beschrieben, die Kostenbetrachtung erneut aufgegriffen und in die weitere Methodik eingeordnet. Zur Charakterisierung einer Batteriezelle werden zunächst die ausgeleiteten globalen Qualitätsmerkmale nach Abbildung 5.12 herangezogen, die jederzeit durch den Anwender ergänzt werden können.

Abkürzung	Globales Qualitätsmerkmal	Einheit
QM1	Energiedichte	Wh/l
QM2	Kapazität	mAh
QM3	Schnelladefähigkeit	C
QM4	Lebensdauer	Zyklen
QM5	Sicherheit	EUCAR-Level
QMi	...	...

Abb. 5.12: Übersicht der globalen Qualitätsmerkmale

Die globalen Qualitätsmerkmale (QM) werden in aufsteigender Reihenfolge nummeriert und in der ersten Spalte in Abbildung 5.12 einer Abkürzung zugeordnet. In der zweiten Spalte sind die Bezeichnungen der Qualitätsmerkmale aus den Produktdatenblättern oder Roadmaps gelistet. Zur Vollständigkeit ist die Einheit der jeweiligen Größe in der letzten Spalte aufgeführt. Die Reihenfolge der globalen Qualitätsmerkmale ist frei wählbar, jedoch muss diese für die weitere Methodik gleich bleiben. Als Output der Phase II erhält der Anwender die globalen Qualitätsmerkmale einer Lithium-Ionen-Batteriezelle, die im Wiederanlauf der Produktion berücksichtigt werden müssen. Die globalen Qualitätsmerkmale stellen für die Phase III eine Inputgröße dar.

5.1.3 Zusammenfassung des Initiierungsmoduls

Im Initiierungsmodul wird die gesamte Prozesskette der Fertigungslinie in der Phase I aufgenommen. Dabei wird für jeden Prozessschritt die Kampagneninformation in einem Steckbrief notiert sowie die Prozesskette und damit die Prozessreihenfolge für alle Fertigungsschritte identifiziert. In den Steckbriefen sind die Wiederanlaufzeiten aller Prozessschritte notiert. In der Phase II werden die globalen Qualitätsmerkmale der zu fertigenden Lithium-Ionen-Batteriezellen identifiziert. Diese werden in einem Ansatz in drei Schritten aus Zellspezifikationen und Technologieroadmaps ausgeleitet. Die identifizierten Prozessparameter aus den Steckbriefen der Phase I werden in Phase III für die Analyse der Wirkzusammenhänge benötigt. Die darin ebenso enthaltene Liste der Fertigungsunterbrechungen und Wiederanlaufzeiten werden in Phase IV für die Analyse des Einschaltverhaltens benötigt. Dabei folgt Phase III in der Wirkzusammenhangsanalyse der in Phase I aufgestellten Prozessreihenfolge. Die globalen Qualitätsmerkmale aus Phase II werden in

Phase III den Prozessparametern aus Phase I gegenübergestellt. Darüber hinaus werden diese für die Analyse des Einschaltverhaltens der Prozessschritte in Phase IV benötigt.

5.2 Detaillierung des Analysemoduls

Die Aufnahme der Prozesskette in Phase I der Methodik in Kapitel 5.1.1 stellt die Grundlage für alle weiteren Betrachtungen dar. Die Erarbeitung der Qualitätsmerkmale in Kapitel 5.1.2 und die damit verbundene Auflistung aller relevanten Qualitätsmerkmale in der Batteriezellproduktion ist der erste Schritt in der Betrachtung der Produktionsqualität. Das folgende Analysemodul ist aus drei Phase aufgebaut und als Übersicht in Abbildung 5.13 dargestellt.

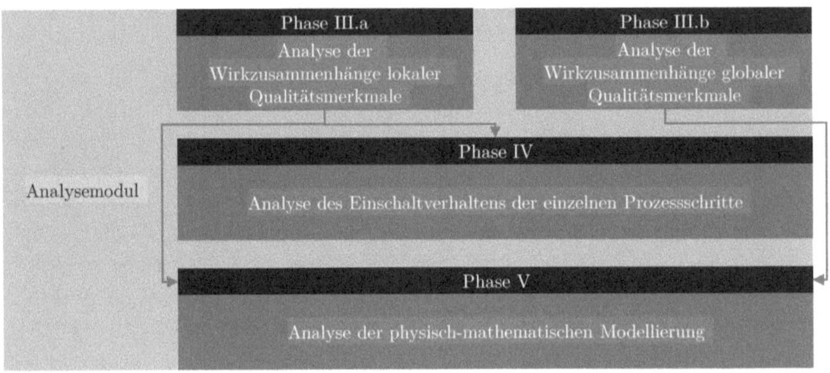

Abb. 5.13: Analysemodul mit den Phasen III, IV und V

Für eine effektive Analyse und eine folgende Optimierung werden die Qualitätsmerkmale den Prozessparametern in der Phase III zugeordnet. Unter Anwendung des Quality Function Deployments (QFD) wird dies in zwei Unterphasen zur Analyse der Wirkzusammenhänge lokaler Qualitätsmerkmale (III.a) und zur Analyse der Wirkzusammenhänge globaler Qualitätsmerkmale (III.b) umgesetzt. Die eigentliche Analyse des Einschaltverhaltens der einzelnen Prozessschritte wird in Phase IV untersucht. Parallel findet eine Betrachtung des Ausschusses statt, der als grundlegend zu minimierende Größe zu verstehen ist. Als wesentlicher Bestandteil der Phase IV wird die Herleitung der beiden Stoßrichtungen der späteren Optimierung hinsichtlich Wiederanlaufdauer und Qualität ausgeführt. Nach Einordnung der Wiederanlaufziele erfolgt in Phase V eine weitere Abstraktion in ein mathematisches Modell für die Modellierung der physisch-mathematischen Zusammenhänge zwischen Qualitätsmerkmalen und Prozessparametern. Abschließend ergeben sich daraus die Kennfelder der Qualitätsmerkmale in Abhängigkeit von den Prozessparametern, für die eine Isolinienwanderung entwickelt und durchgeführt wird. Gleichzeitig stellen diese Qualitätskennfelder die theoretische Basis für das folgende Gestaltungsmodul in Kapitel 5.3 dar.

5.2.1 Analyse prozessübergreifender Wirkzusammenhänge

Für die Phase III wird zur besseren Darstellung der Korrelationen sowie der späteren Verkettung der globalen Qualitätsmerkmale mit den einstellbaren Prozessparametern das Hilfsmittel der Qualitätsabhängigkeitsmatrizen (Q-Matrizen) entwickelt. Dieses lehnt sich an die Erfassung und Verknüpfung von Wirkbeziehungen des QFD an.[466] Das Verhalten der lokalen Qualitätsmerkmale in Abhängigkeit von den Prozessparametern wird durch Phase III.a in Kapitel 5.2.1.1 analysiert. Dabei wird der Aufbau der Qualitätsabhängigkeitsmatrix eingeführt. In der folgenden Phase III.b in Kapitel 5.2.1.2 wird das darüber liegende Verhalten der globalen Qualitätsmerkmale in Abhängigkeit von den lokalen Qualitätsmerkmalen analysiert sowie die Gemeinsamkeiten und Unterschiede zum QFD erläutert.

5.2.1.1 Verhalten lokaler Qualitätsparameter

Zunächst wird der Aufbau der Phase III.a zur Analyse der Wirkzusammenhänge lokaler Qualitätsmerkmale nach Abbildung 5.14 beschrieben.

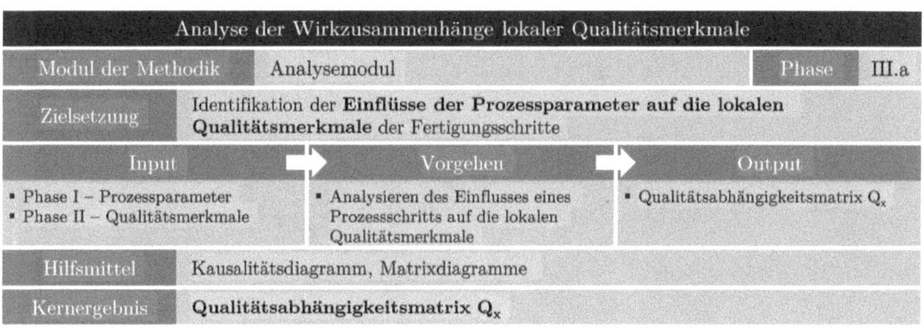

Abb. 5.14: Analyse der Wirkzusammenhänge lokaler Qualitätsmerkmale

Die Zielsetzung der Phase ist die Identifikation der Einflüsse der Prozessparameter auf die lokalen Qualitätsmerkmale der Fertigungsschritte. Dazu verwendet Phase III.a die Prozessreihenfolge aus Phase I und die Qualitätsmerkmale aus Phase II als Input. Aus beiden Phasen werden insbesondere die Parameter an sich benötigt, um eine vollständige Korrelation herleiten zu können. Es ist keine Gewichtung der Prozessgrößen notwendig, da die Stärke des Einflusses über die Steigung in der folgenden physisch-mathematischen

466 Vgl. Heimes (Auswahl von Fertigungsressourcen), 2014, S. 108

Modellierung in Phase V abgebildet wird. Im Vorgehen der Phase III.a in Abbildung 5.14 wird der Einfluss eines Prozessschritts auf die lokalen Qualitätsmerkmale untersucht, wobei in der Betrachtung mit den Prozessparametern begonnen wird. Als Output der Phase soll die Qualitätsabhängigkeitsmatrix Q_x bereitstehen, die gleichzeitig das Kernergebnis dieser Phase darstellt. Die dazu verwendeten Hilfsmittel beschränken sich primär auf Kausalitätsdiagramme und die mathematische Darstellung von Zusammenhängen in Matrixdiagrammen sowie Matrizen.

Im ersten Schritt müssen die Netzgraphen erstellt werden, sodass man sich des Werkzeuges der Kausalitätsdiagramme bedient. In Abbildung 5.15 ist die Netzgraphen-Werkzeugübersicht zur Analyse der Wirkzusammenhänge gezeigt.

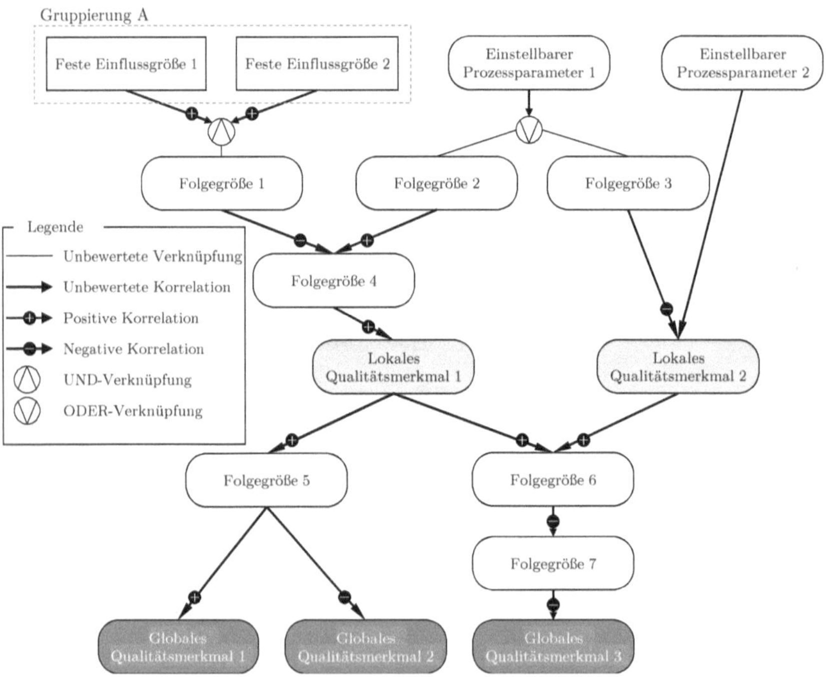

Abb. 5.15: Netzgraphen Werkzeugübersicht zur Analyse der Wirkzusammenhänge[467]

Ein solches Diagramm soll im Falle des betrachteten produktionstechnischen Systems der Batteriezellherstellung einen einzelnen Fertigungsprozess umfassen. Die Netzgraphen der Prozessschritte der Elektrodenfertigung, als ausschussintensivster Prozessabschnitt, können dem Anhang A.1 entnommen werden. Die Lesart des Graphen verläuft von oben

[467] I. A. a.Produkt-Prozess-Landkarte nach Heimes (Auswahl von Fertigungsressourcen), 2014, S. 140

nach unten. Man beginnt mit festen Einflussgrößen, die als Eingangsgrößen in das betrachtete System eingehen, als nicht lenkbar gelten und in eckigen Kästen dargestellt werden. Das können beispielsweise die Rohmaterialien des Slurries und deren Spezifikationen sein, die gleichzeitig durch einen gestrichelten Rahmen mit Beschriftung gruppiert werden können. Handelt es sich, anders als bei festen Materialspezifikationen, um eine einstellbare bzw. lenkbare Größe, so wird dieser Parameter in einem Kasten mit abgerundeten Ecken dargestellt. Gleiches gilt für Folgegrößen, die aus Prozessparametern hervorgehen. Auch diese werden in einem Kasten mit abgerundeten Ecken dargestellt. Eine Kausalität wird mit einem eingehenden Pfeil ausgedrückt, sofern diese bekannt ist, und die Richtung der Korrelation entsprechend der aus der Netzwerktechnik bekannten Symbolik mittels Plus- und Minuszeichen angezeigt.[468] Die Prozessparameter beeinflussen entweder direkt oder indirekt über weitere Folgegrößen die lokalen Qualitätsmerkmale eines Teilsystems, sodass sich daraus eine Kausalitätskette als Wirkung ergibt. In dieser Methodik werden aus Gründen der Übersichtlichkeit lokale Qualitätsmerkmale als Kasten mit abgerundeten Ecken und zur besseren Differenzierung von den Folgegrößen hellgrau dargestellt, globale Qualitätsmerkmale werden dagegen dunkelgrau eingefärbt. Müssen bestimmte Prozesselemente gemeinsam in eine Folgegröße einfließen, um eine Wirkung auszulösen, so werden diese über eine Und-Verknüpfung miteinander verbunden. Kann ein Prozessparameter hingegen auf unterschiedliche, sich gegenseitig ausschließende Weisen eingestellt werden, so findet die Oder-Verknüpfung Verwendung. Es bietet sich an, ein Prozesskausalitätsdiagramm in zwei Hälften zu unterteilen; im oberen Teil für die lokalen Qualitätsmerkmale der Zwischenprodukte und im darunterliegenden Teil für die Wirkbeziehungen des lokalen Qualitätsmerkmals auf die globalen Qualitätsmerkmale des Endprodukts. Hierfür werden Folgegrößen identifiziert, die durch die lokalen Qualitätsmerkmale beeinflusst werden. Danach wird geprüft, wie diese die globalen Qualitätsmerkmale beeinflussen. Dieses Vorgehen gilt es für alle Prozessschritte aus Phase I zu befolgen, wobei noch zu erwähnen ist, dass die lokalen Qualitätsmerkmale zudem Eingangs- oder Kopplungsgrößen zum folgenden Prozessschritt darstellen können.

Für die weitere Nutzung des erarbeiteten Wissens über die Korrelationen in der weiteren Methodik soll das Hilfsmittel Matrixdiagramme verwendet werden. Insbesondere für die spätere Verkettung der globalen Qualitätsparameter mit den einstellbaren Prozessparametern wurde das Instrument der Qualitätsabhängigkeitsmatrizen (Q-Matrizen) entwickelt und genutzt. Das Verknüpfen der Q-Matrizen ist zudem an das Hilfsmittel des QFD angelehnt. Aus den Wirkzusammenhängen der Kausalitätsdiagramme können zwei generelle Arten von Q-Matrizen gebildet werden. Die Q_x-Matrix verknüpft die Prozessparameter mit den lokalen Qualitätsmerkmalen eines Prozessschritts oder fest verketteten Prozessabschnitts und ist somit für die Beschreibung der Prozessebene zuständig.

Auf der linken Seite in Abbildung 5.16 ist dieser Zusammenhang zwischen den Prozessparametern und den lokalen Qualitätsmerkmalen tabellarisch in einem sogenannten

[468] Vgl. Kapitel 4.1.2

Matrixdiagramm dargestellt, woraus im Folgenden die allgemeine Form der Q_x-Matrix abgeleitet wird.[469]

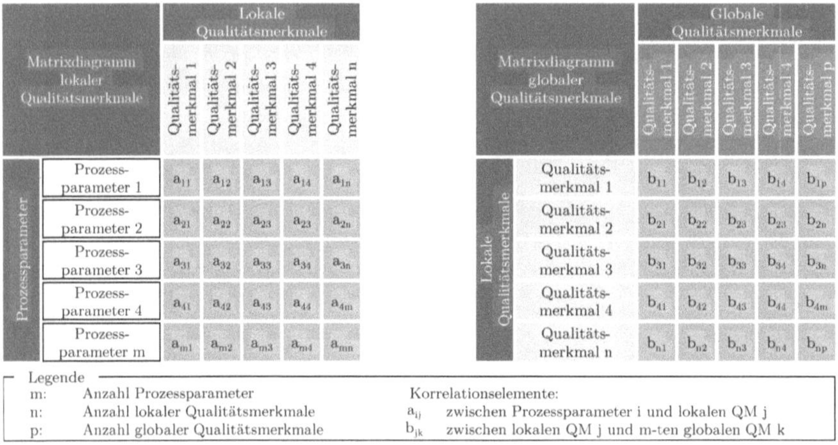

Abb. 5.16: Aufstellen der Matrixdiagramme

Analog wird dies mit dem rechts dargestellten Matrixdiagramm für die Zusammenhänge der lokalen und globalen Qualitätsmerkmale in Kapitel 5.2.1.2 ausgeführt. Zum Aufstellen der Matrixdiagramme werden in Phase III.a die lokalen Qualitätsmerkmale aus dem Kausalitätsdiagramm abgelesen und spaltenweise eingetragen. Der Diagrammkonvention folgend wäre dies auf der horizontalen Achse. Daraufhin werden die Prozessparameter zeilenweise und somit der vertikalen Achse zugeordnet. Die Matrizen der Prozessschritte der Elektrodenfertigung können dem Anhang A.2 entnommen werden. Dabei sollte der Anwender steuerbare und anlaufrelevante Prozessparameter übernehmen. Diese sind typischerweise zeitabhängig, wie beispielsweise die Mischgeschwindigkeit im Mischprozess, oder koppeln zwei Prozessabschnitte miteinander, sodass die Ausgangsgröße eines Vorgangs der Inputfaktor des Folgeprozesses wird. Jeder Eintrag $a_{m,n}$ im Matrixdiagramm beschreibt einen Wirkzusammenhang zwischen einem lokalen Qualitätsmerkmal und einem Prozessparameter, sodass die Matrix lediglich aus den drei möglichen Werten „1", „-1" und „0" aufgebaut ist. Besteht eine positive Korrelation, wird eine „1" an die entsprechende Stelle in der Matrix eingetragen. Sind die beiden Elemente negativ korreliert, wird eine „-1" eingetragen. Besteht keine Korrelation, wird dies durch eine „0" gekennzeichnet. In das durch die beiden Achsen des Matrixdiagramms aufgespannte Wirkungsnetz werden Gesamtkorrelationen eingetragen. Im Hinblick auf die im Vorfeld aufgestellten Kausalitätsdiagramme wird die Folge der einzelnen Wirkzusammenhänge, die sich auf dem Pfad zwischen dem jeweiligen Prozessparameter und dem lokalen Qualitätsmerkmal befinden,

[469] Vgl. R. Schmitt et al. (Qualitätsmanagement), 2015, S. 527

betrachtet und die resultierende Korrelation bestimmt:

- gerade und ungerade Anzahl positiver Wirkungen (+) wird zu „1“,
- gerade Anzahl negativer Wirkungen (–) wir zu „1“,
- ungerade Anzahl negativer Wirkungen (–) wird zu „–1“,
- ohne Wirkrichtung oder ohne Verbindung im Netzgraph wird zu „0“.

Die resultierenden Korrelationen aus den Wirkungspfad im Netzgraphen werden in die Matrixdiagramme eingetragen.

Aus dem Matrixdiagramm lokaler Qualitätsmerkmale können die Einträge direkt in die Q_x-Matrix in Gleichung 5.1 mit der Dimension m x n überführt werden, die den Output der Phase III.a darstellt und zunächst an die Phase III.b übergeben wird.

$$Q_x = \begin{pmatrix} a_{1,1} & a_{1,2} & a_{1,3} & a_{1,4} & a_{1,n} \\ a_{2,1} & a_{2,2} & a_{2,3} & a_{2,4} & a_{2,n} \\ a_{3,1} & a_{3,2} & a_{3,3} & a_{3,4} & a_{3,n} \\ a_{4,1} & a_{4,2} & a_{4,3} & a_{4,4} & a_{4,n} \\ a_{m,1} & a_{m,2} & a_{m,3} & a_{m,4} & a_{m,n} \end{pmatrix} \tag{5.1}$$

m Anzahl Prozessparameter
n Anzahl lokaler Qualitätsmerkmale

5.2.1.2 Verhalten globaler Qualitätsparameter

In Abbildung 5.17 ist die Zielsetzung der Phase III.b mit der Identifikation der Einflüsse der Prozessparameter auf die globalen Qualitätsmerkmale der Batteriezelle aufgeführt.

Analyse der Wirkzusammenhänge globaler Qualitätsmerkmale		
Modul der Methodik	Analysemodul	Phase III.b
Zielsetzung	Identifikation der **Einflüsse der Prozessparameter auf die globalen Qualitätsmerkmale** einer Batteriezelle	
Input	Vorgehen	Output
▪ Phase I – Prozessreihenfolge ▪ Phase II – Qualitätsmerkmale ▪ Phase III.a – Q_x-Matrix	▪ Verketten der lokalen und globalen Qualitätsmerkmale	▪ Qualitätsabhängigkeitsmatrix Q_z
Hilfsmittel	Quality Function Deployment, Matrixdiagramme	
Kernergebnis	**Qualitätsabhängigkeitsmatrix Q_z**	

Abb. 5.17: Analyse der Wirkzusammenhänge globaler Qualitätsmerkmale

Die dafür notwendigen Inputgrößen sind wie oben erwähnt die Q_x-Matrix aus Phase III.a, die Prozessreihenfolge aus Phase I und die Qualitätsmerkmale aus Phase II. Das

Vorgehen beinhaltet die Verkettung der lokalen und globalen Qualitätsmerkmale. Dazu werden als Hilfsmittel das QFD sowie die Matrixdiagramme verwendet und damit als Output der Phase die Qualitätsabhängigkeitsmatrix Q_z erzeugt.

Als Input werden die globalen Qualitätsmerkmale aus Phase II mit den Prozessparametern aus Phase I zeitgleich benötigt. Es sollen die globalen Qualitätsmerkmale in Matrixform mit der Q_x-Matrix, als Input aus Phase III.a, über das QFD verbunden werden. Mithilfe der Q_x-Matrix wird die Prozessebene, d. h. die Verknüpfung der Prozessparameter mit den lokalen Qualitätsmerkmalen eines Prozessabschnitts vollständig beschrieben.

Im Vorgehen der Phase III.b in Abbildung 5.17 kommt die Relevanz der Prozessreihenfolge bei der Verkettung der lokalen und globalen Qualitätsmerkmale zum Tragen. Diese Verkettung bildet die Produktebene ab und soll mit dem Hilfsmittel QFD erarbeitet werden. Analog zur beschriebenen Vorgehensweise in der Erstellung der Q_x-Matrix wird die Q_z-Matrix mit dem Hilfsmittel des in Abbildung 5.16 rechts dargestellten Matrixdiagramm aufgebaut. Allerdings werden nun die globalen Qualitätsmerkmale spaltenweise und die lokalen Qualitätsmerkmale zeilenweise auf den Achsen des Matrixdiagramms notiert. Analog zu Phase III.a können die Einträge aus dem rechten Matrixdiagramm der Abbildung 5.16 in die Q_z-Matrix nach Gleichung 5.2 überführt werden.

$$Q_z = \begin{pmatrix} b_{1,1} & b_{1,2} & b_{1,3} & b_{1,4} & b_{1,p} \\ b_{2,1} & b_{2,2} & b_{2,3} & b_{2,4} & b_{2,p} \\ b_{3,1} & b_{3,2} & b_{3,3} & b_{3,4} & b_{3,p} \\ b_{4,1} & b_{4,2} & b_{4,3} & b_{4,4} & b_{4,p} \\ b_{n,1} & b_{n,2} & b_{n,3} & b_{n,4} & b_{n,p} \end{pmatrix} \tag{5.2}$$

n Anzahl lokaler Qualitätsmerkmale
p Anzahl globaler Qualitätsmerkmale

An dieser in Gleichung 5.2 aufgestellten Q_z-Matrix ist die Dimension der Zeilen n gleich der Dimension der Spalten der Q_x-Matrix (siehe Gleichung 5.1). An dieser Stelle wird das QFD als Hilfsmittel aus HEIMES eingesetzt.[470] Die im amerikanischen und europäischen Raum verbreitete Vorgehensweise des QFD lehnt sich an ein Konzept des American Supplier Institute (ASI) an.[471] Das QFD dient zur Sicherung der Qualität im Produktentstehungsprozess und unterteilt sich in vier Phasen. Dabei wird der Ingenieur als Mittler zwischen den Kundenanforderungen und der Umsetzung im Rahmen der technischen Machbarkeit verstanden.[472] Stellt man dem QFD die beiden Qualitätsabhängigkeitsmatrizen gegenüber, so findet sich in der dritten und vierten Phase des QFD eine Analogie. Die dritte Phase befasst sich mit der Kopplung von Komponenten-

[470] Vgl. Heimes (Auswahl von Fertigungsressourcen), 2014, S. 108
[471] Vgl. R. Schmitt et al. (Qualitätsmanagement), 2015, S. 585
[472] Vgl. ebd., 2015, S. 585–586

spezifikationen (lokale Qualitätsmerkmale) und den Prozessabläufen (Prozessparameter). Die vierte Phase folgt der Gegenüberstellung der Komponentenspezifikationen und den final zu prüfenden Parametern (globale Qualitätsmerkmale). Die Wirkbeziehungen aus der Q_x- und der Q_z-Matrix können daher i. A. a. das QFD nach Abbildung 5.18 verkettet werden.

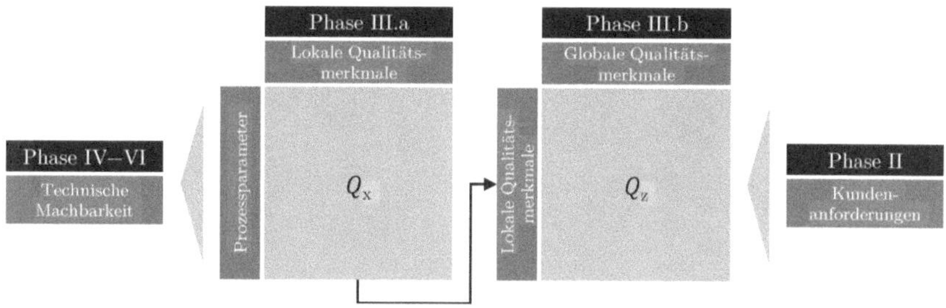

Abb. 5.18: Kopplung der lokalen und globalen Qualitätsmerkmale mit dem QFD

Dabei werden die Kundenanforderungen aus Phase II über die globalen Qualitätsmerkmale bereitgestellt und die technische Machbarkeit in den folgenden Phasen IV bis VI gezeigt. Durch die Verkettung der Wirkbeziehungen soll eine durchgängige Berücksichtigung der Kundenanforderungen, d. h. der globalen Qualitätsmerkmale bis auf die Prozessparameterebene, erzielt werden. Überträgt der Anwender diese Kopplung in einen mathematischen Zusammenhang, so werden die beiden Matrizen Q_x und Q_z miteinander multipliziert, woraus sich die Verkettungsmatrix Q_e nach Gleichung 5.3 ergibt.

$$Q_e = Q_x * Q_z \tag{5.3}$$

Als Output der Phase III.b steht somit als Kernergebnis die Qualitätsabhängigkeitsmatrix Q_z für jeden Prozessabschnitt zur Verfügung. Zusammen mit Phase III.a kann in Anlehnung an das QFD der Zusammenhang der globalen Qualitätsmerkmale bis auf die Prozessparameterebene untersucht werden. Dafür muss die Q_e-Matrix berechnet werden, worin das Gesamtergebnis der Unterphasen aus Phase III liegt.

5.2.2 Analyse des Einschaltverhaltens der einzelnen Prozessschritte

In Phase IV wird die Analyse des Einschaltverhaltens der einzelnen Prozessschritte betrachtet. Mit den Kernergebnissen aus der Phase III werden in Phase IV die Prozessschritte bzw. die fest verketteten Prozessabschnitte weiter analysiert. Dazu ist die Kenntnis der

Prozesskette aus Phase I notwendig, um die Zielsetzung der Identifikation des Wiederanlaufverhaltens der einzelnen Prozessschritte in der vorliegenden Einschaltreihenfolge und dem Einschaltvorgang zu analysieren.

Analyse des Einschaltverhaltens der einzelnen Prozessschritte		
Modul der Methodik: Analysemodul		**Phase:** IV
Zielsetzung: Identifizierung des **Wiederanlaufverhaltens der einzelnen Prozessschritte** in der Einschaltreihenfolge und dem Einschaltvorgang		
Input	**Vorgehen**	**Output**
▪ Phase I – Liste geplanter und ungeplanter Fertigungsunterbrechungen ▪ Phase I – Wiederanlaufzeiten ▪ Phase II – Qualitätsmerkmale ▪ Phase III.a – Q_x-Matrix	▪ Analyse der Wiederanlaufkurven zum Erreichen des Zielkorridors der Qualitätsmerkmale ▪ Analyse der Prozesshochlaufzeiten	▪ Produktionsleitungsgraphen der Prozesse oder Prozessabschnitte ▪ Ausschuss und entgangene Produktion beim Wiederhochfahren ▪ Zielsystem des Produktionswiederanlaufs
Hilfsmittel: S-Kurven		
Kernergebnis: **Produktionsleistungsgraph**		

Abb. 5.19: Analyse des Einschaltverhaltens der einzelnen Prozessschritte

Als Input dient wie in Abbildung 5.19 dargestellt, die für jeden Prozessschritt aufgenommene Liste geplanter und ungeplanter Fertigungsunterbrechungen sowie die in den Prozesssteckbriefen notierten Wiederanlaufzeiten. Für die Identifikation der Kammlinie, d. h. dem Erreichen der Zielqualität, werden die Qualitätsmerkmale aus Phase II herangezogen, um insbesondere die lokalen Qualitätsmerkmale zu berücksichtigen. Zusätzlich werden die lokalen Qualitätsmerkmale aus der Qualitätsabhängigkeitsmatrix Q_x der Phase III.a bereitgestellt. Im Vorgehen der Phase IV in Abbildung 5.19 wird zunächst eine Analyse der Wiederanlaufkurven zum Erreichen des Zielkorridors der Qualitätsmerkmale nahe der Kammlinie durchgeführt. Anschließend werden die Prozesshochlaufzeiten und die Wahl eines Zielsystems analysiert. Durch diese Analyse stellt die Phase IV als Output den Ausschuss und die entgangene Produktion bereit. Visualisiert wird dies im Produktionsleistungsgraphen der Prozesse oder Prozessabschnitte. Ein weiterer Output ist das ausgeleitete Zielsystem für die Optimierung der einzelnen Prozessabschnitte hinsichtlich des Produktionswiederanlaufs. Das verwendete Hilfsmittel für die Beschreibung der Wiederanlaufkurven ist die S-Kurve, die in Kapitel 3.2.3.2 in Abbildung 3.15 eingeführt wurde. Neben der Betrachtung der Stückzahl pro Schicht wird die Produktionsleistung für diese Methodik als Erfüllungsgrad bzw. Produktivität eines Qualitätsmerkmals mittels der S-Kurve beschrieben. Für die Analyse der Wiederhochlaufkurven der Qualitätsmerkmale müssen dazu in Phase V in Kapitel 5.2.3 Messdaten aufgenommen und Wiederanlaufversuche durchgeführt werden. Letztlich setzt sich das Kernergebnis der Phase IV aus den Produktionsleistungsgraphen der einzelnen Prozesse oder Prozessabschnitte zusammen. Aus dieser Erkenntnis abgeleitet beinhaltet die Phase IV die Festlegung des Zielsystems für den Produktionswiederanlauf.

Die Liste geplanter und ungeplanter Fertigungsunterbrechungen aus Phase I (siehe Abbildung 5.4) wird verwendet, um die Häufigkeit des Wiederanlaufs ableiten zu können. Dafür werden zunächst die Wiederanlaufkurven der einzelnen Prozessschritte mit dem Hilfsmittel der S-Kurven im Detail betrachtet. Es gilt dabei insbesondere die Zeiten zu analysieren, da diese im Folgenden einen Schwerpunkt der Optimierung darstellen. Dafür muss zwischen der eingestellten Produktionsleistung und der tatsächlichen Ausbeute wie in Abbildung 5.20 dargestellt, differenziert werden.

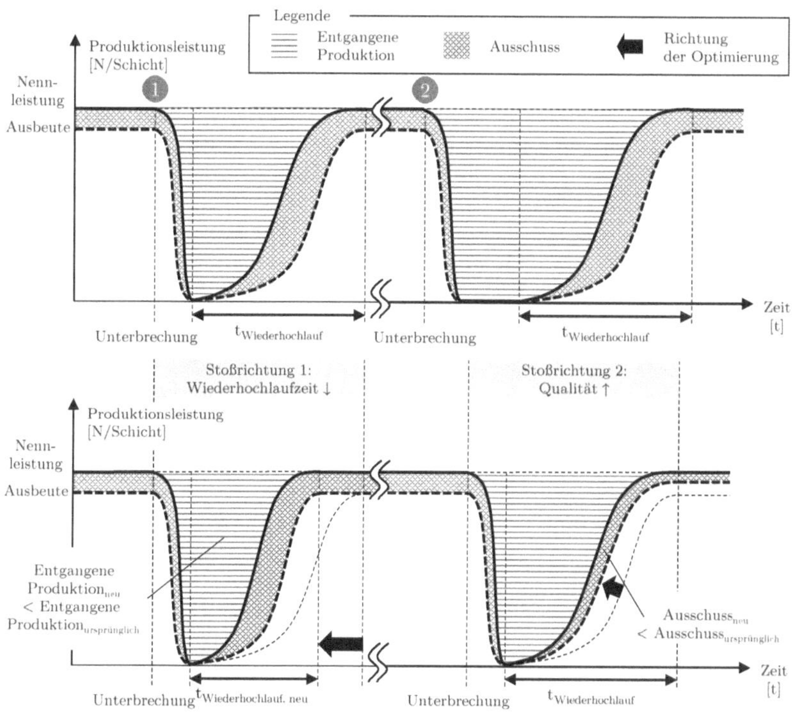

Abb. 5.20: Wiederanlaufkurve und Stoßrichtungen im Produktionsleistungsgraphen

Die theoretische Produktionsleistung von 100 % kann in der Praxis nicht erreicht werden, weshalb die tatsächliche Produktivität immer unterhalb der theoretischen Produktionsleistung liegt.[473] Befinden sich die Anlagen im Nennleistungsbetrieb, wird die Ausbeute der Linie lediglich um den Ausschuss verringert. Wird die Fertigungslinie in der oberen Grafik in Abbildung 5.20 ausgeschaltet, so sinkt die Produktionsleistung, die als durchgezogene Linie dargestellt ist, auf ein Niveau unterhalb der Nennleistung und es ergibt sich

[473] Vgl. Kapitel 2.1.4 Gesamtanlageneffizienz und OEE

in der Zeitbetrachtung ein Zeitraum entgangener Produktion, der waagerecht schraffiert eingezeichnet ist. Dabei kann zwischen dem Abschalten der Linie und dem Wiederanlauf eine Pause zum Rüsten der Linie liegen, wie in der zweiten Unterbrechung in der oberen Grafik in Abbildung 5.20 gezeigt. In der Batteriezellproduktion tritt eine solche Unterbrechung beispielsweise in der Beschichtungsanlage auf, wenn die Konfiguration der Nassschichtbreite angepasst und die Bahn neu ausgerichtet werden muss. Dabei steht ein zweites Schlitzdüsensystem mit der entsprechenden Schlitzbreite bereit und die Bahn wird unmittelbar ausgerichtet. Eine Pause in der Produktion wird dadurch auf ein Minimum reduziert. Selbst wenn ab Beginn der Unterbrechung der Prozessschritt zügig zum absoluten Stillstand gefahren wird und unmittelbar, wie im ersten Verlauf der oberen Grafik in Abbildung 5.20, wieder eingeschaltet wird, resultiert dennoch ein ersichtlicher Zeitraum entgangener Produktion. Diese wird insbesondere während der Wiederhochlaufzeit um den Ausschuss erhöht, wenn die tatsächliche Ausbeute, als gestrichelte Linie dargestellt, tiefer als im normalen Serienbetrieb unter der Nennleistung liegt. Der Ausschuss ist kreuzweise schraffiert eingezeichnet und umfasst im Beispiel die Elektrodenbahnabschnitte mit einer nicht innerhalb der Toleranzen liegenden Nassschichtbreite und -dicke. Über die gesamte Wiederanlaufkurve gesehen ist die Dauer des Wiederhochlaufens die maßgebende Einflussgröße für die Höhe der entgangenen Produktion. Dabei ist zu erwähnen, dass in der oberen Grafik in Abbildung 5.20 der Verlauf der Produktionsleistung für den nicht optimierten Ausgangszustand dargestellt ist, worin der Handlungsbedarfs aus der Praxis nach Kapitel 2.4 als Ausschuss beim Wiedereinschalten ersichtlich wird. Befindet sich die Produktionsleistung infolge einer Prozessunterbrechung auf einem Niveau unterhalb der Nennleistung, so generiert das Unternehmen einen geringeren Fertigungsoutput als möglich wäre und schöpft das Produktionspotenzial nicht voll aus. Es ist somit zwingend erforderlich, dass die Ausbeute möglichst hoch und nahe der eingestellten Produktionsleistung liegt und dies möglichst während eines Großteils der Fertigungszeit. Liegt die Produktionsleistung aufgrund einer in Phase I hergeleiteten Fertigungsunterbrechung bei einer Produktivität nahe null, so sollte dies nur kurze Zeit der Fall sein, da sich sonst der Beginn der Wiederhochlaufkurve verschiebt. Wenn im genannten Beispiel die Bahnbreite durch das Einsetzen einer anderen Ausgleichsplatte in dieselbe Schlitzdüse eingestellt werden muss, kann die Fertigungslinie nicht unmittelbar wiederanfahren, sodass sich der mit zwei gekennzeichnete Verlauf aus Abbildung 5.20 oder ein noch weiter zeitlich verzögerter Verlauf ergibt. Im unteren Teil der Abbildung 5.20 sind zwei Wiederanlaufszenarien dargestellt. Dabei wurde an jedem der Wiederanlaufvorgänge jeweils eine Optimierung vorgenommen. Der erste Wiederhochlauf ist im Vergleich zum darüberliegenden Graphen schneller wieder auf seine Produktionsleistung hochgefahren, erkennbar durch eine neue, kürzere Zeit $t_{Wiederhochlauf,neu}$. Die Länge des Pfeils in Richtung der Optimierung visualisiert die gewonnene Zeit. Die nach der Optimierung noch vorhandene neue entgangene Produktion ist geringer als die ursprüngliche entgangene Produktion. In diesem Szenario ist die Prozesszeit Angriffspunkt, wobei die Ausbeute, als Folge zeitlich früherer Steigerung der Produktionsleistung, schneller ansteigt, jedoch die Differenz zur Produktionsleistung nicht direkt optimiert wird. Damit ergründet sich auch die Überschrift des Graphen, die als Stoßrichtung eins bezeichnet wird, in der Reduktion der Wiederanlaufzeit. Dies kann durch den Lerneffekt aus Mitarbeitersicht beispielsweise in den Montageschritten beim Wechseln der Schlitzdüse für die andere Beschichtungsbreite und insbesondere durch eine Anlagenbeschleunigung, in diesem Beispiel der Beschichtungsanlage, gelingen. Die Anlagenbeschleunigung kann beispielsweise erreicht werden – unter Beachtung verschiedener Randbedingungen bezüglich der Beschichtungsqualität – durch eine Erhöhung der Bahngeschwindigkeit in der Elektrodenfertigung. Der zweite Wiederanlauf behält seine Wiederhochlaufzeit im Vergleich zum oberen Graphen bei, jedoch findet hier eine Optimierung des Prozesses auf Qualitätsparameterebene statt. Dies gelingt durch das Ausnutzen positiver Korrelationen der Wirkzusammenhänge, die prozessbeschleunigend sind. Ein Beispiel wäre die Verwendung eines besseren Lösungsmittels, mit dem die Nassschicht auch bei höheren Bahngeschwindigkeiten schneller ihre Solldicke erreicht. Der Kurvenverlauf der Produktionsleistung bleibt dabei im zeitlichen Verlauf bestehen, jedoch wird die Ausbeute durch eine Prozessverbesserung zur schnelleren Erreichung der spezifizierten Qualitätsparameter des Produkts erhöht. So steigt die Ausbeute zu Beginn der Wiederhochlaufkurve im Vergleich zur Ausgangskurve steiler an, im Wendepunkt sind die Steigungen der angepassten und ursprünglichen Ausbeute gleich. Nach dem Wendepunkt verläuft die angepasste Kurve geringfügig flacher. Aus der sich neu ergebenden eingeschlossenen Fläche zwischen Produktionsleistung und der Ausbeute resultiert ein neuer, noch kleinerer Ausschuss als der ursprünglich vorhandene. Diese Optimierung bietet eine nachhaltige Verbesserung des Prozesses, wenn der Ausschuss über den weiteren Produktionsverlauf durch die Maßnahmen grundsätzlich reduziert wird. Führt man diese Gedanken fort, so würde ein deckungsgleicher Verlauf der Kurven für Produktionsleistung und Ausbeute bedeuten, dass ausschussfrei produziert wird. Da die Idealvorstellung zwar nicht realisiert ist, jedoch eine Annäherung erstrebenswert, soll das Vorgehen unter der Stoßrichtung zwei, der Steigerung der Qualität, zusammengefasst werden.

Nach der Vorstellung der beiden Stoßrichtungen der Methodik sollen diese unmittelbar in das Zielsystem des Produktionsanlaufs eingeordnet werden.[474] Die Einordnung und Adaption auf den Wiederanlauf wird in Abbildung 5.21 mit den in Phase IV analysierten Wiederanlaufszenarien visualisiert. Dabei sind die beiden analysierten Stoßrichtungen an zwei Wiederanlaufziele gekoppelt. Die erste Stoßrichtung soll kurze Wiederanlaufzeiten ermöglichen und wirkt daher auf das Wiederanlaufdauerziel für eine minimale Dauer des Wiederanlaufs ein. Die zweite Stoßrichtung für das Ermöglichen einer hohen Qualitätsrate koppelt sich in das Effektivitätsziel für einen maximalen Output, also ein maximales Ergebnis bei einer hohen Produktionsleistung, ein. Das Effizienzziel verfolgt einen minimalen Aufwand in der Beschaffung und Nutzung von dem Anlauf zuordenbaren Ressourcen wie Mitarbeiter, Produktionsflächen oder Material.[475] Die beiden erstgenannten Wiederan-

[474] Vgl. Kapitel 3.2.3.3

[475] Vgl. Winkler et al. (Controlling System for Ramp-Up), 2007, S. 9

laufziele stehen in unmittelbarem Zusammenhang und Wirken auf das Effizienzziel ein.

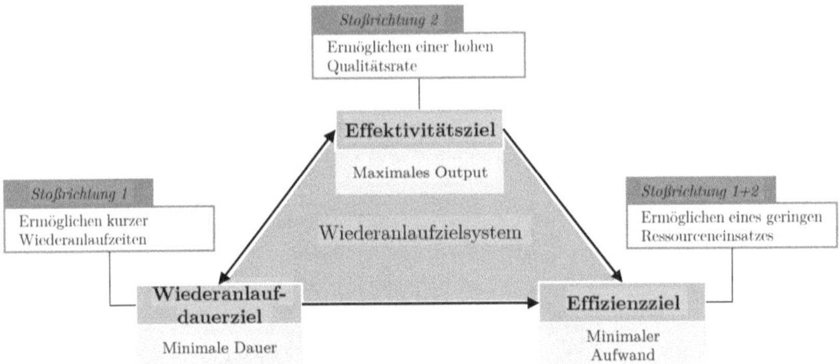

Abb. 5.21: Stoßrichtungen im adaptierten Zielsystem des Produktionswiederanlaufs

Wenn beispielsweise die Prozesszeit der Anlagen verkürzt oder durch eine gesteigerte Qualitätsrate der Ausschuss reduziert wird, so verbessert sich durch den verringerten Aufwand ebenfalls die Effizienz des Wiederanlaufs. Damit wird ein geringerer Ressourceneinsatz ermöglicht, ohne dass dies explizit adressiert wird. Das bedeutet für den Anwender, dass er mit den beiden analysierten Stoßrichtungen als Angriffspunkt das gesamte Zielsystem des Wiederanlaufs adressieren kann. Der erste optimierte Wiederanlaufvorgang unten links in Abbildung 5.20 kann demnach aus dem Vergleich des Ausgangszustands der Produktionsleistung und der verkleinerten, theoretisch entgangenen Produktion als Optimierung im Sinne der Wiederanlaufeffizienz eingeordnet werden. Zudem kann auch beim zweiten optimierten Wiederanlaufvorgang durch die Steigerung der Ausbeute eine verbesserte Effizienz des Wiederanlaufs erzielt werden, obwohl die Größe der theoretisch entgangenen Produktion unberührt bleibt. Somit wird durch die Kombination der beiden Stoßrichtungen Wiederanlaufzeit und Qualitätsrate eine Optimierung der Wiederanlaufeffizienz im Zielsystem für Produktionsanläufe erreicht.

Als Output der Phase IV werden, aus den Wiederanlaufkurven der Prozesse oder der verketteten Prozessabschnitte, Produktionsleistungsgraphen erstellt. Daraus werden die Ausschussmenge und die entgangene Produktion beim Wiederhochfahren abgelesen und das Zielsystem des Produktionswiederanlaufs mit zwei Stoßrichtungen aufgestellt. Der Produktionsleistungsgraph und die daraus hervorgehende entgangene Produktion sowie die Ausschussmenge zeigen dem Anwender den Optimierungsbedarf in den Prozessen. Die Stoßrichtungen zum Ermöglichen einer hohen Qualitätsrate und insbesondere zum Ermöglichen kurzer Wiederanlaufzeiten werden in der folgenden Phase V über Modellgleichungen weiter analysiert.

5.2.3 Analyse der physisch-mathematischen Modellierung

Nach der Analyse der Wirkzusammenhänge zwischen den lokalen und globalen Qualitätsmerkmale und den Prozessparametern besitzt der Anwender ein Grundverständnis über die Effekte in der Prozesskette. In Phase IV hat der Anwender durch das Aufstellen der Produktionsleistungsgraphen Kenntnis über den Ausschuss sowie das Produktivitätsverhalten der einzelnen Prozessschritte erhalten. In der Phase V wird, wie in der Übersicht in Abbildung 5.22 dargestellt, basierend auf der Kenntnis der beiden vorausgehenden Phasen eine Analyse der physisch-mathematischen Zusammenhänge durchgeführt.

Analyse der physisch-mathematischen Modellierung		
Modul der Methodik	Analysemodul	Phase V
Zielsetzung	Identifikation n-dimensionaler Zusammenhänge zwischen Prozessparametern und Qualitätsmerkmalen für die **Isolinenwanderung**	
Input	Vorgehen	Output
▪ Phase III.a – Qualitätsabhängigkeitsmatrix Q_x ▪ Phase III.b – Qualitätsabhängigkeitsmatrix Q_z ▪ Phase IV – Produktionsleistungsgraphen	▪ Aufstellen von Versuchsplänen ▪ Regression der Messdaten und Aufstellen von Qualitätskennfeldern ▪ Analyse von Qualitätskorridoren für die Isolinienwanderung ▪ Analyse des Einflusses auf die globalen Qualitätsmerkmale	▪ Kennfelder der lokalen Qualitätsmerkmale in Abhängigkeit von den Prozessparametern ▪ Funktionsverlauf der Hochlaufkurven der Qualitätsmerkmale ▪ Einflussvektor der globalen Qualitätsmerkmale
Hilfsmittel	Regressionsanalyse, logistisches Wachstum (S-Kurve), Wiederanlaufversuche	
Kernergebnis	**Qualitätskennfelder (Q-Graphen)**	

Abb. 5.22: Analyse der physisch-mathematischen Modellierung

Es soll überprüft werden, welche der analysierten Zusammenhänge mit dem Hilfsmittel der Regressionsanalyse und dem logistischen Wachstum (S-Kurve) in die Mathematik überführt und verallgemeinert werden können.[476] Aufbauend darauf wird in Phase V die Anwendung für weitere Dimensionen verallgemeinert und der Messaufwand minimal gehalten. Daraus resultiert die Zielsetzung der Identifikation von n-dimensionalen Zusammenhängen zwischen Prozessparametern und Qualitätsmerkmalen für eine in dieser Phase durchzuführende Isolinienwanderung. Der Input der Phase setzt sich aus den Qualitätsabhängigkeitsmatrizen Q_x und Q_z der Phase III.a bzw. III.b und den Produktionsleistungsgraphen der Phase IV zusammen. Das zusammengetragene Vorgehen in Abbildung 5.22 beginnt mit dem Aufstellen von Versuchsplänen für die Aufzeichnung von Messdaten in den als Hilfsmittel aufgeführten Wiederanlaufversuchen oder dem Abgleichen mit vorhandenen Messpunkten. Darauf folgt die Regression der Messdaten zu Funktionszusammenhängen und das Aufstellen von Qualitätskennfeldern. Daran wird die Analyse von Qualitätskorridoren für die Isolinienwanderung vorgenommen. Mittels der Zusammenhänge aus den Q-Matrizen wird der Einfluss auf die globalen Qualitätsmerkmale analysiert.

[476] Vgl. Westermeier (Analyse komplexer Prozessketten), 2016, für eine andere prozessbezogene empirische Analyse mittels Regressionanlyse in der Batterieproduktion S. 130–142

Als Output sollen die Kennfelder der lokalen Qualitätsmerkmale in Abhängigkeit von den Prozessparametern bereitgestellt und ein möglicher Qualitätskorridor, in dem sich die Prozessparameter bewegen können, ausgewiesen werden. Gleichzeitig werden die Wiederhochlaufkurven der Qualitätsmerkmale aus den Messdaten in einen Funktionsverlauf überführt, der als Referenz für das Gestaltungsmodul dient. Für den Einfluss auf die globalen Qualitätsmerkmale beinhaltet der Output einen Einflussvektor. Das Kernergebnis der Phase stellen allerdings die Qualitätskennfelder in den sogenannten Qualitätskennfeldgraphen (Q-Graph) dar.

Die Auswertung und Quantifizierung erfolgt mit der in Kapitel 3.2.4 beschriebenen Regressionsanalyse. Zur Durchführung muss der Anwender die Werte der Qualitätsmerkmale und der zugehörigen Prozessparameter jedes Prozessschritts kennen. Aufgrund individueller Prozessgegebenheiten sowie Produkteigenschaften muss dies vom Anwender für jeden Prozessschritt bzw. fest verketteten Verbund an Prozessschritten einzeln durchgeführt werden. Unter Berücksichtigung der in Phase IV festgelegten Stoßrichtungen Zeit und Qualität können anhand des in dieser Phase aufzustellenden Q-Graphen bereits in Phase VI Einstellungen für die Prozessparameter ermittelt werden, die eine Optimierung des Wiederhochlaufens bewirken.

Für die Analyse der mehrdimensionalen Zusammenhänge wird zunächst das Vorgehen der Phase V in fünf Schritte gegliedert. Dabei handelt es sich um das Aufstellen von Versuchsplänen sowie das Durchführen von Wiederanlaufversuchen, der Regressionsanalyse, der Isolinienwanderung im Q-Graphen und der Einflussanalyse der Prozessparameter auf die globalen Qualitätsmerkmale. Diese Schritte sind in Abbildung 5.23 in zwei Etappen eingeteilt.

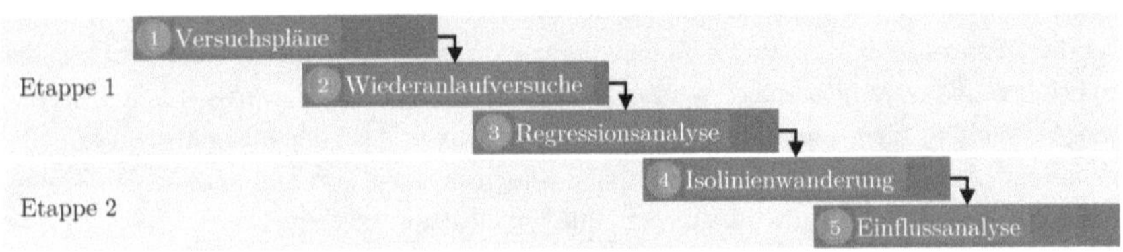

Abb. 5.23: Etappen der physisch-mathematischen Modellierung

In der ersten Etappe werden zunächst die funktionalen Zusammenhänge analysiert und in mathematische Funktionen überführt. Die zweite Etappe nutzt diese funktionalen Zusammenhänge für die Analyse der Parameterkonfigurationen. Die erste Etappe umfasst drei Schritte und beginnt mit dem Aufstellen von D-optimalen Versuchsplänen basierend auf den Informationen aus den Q_x-Matrizen. Darin enthalten sind die Zusammenhänge zwischen den Prozessparametern und lokalen Qualitätsmerkmalen.[477] Beim Aufstellen der Versuchspläne wird für den minimalen Aufwand das Hilfsmittel D-optimaler Versuchs-

[477] Vgl. Phase III.a

plan verwendet. Im nächsten Schritt werden die Messdaten in Versuchen aufgenommen, die im dritten Schritt eine Regressionanalyse durchlaufen. Aus der Regression resultieren Koeffizienten, mit denen das Qualitätskennfeld als Funktion im Q-Graphen aufgespannt wird. Die zweite Etappe verwendet die Q-Graphen und führt darin im vierten Schritt die Isolinienwanderung durch. Im letzten Schritt findet die Einflussanalyse statt. In der Bearbeitung der ersten Etappe müssen in allen drei Schritten aus Abbildung 5.24 Messdaten betrachtet werden.

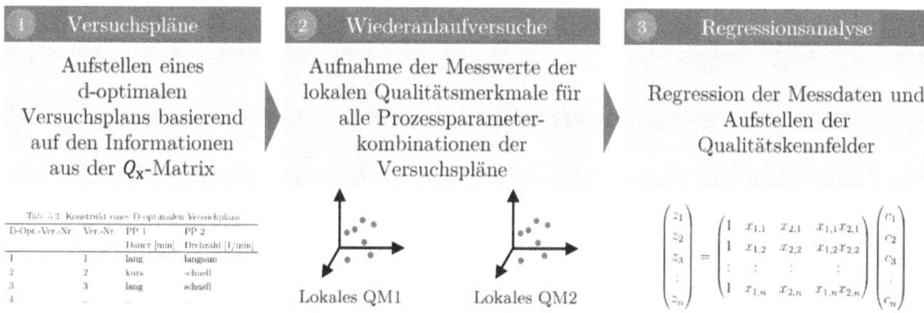

Abb. 5.24: Analyse des mathematischen Verhaltens

Die Messdaten können entweder aus vergangenen Produktionschargen bereitstehen oder der Anwender stellt im ersten Schritt einen Versuchsplan auf, um damit die nötigen Messdaten zu generieren. Dazu sind die Q_x-Matrizen der zu untersuchenden Qualitätsmerkmale heranzuziehen. Aus diesen lassen sich alle nötigen Zusammenhänge zwischen den Qualitätsmerkmalen und den Prozessparametern ablesen. Mit dem Wissen, zwischen welchen Qualitätsmerkmalen und welchen Prozessparametern ein Wirkzusammenhang herrscht, kann ein Versuchsplan für die Untersuchung der Wirkzusammenhänge aufgestellt werden.[478] In Phase V wird entsprechend Kapitel 3.2.5 ein Versuchsplan nach Tabelle 5.1 für die einzelnen lokalen Qualitätsmerkmale aufgestellt. Für eine effiziente Methodik soll der Versuchsplan ein D-optimaler Versuchsplan sein, um insbesondere die Aufwände für die Messdatenauswertung an der Linie gering zu halten und die Methodik somit zu beschleunigen. Dazu werden die Versuchsnummern in der ersten Spalte gelistet und die folgenden Spalten für das zu untersuchende lokale Qualitätsmerkmal und die beeinflussenden Prozessparameter der Anzahl k verwendet. Welche Versuchspunkte für die Prozessparameter zu wählen und anschließend zu messen sind, ergibt sich aus einem D-optimalen Versuchsplan, der nach dem Vorgehen in Kapitel 3.2.5 erstellt wird. In Tabelle 5.1 ist am Beispiel der Homogenität als lokales Qualitätsmerkmal ein vollfaktorieller Versuchsplan aufgebaut. Beim Aufstellen des Versuchsplans werden die Stufen vom Anwender mit konkreten Werten für die Faktoren befüllt, die hier beispielhaft für eine Dauer des Prozesses mit kurz,

[478] Weitere Beispiele zur Aufstellung von D-optimalen Versuchsplänen in der Batterieproduktion finden sich in Westermeier (Analyse komplexer Prozessketten), 2016, S. 133

mittel, lang bzw. eine Drehzahl des Werkzeugs mit langsam, mittel, schnell ausgefüllt sind.

Tab. 5.1: Konstrukt eines vollfaktoriellen Versuchsplans

Ver.-Nr.	QM Homogenität [%]	PP 1 Dauer [min]	PP 2 Drehzahl [1/min]	(PP k) ...
1	...	lang	langsam	
2	...	kurz	schnell	
3	...	lang	schnell	
4	...	mittel	langsam	
5	...	kurz	normal	
6	...	kurz	langsam	
7	...	mittel	normal	
8	...	mittel	schnell	
9	...	lang	normal	

Für die Erstellung des vollfaktoriellen Versuchsplans werden die im Prozess vorliegenden Qualitätsmerkmale in Spalten nebeneinander aufgelistet. Die erste Spalte mit den Versuchsnummern (Vers.-Nr.) dient der Zuordnung der Zeilen, wobei für den vollfaktoriellen Versuchsplan alle Prozessparameter mit ihren Einstellungsstufen kombiniert werden. Da sowohl für die Dauer drei Stufen (kurz, mittel, lang) als auch für die Drehzahl drei Stufen (langsam, normal, schnell) festgelegt werden, ergibt sich aus Gleichung 3.14, dass der vollfaktorielle Versuchsplan neun Versuchspunkte haben muss. Daraus kann der D-optimale Grundplan abgeleitet werden. Zur Erläuterung der Vorgehensweise wird auf die quadratischen Faktoren aus Kapitel 3.2.4, entsprechend der Einführung von Gleichung 3.16 in Kapitel 3.2.5 verzichtet. Der zu erstellende D-optimale Grundplan besitzt wegen den beispielhaft angeführten zwei Faktoren nach Gleichung 3.17 vier Versuchspunkte.

Tab. 5.2: Konstrukt eines D-optimalen Versuchsplans

D-Opt.-Ver.-Nr.	Ver.-Nr.	PP 1 Dauer [min]	PP 2 Drehzahl [1/min]
1	1	lang	langsam
2	2	kurz	schnell
3	3	lang	schnell
4	...	...	...

Im D-optimalen Grundplan in Tabelle 5.2 ist zunächst jeder Faktor allein auf höchster Stufe eingetragen, siehe Zeile eins mit Prozessparameter PP1 als lang sowie Zeile zwei mit Prozessparameter PP2 als schnell. Hinzu kommt in der dritten Zeile eine Kombination der Wechselwirkungen, bei der jeweils beide Faktoren auf höchster Stufe stehen, d. h. PP1 (lang) und PP2 (schnell). Dadurch sollen die Wechselwirkungen bestimmbar werden. Die vierte Zeile des D-optimalen Grundplans ist noch unbekannt und wird über die iterative Bestimmung der Determinanten der inversen Informationsmatrix bestimmt.[479] Der Versuchsaufwand ist im Vergleich zu einem vollfaktoriellen Versuchsplan mit zwei Faktoren und drei Stufen um fünf Versuchspunkte reduziert. Zur Verdeutlichung sind die Versuchsnummern des vollfaktoriellen Versuchsplans in der zweiten Spalte der Tabelle 5.2 mit aufgeführt. Es sollen nun die Determinanten für alle Zusatzzeilen bestimmt werden. Zuerst muss eine nicht im D-optimalen Grundplan vorhandene Zeile aus dem vollfaktoriellen Versuchsplan im D-optimalen Grundplan als vierte Zeile ergänzt werden. Im D-optimalen Grundplan sind bereits die Versuchspunkte eins, zwei und drei des vollfaktoriellen Versuchsplans enthalten. Daraus folgt, dass die Versuchspunkte vier, fünf, sechs, sieben, acht und neun als zusätzlicher Versuchspunkt in die letzte Zeile des D-optimalen Grundplans eingesetzt werden können. Aus der Versuchsplanmatrix ergibt sich die Determinante zu Gleichung 5.4. Es sei noch erwähnt, dass die Versuchsplanmatrix auf die quadratische Form gebracht werden muss, um berechnet werden zu können. Dazu wird in der letzten Spalte X_{D-opt} der erste quadratische Term aus Gleichung 3.16 ergänzt.[480]

$$X_{D-opt} = \begin{pmatrix} 1 & lang & langsam & (lang)^2 \\ 1 & kurz & schnell & (kurz)^2 \\ 1 & lang & schnell & (lang)^2 \\ 1 & ... & ... & (...)^2 \end{pmatrix} \tag{5.4}$$

$$X_{D-opt}^T = \begin{pmatrix} 1 & 1 & 1 & 1 \\ lang & kurz & lang & ... \\ langsam & schnell & schnell & ... \\ (lang)^2 & (kurz)^2 & (lang)^2 & (...)^2 \end{pmatrix} \tag{5.5}$$

Um den Versuchspunkt zu identifizieren, der den höchsten zusätzlichen Informationsgehalt in den D-optimalen Versuchsplan einbringt, werden die Versuchspunkte vier bis neun aus dem vollfaktoriellen Versuchsplan nacheinander als letzte Zeile in den D-optimalen Versuchsplan eingesetzt und die Determinanten der inversen Informationsmatrix nach Gleichung 5.6 mithilfe von Gleichung 5.4 und Gleichung 5.5 berechnet.[481]

$$det((X_{D-opt}^T X_{D-opt})^{-1}) \tag{5.6}$$

[479] Vgl. Kapitel 3.2.5
[480] Vgl. Kapitel 3.2.5.1
[481] Vgl. Kapitel 3.2.5

Durch den Vergleich der Zusatzzeilen hinsichtlich ihres Einflusses auf $det((X_{D-opt}^T X_{D-opt})^{-1})$ soll die Zeile aus dem vollfaktoriellen Versuchsplan als Zusatzzeile in den D-optimalen Versuchsplan Tabelle 5.2 aufgenommen werden, für den ihr Wert am kleinsten ist. Es ist noch zu erwähnen, dass in dem gezeigten D-optimalen Versuchsplan Tabelle 5.2 keine lokalen Qualitätsmerkmale eingetragen sind. Dies ist zum Erstellen des Versuchsplans nicht notwendig, da ausschließlich die Faktoren die Anzahl der Versuchspunkte bestimmen. Die Ergänzung des lokalen Qualitätsmerkmals erfolgt, nachdem alle Zeilen des D-optimalen Versuchsplans festgelegt wurden. Das Ergebnis des ersten Schritts ist ein D-optimaler Versuchsplan, der mit Messdaten gefüllt werden muss.

Im zweiten Schritt aus Abbildung 5.24 findet die Aufnahme der Messwerte der lokalen Qualitätsmerkmale aus den Versuchsplänen statt. Für jedes lokale Qualitätsmerkmal existiert nach Schritt eins ein eigener Versuchsplan, sodass mit den Messwerten im dritten Schritt ein eigener Q-Graph aufgebaut werden kann. Die Methodik folgt der Erläuterung anhand eines lokalen Qualitätsmerkmals, das von zwei Prozessparametern, also von Prozessparameter eins und Prozessparameter zwei abhängt. Das Beispiel orientiert sich am Prozessschritt Mischen:

- Qualitätsmerkmal eins (QM1): Homogenität des Slurries [%],
- Prozessparameter eins (PP1): Dauer des Mischvorgangs $[min]$,
- Prozessparameter zwei (PP2): Drehzahl des Mischwerkzeugs $[\frac{1}{min}]$.

Die dreidimensionale Verteilung der resultierenden Messwerte ist in Abbildung 5.25 für acht D-optimale Versuchspunkte skizziert.

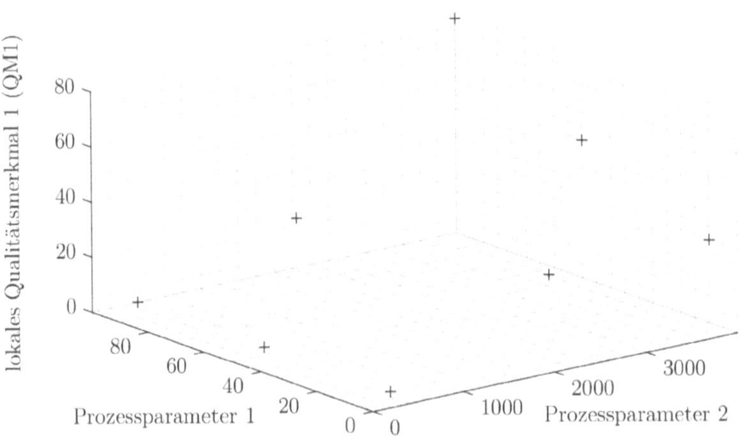

Abb. 5.25: Messpunkte als Basis für die Q-Graphen

Das sind effektiv vier Versuchspunkte mehr als der minimale Versuchsplan vorschreibt, sodass in diesem Beispiel entsprechend Kapitel 3.2.5 auch quadratische Wirkungen berücksichtigt werden. In der dreidimensionalen Darstellung einer Versuchsreihe werden die zwei Prozessparameter entsprechend des D-optimalen Versuchsplans variiert und die sich darauf einstellenden Werte des lokalen Qualitätsmerkmals erfasst. Dabei muss in der Linie für das ausgewählte lokale Qualitätsmerkmal der entsprechende Prozessschritt betrachtet werden, die Prozessparameter eingestellt und das resultierende Messergebnis des lokalen Qualitätsmerkmals in den D-optimalen Versuchsplan eingetragen werden. Dieses Vorgehen ist für jedes zu betrachtende Qualitätsmerkmal durchzuführen. Damit wird eine ausreichende Anzahl an Versuchen durchgeführt, um eine valide Aussage über die Wirkzusammenhänge zwischen den Prozessparametern und dem betrachteten Qualitätsmerkmal zu erhalten. Für das Vorgehen in der Methodik ändert eine höhere Anzahl an Dimensionen operativ nichts, jedoch muss der Anwender berücksichtigen, dass sich der Rechenaufwand mit jeder weiteren betrachteten Dimension erhöht. Das Ziel des zweiten Schritts aus Abbildung 5.24 ist die diskrete Darstellung der Versuchspunkte in einem n-dimensionalen oder, wie hier aus Darstellungsgründen in Abbildung 5.25, einem dreidimensionalen Graphen. Mit diesem Ergebnis können diese Versuchspunkte im dritten Schritt mittels einer Funktionsbeschreibung im selben Graphen dargestellt werden, sodass man den Q-Graph erhält. Das Zwischenergebnis ist als Versuchspunktewolke der Werte des lokalen Qualitätsmerkmals über den beiden Prozessparametern in Abbildung 5.25 ersichtlich.

Im dritten Schritt aus Abbildung 5.24 findet die eigentliche Aufstellung der Q-Graphen als Funktion unter Anwendung des Hilfsmittels Regressionsanalyse nach Kapitel 3.2.4 statt. Unter Verwendung der Versuchspunkte aus dem zweiten Schritt können damit die Regressionskoeffizienten errechnet werden. Das Ziel ist eine kontinuierliche Funktion zu erhalten, die das Verhalten zwischen den diskreten Messergebnissen interpoliert und damit die Aussagekraft des Graphen erhöht. Die sich ergebende Funktion des Qualitätsmerkmals wird in Abhängigkeit von mindestens zwei Prozessparametern in einem n-dimensionalen Diagramm aufgetragen. Die Anzahl der Dimensionen des Diagramms ergibt sich aus der Summe aller Prozessparameter plus eins für das resultierende Qualitätsmerkmal. Für den exemplarisch betrachteten Zusammenhang zwischen dem Qualitätsmerkmal QM1 und dem Prozessparameter PP1 bzw. Prozessparameter PP2 wird der Verlauf in Abbildung 5.26 im oberen Teil der Abbildung dargestellt. Darunterliegend findet sich ein analoges Beispiel für ein zweites Qualitätsmerkmal, das von Prozessparameter drei bzw. Prozessparameter vier abhängt. Dabei kann es sich entsprechend der Beträge der Werte auf den Achsen beispielsweise um den Prozessschritt Beschichten handeln:

- Qualitätsmerkmal zwei (QM2): Schichtdicke $[um]$,
- Prozessparameter drei (PP3): Pumpendrehzahl der Förderpumpe des Slurry $[\frac{1}{min}]$,
- Prozessparameter vier (PP4): Bahngeschwindigkeit $[\frac{m}{min}]$.

Das Qualitätsmerkmal auf der vertikalen Achse kann die Schichtdicke in Mikrometer in Abhängigkeit von den Prozessparameter Pumpendrehzahl der Förderpumpe des Slurry in Umdrehungen pro Minute und der Bahngeschwindigkeit in Meter pro Minute auf den horizontalen Achsen darstellen. Es soll zunächst die Analyse anhand des oberen Graphen beschrieben werden. Der Q-Graph ist aus Gründen der Handhabbarkeit zur Erklärung nur dreidimensional ausgeführt, methodisch gesehen kann dieser jedoch bis zu n-Dimensionen und somit Abhängigkeiten von n−1 Prozessparametern besitzen.

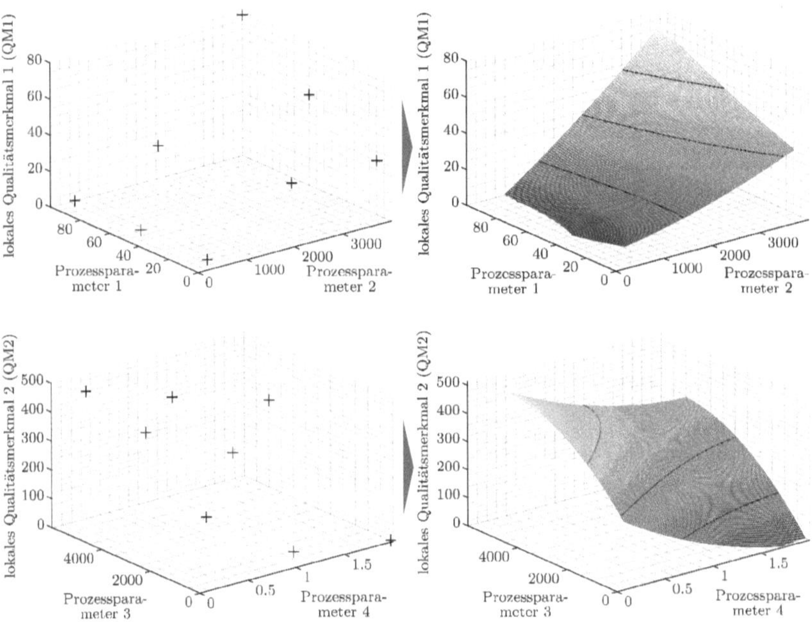

Abb. 5.26: Dreidimensionaler Qualitätsabhängigkeitsgraph

Zur Erstellung des Graphen kann das Programm MATLAB verwendet werden, das für die folgende Optimierung in den Phasen VI und VII geeignet ist. Im Q-Graphen ist das betrachtete lokale Qualitätsmerkmal QM1 auf der vertikalen Achse eingetragen. Das kann entweder als absoluter Wert oder als Erfüllungsgrad in Prozent erfolgen. Entsprechend der Anzahl an lokalen Qualitätsmerkmalen pro Prozessschritt werden mehrere Q-Graphen erstellt und analog zu dem in diesem Kapitel beschriebenen Vorgehen aufgebaut. Für die Analyse des mathematischen Zusammenhangs dient die Messpunkteverteilung der einzelnen Qualitätsmerkmale, hier des QM1 aus Abbildung 5.25, als Eingangsgrößen der Regressionsanalyse, woraus sich die Faktoren für die Regressionsterme ergeben. Mit den Koeffizienten kann anschließend eine Funktion formuliert werden, die den Q-Graphen des lokalen Qualitätsmerkmals mit einer stetigen Funktion in Abhängigkeit von den Prozessparametern beschreibt. Dies erfordert einen Regressionsansatz, der alle Messpunkte z_i entsprechend des Versuchsplans enthält und neben den linearen Hauptwirkungen zumindest die Wechselwirkung als quadratischen Term beinhaltet.[482] Gleichung 5.7 beschreibt zunächst den Zusammenhang eines Messpunkts z_i. Für alle n Messwerte eines Versuchsplans lassen sich die Einzelgleichungen in Gleichung 5.8 zusammenfassen, die sich wiederum in Gleichung 5.9 in Vektorschreibweise darstellen lässt.

$$z_i = c_{0,i} + c_{1,i}x_{1,i} + c_{2,i}x_{2,i} + c_{3,i}x_{1,i}x_{2,i} + e_i; (i \in n) \tag{5.7}$$

$$\begin{pmatrix} z_1 \\ z_2 \\ z_3 \\ \vdots \\ z_n \end{pmatrix} = \begin{pmatrix} 1 & x_{1,1} & x_{2,1} & x_{1,1}x_{2,1} \\ 1 & x_{1,2} & x_{2,2} & x_{1,2}x_{2,2} \\ \vdots & \vdots & \vdots & \vdots \\ 1 & x_{1,n} & x_{2,n} & x_{1,n}x_{2,n} \end{pmatrix} \begin{pmatrix} c_1 \\ c_2 \\ c_3 \\ \vdots \\ c_n \end{pmatrix} \tag{5.8}$$

$$\overrightarrow{z} = X\overrightarrow{c} \tag{5.9}$$

i Index des Messwerts
n Anzahl Messwerte

Für die Bestimmung der Koeffizienten c_i muss Gleichung 5.9 nach $\overrightarrow{c}$ aufgelöst werden, um mittels der aufgezeichneten Messdaten die Koeffizienten nach Gleichung 5.10 zu bestimmen.[483]

$$\overrightarrow{c} = (X^T X)^{-1} X^T \overrightarrow{z} \tag{5.10}$$

Um zu beurteilen, wie gut die gefundenen Koeffizienten in Gleichung 5.10 ein Beschreibungsmodell der Wirkzusammenhänge darstellen, soll die Regressionsanalyse bewertet werden.[484] Bei voller Übereinstimmung beträgt das Bestimmtheitsmaß in Gleichung 5.11 eins. Neben dem Bestimmtheitsmaß wird das korrigierte Bestimmtheitsmaß in Gleichung 5.12 berechnet, um zu prüfen, ob die Bestimmtheitsmaße nahe beieinander liegen. Wenn dem so ist, lässt das darauf schließen, dass es keine unnötigen Faktoren, d. h. Prozessparameter, im Beschreibungsmodell gibt.[485]

$$R^2 = 1 - \frac{\sum_{i=1}^{n}(z_i - \hat{z}_i)^2}{\sum_{i=1}^{n}(z_i - \bar{z}_i)^2} \tag{5.11}$$

[482] Vgl. Regressionansatz in Kapitel 3.2.4 und für die Versuchsplanerstellung Kapitel 3.2.5
[483] Herleitung der Umformung findet sich in Kapitel 3.2.4
[484] Herleitung der Bestimmtheitsmaße finden sich in Kapitel 3.2.4
[485] Vgl. Kapitel 3.2.5

$$R^2_{korr} = 1 - (1 - R^2) * \frac{(n-1)}{(n-k)} \tag{5.12}$$

k Anzahl Koeffizienten
n Anzahl Messpunkte
$\hat{z}_i$ Wert des Messpunkts i
$\bar{z}_i$ Mittelwert über alle Messwerte

Die Bedeutungswerte werden in einer Matrix abgespeichert und dienen dem Anwender zum besseren Prozessverständnis. Für die beiden Beispiele aus Abbildung 5.26 ergibt sich für das obere Qualitätsmerkmal QM1, dass das Modell ein Bestimmtheitsmaß von 0.92 und korrigiert von 0,72 besitzt. Für das untere Qualitätsmerkmal QM2 besitzt das Modell dagegen ein noch besseres Bestimmtheitsmaß von 0,99 und korrigiert von 0,97. Wie bereits erwähnt, ist das Ergebnis der Regressionanalyse ein Q-Graph. Die eingezeichneten Funktionen in den beiden Q-Graphen des Qualitätsmerkmals QM1 und QM2 rechts in Abbildung 5.26 stellen die einstellbaren Konfigurationen des Prozessschritts bzw. des Prozessabschnitts für das Erreichen des entsprechenden Werts oder Erfüllungsgrads des Qualitätsmerkmals dar. Die Q-Graphen sind somit der Lösungsraum für die in Phase VI und VII verfolgte Optimierung. Mit den gewonnenen Funktionen der Q-Graphen, die als Modellgleichung bezeichnet werden, können Vorhersagen über das Verhalten der Beziehungen zwischen den Prozess- und Qualitätsparametern getroffen werden. Dabei ist zu erwähnen, dass nicht jede Kombination sinnvoll sein muss, denn beispielsweise ist ein Grenzwert wie null Umdrehungen pro Minute für eine Slurry-Förderpumpe praktisch nicht sinnvoll, auch wenn diese aus der Modellgleichung des Q-Graphen theoretisch wählbar ist. Dies gilt es im Einzelfall immer zu prüfen.

An dieser Stelle soll kurz diskutiert werden, wie ein n-dimensionaler Graph aufgebaut wäre und die darin dargestellten Konfigurationen abgeleitet würden. Die Abhängigkeit eines Qualitätsparameters von mehr als zwei Prozessparametern lässt sich nur bedingt visualisieren. Man könnte theoretisch für jede weitere Dimension einen Farbcode verwenden. Dazu würde jede weitere Dimension eine Farbe zugeordnet bekommen und mit der entsprechenden Farbintensität könnte der Wertebereich dargestellt werden. Eine solche graphische Detaillierung soll hier aufgrund der begrenzten Darstellbarkeit, und um die formale Anforderung der Nachvollziehbarkeit weiterhin einzuhalten, ausgelassen werden. Stattdessen werden die weiteren Dimensionen mathematisch über die Modellmatrix berücksichtigt.[486] Im ersten Moment kann der n-dimensionale Gedanke als Einschränkung gesehen werden. Umso mehr Dimensionen der Q-Graph besitzt, d. h. mehr Abhängigkeiten des Qualitätsmerkmals von Prozessparametern existieren, desto eingeschränkter ist die Wahl sinnvoller und für alle Parameter passende Konfigurationen. Wenn man das Zielsystem dieser Methodik berücksichtigt und die beiden Stoßrichtungen Zeit und Qualität betrachtet, können gewisse Prozessparameter, die andere Effekte als diejenigen der

[486] Vgl. Kapitel 3.2.4

Stoßrichtungen im Produktionssystem hervorrufen, vernachlässigt werden, sodass sich der Lösungsraum wieder vergrößert. Dieser Gedanke wird bei der Wahl der optimalen Parameterkonfiguration in den Phase VI und VII in Kapitel 5.3 erneut aufgegriffen. Darüber hinaus wird im Anschluss an den folgenden Absatz nach der Einführung der Qualitätskorridore auch deren Erweiterung und somit Vergrößerung des Lösungsraums diskutiert.

Für das weitere Vorgehen der Phase V werden die zwei Schritte **Isolinienwanderung** und Einflussanalyse durchlaufen. Abbildung 5.27 kann entnommen werden, dass im vierten Schritt Qualitätskorridore aufgestellt werden und die Isolinienwanderung durchgeführt wird. In Verbindung mit der Isolinienwanderung wird das Hochlaufverhalten der Qualitätsmerkmale mittels der im Folgenden erläuterten S-Kurven-Integration analysiert. Im fünften Schritt wird der Einfluss der gewählten Prozessparameter auf die globalen Qualitätsmerkmale analysiert.

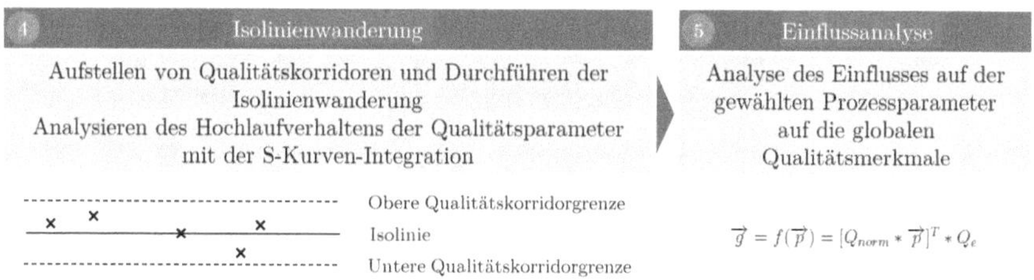

Abb. 5.27: Isolinienwanderung und Einflussanalyse

Der Qualitätskorridor ist ein individueller Wertebereich eines Qualitätsmerkmals innerhalb des Q-Graphen. Für die Einführung des Qualitätskorridors müssen zunächst die sogenannten Isolinien betrachtet werden. Die Präfix *iso* steht für *gleich* und soll die Konstanz der Qualität und somit des Qualitätsmerkmals beschreiben. Die Prämisse ist, dass der Anwender diese Isolinien entlang wandern kann und dabei das jeweilige Qualitätsmerkmal unverändert bleibt. Die Prozessparameter zur Steuerung des jeweiligen Qualitätsmerkmals werden variabel geführt. Deren Änderung darf nur in gegenseitiger Abhängigkeit erfolgen, sodass ein betrachtetes Qualitätsmerkmal konstant bleibt. In Bezug auf den Q-Graphen bedeutet dies, dass sich alle Prozessparameter immer so verändern müssen, dass der Wert auf der Achse des Qualitätsmerkmals konstant bleibt. Im dreidimensionalen Raum ist das eine Ebene, welche die Funktion des Qualitätsmerkmals in einer oder mehreren sogenannten Isolinien schneidet. Im n-dimensionalen Graphen gibt es keine Linie durch den Schnitt einer Ebene, sondern es gibt vereinzelte Punkte, welche die Bedingung des konstanten Qualitätsmerkmals erfüllen. Die Punkte des konstanten Qualitätsmerkmals können auch in verschiedenen Regionen des Graphen gesammelt vorliegen. Im Folgenden soll der Qualitätskorridor am dreidimensionale Beispiel aus Abbildung 5.26 analysiert werden. Hält man die Spezifikation des Qualitätsmerkmals fest, so ergibt sich je nach Wert des Qualitätsmerkmals eine Ebene, die sich in einer oder mehreren möglichen Linien mit dem

Q-Graphen der Qualitätsmerkmale QM1 und analog QM2 aus Abbildung 5.26 schneidet. In Abbildung 5.26 sind im Graphen oben rechts die drei Größen 14, 33 und 52 als beispielhafte Werte für die Homogenität des Slurries als Qualitätsmerkmal QM1 als Isolinien eingezeichnet.[487] Der darunterliegende zusätzlich betrachtete Graph besitzt ebenso drei Isolinien des Qualitätsmerkmals QM2 mit beispielhaften Werten für die Beschichtungsdicke bei 383, 251 und 120 Mikrometern. Für die Analyse der Isolinienwanderung soll zunächst weiterhin der Q-Graph im oberen Teil von Abbildung 5.26 betrachtet werden. Eine für die Isolinienwanderung angepasste Darstellung des Graphen in der Draufsicht ergibt das zweidimensionale Bild in Abbildung 5.28.

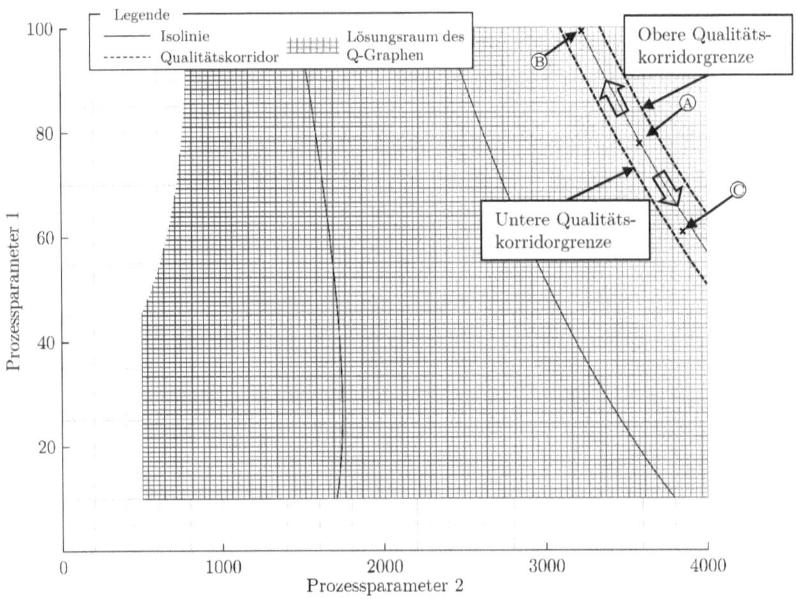

Abb. 5.28: Qualitätskorridor einer Isolinie

Die drei in Abbildung 5.26 dargestellten Isolinien besitzen die Größen des Qualitätsmerkmals QM1. Von links nach rechts sind das für die Homogenität 14, 33 und 52 %. Für die Durchführung der Isolinienwanderung wird immer diejenige Isolinie gewählt die den höchsten Erfüllungsgrad des Qualitätsmerkmals besitzt, in diesem beispielhaften Fall also 52 %. Dabei ist zu erwähnen, dass es im Hinblick auf Abbildung 5.26 weitere als die drei eingezeichneten Isolinien gibt. Aufgrund des betrachteten Wertebereichs werden Isolinien größerer QM1-Werte immer kürzer. Man beginnt stets bei der Isolinie mit dem größten Er-

[487] Homogenitäten des Slurries beschreibt die vollständige Vernetzung zwischen den Partikeln und sollte im Betrieb weit über 50 % liegen, wofür eine längere Mischdauer notwendig ist.

füllungsgrad des Qualitätsmerkmals QM1, analysiert den Qualitätskorridor und setzt das Vorgehen mit einem niedrigeren QM1-Wert fort. Eine programmatische Vorgehensweise findet sich im folgenden Gestaltungsmodul in Kapitel 5.3. Das Analysevorgehen soll an der Isolinie beim Wert 52 % exemplarisch erläutert werden, die in Abbildung 5.28 rechts oben ersichtlich ist. Es handelt sich um eine Isolinienwanderung, wenn der Anwender den Punkt A in eine andere Positionen auf der Isolinie verschiebt. In diesem Beispiel kann der Anwender den Punkt A auf den Punkt B schieben, d. h. der Punkt A wandert auf der Isolinie zu Punkt B. Darüber hinaus kann der mögliche Korridor, in dem sich die Prozessparameter PP1 und PP2 verändern dürfen, um die Isolinie herum erweitert werden. Man spricht in diesem Fall vom sogenannten Qualitätskorridor. Dieser wird durch die vom Anwender zugelassene Varianz des Qualitätsmerkmals bestimmt. Lässt der Anwender beispielsweise eine 5 %ige Abweichung vom Zielwert des Qualiatätsmerkmals QM1 zu, so ergibt sich der in Abbildung 5.28 gestrichelt dargestellte Qualitätskorridor. Damit wird die Wahl des Punkts C ebenso möglich. Prinzipiell muss derjenige Punkt gewählt werden, der auf den Wiederanlauf beschleunigend wirkt. In dieser Darstellung gehen wir weiterhin vom Mischprozess aus, sodass der Prozessparameter PP1 die Mischdauer darstellt, die sich gegensätzlich zur Wiederanlaufzeit verhält. Das Qualitätsmerkmal QM1 ist in diesem Beispiel die Homogenität und muss für die Vernetzung zwischen den Partikeln sowie eine konstante Viskosität des Slurries möglichst hoch sein. Die Drehzahl des Mischerwerkzeugs nimmt keinen direkten Einfluss auf die Wiederanlaufzeit, sodass aufgrund einer kurzen Mischdauer der Punkt C ausgewählt wird.[488]

Für die physisch-mathematische Modellierung soll nun erläutert werden, wie die Isolinienwanderung in einem mathematischen Ausdruck darstellbar ist. Dazu muss die Gleichung 5.7 herangezogen werden. Da es sich um einen Messwert des ersten Qualitätsmerkmals QM1 handelt, kann $i = 1$ gesetzt werden. Somit steht z_1 für den Wert, der konstant gehalten werden soll. Die Variable $x_{1,1}$ steht für den Prozessparameter PP1, der zu minimierenden Größe der Mischdauer. Dagegen ist die Variable $x_{2,1}$, der Prozessparameter PP2, in Abhängigkeit von der Gleichung 5.7 flexibel und ergibt sich aus dem Gleichungszusammenhang. Um alle Werte für $x_{2,1}$ einer Isolinie bei einer Optimierung des Prozessparameters $x_{1,1}$ zu erhalten, muss Gleichung 5.7 zu Gleichung 5.13 umgeformt werden. Dabei wird der Fehlerterm e_1 vernachlässigt und zu null gesetzt.

$$x_{2,1} = \frac{z_1 - c_{0,1} - c_{1,1}x_{1,1}}{c_{2,1} + c_{3,1}x_{1,1}} \tag{5.13}$$

Mit Gleichung 5.13 können somit für jede Wahl von $x_{1,1}$ bei einem fixierten z_1 alle zugehörigen $x_{2,1}$ systematisch bestimmt werden. Ergänzend ist zu erwähnen, dass es Prozessparameter gibt, die mehrere Qualitätsmerkmale beeinflussen. Dabei müssen aus den einzelnen Q-Graphen und Qualitätskorridoren potenziell mögliche Wertebereiche für die

[488] Vgl. Netzgraph Mischen in Anhang A.1 in Abbildung A.1

Prozessparameter ausgelesen und zusätzlich miteinander verglichen werden. Abschließend wird festgestellt, dass die Lösung unabhängig davon ist, wie viele beeinflussende Prozessparameter es für ein Qualitätsmerkmal gibt. In Fällen vieler Abhängigkeiten muss der Anwender den Lösungsraum innerhalb eines Qualitätskorridors durch eine Qualitätstoleranz erweitern. Für das vollständige Durchlaufen der Phase V muss der Anwender für jeden Prozessschritt bzw. fest verketteten Prozessabschnitt alle Q-Graphen, d. h. für jedes auftretende lokale Qualitätsmerkmal, einen n-dimensionalen Graphen erstellen. Diese Graphen dienen dem Gestaltungsmodul Kapitel 5.3 als grundlegende Eingangsgröße. Die Optimierung basierend auf der Isolinienwanderung wird im Gestaltungsmodul in der folgenden Phase VI detailliert. Mit deren Ergebnis soll die Wiederanlaufkurve messbar beschleunigt werden. Dazu soll im Rahmen der physisch-mathematischen Modellierung dieser Phase die Wiederanlaufkurve in einen Funktionsverlauf überführt werden. In der in Kapitel 5.2.2 dargestellten Phase IV wird bereits das Wiederanlaufverhalten der einzelnen Prozessschritte analysiert, das in dieser Phase physisch-mathematisch modelliert wird. Wie in den Grundlagen in Kapitel 3.2.3.2 hergeleitet werden die S-Kurven für den Hochlauf von Stellgrößen verwendet. Die S-Kurvenfunktion soll den Wiederhochlauf eines Qualitätsmerkmals beschreiben. In Gleichung 5.14 ist die Wiederhochlauffunktion $y(x, x_t, y_t, y_0)$ aufgeführt.

$$y(x, x_t, y_t, y_0) = \frac{1}{1 + e^{\frac{x}{0,5x_t} ln(\frac{1}{y_t} - 1) + ln(\frac{1}{y_0} - 1)}} \tag{5.14}$$

x Laufvariable
x_t Wiederhochlaufdauer des Qualitätsmerkmals von $y = (1 - y_t)$ bis $y = y_t$
y_t Zielwert des Qualitätsmerkmals (Produktivitätsziel)
y_0 Startwert des Qualitätsmerkmals (Startproduktivität)

Darin ist x die Laufvariable und steht für die Zeit nach dem Wiedereinschalten des Prozesses, sofern keine Wartezeit zu berücksichtigen ist. Die Größe y_t steht für den Wert, an dem das Qualitätsmerkmal seine Zielgröße erreicht hat, die zum Produktivitätsziel des Prozesses führt und maximal einen Wert von 0,99 Periode neun erreichen kann. Um die Wiederanlaufzeit des Qualitätsmerkmals zu erhalten, muss die Wiederhochlaufzeit des Qualitätsmerkmals aus der Variable x_t zusammen mit der Dauer des Hochlaufs der Hochlaufkurve von null bzw. y_0 bis zum Punkt $(1 - y_t)$ berücksichtigt werden.[489] Die Variablen x_t und y_t sind für die Hochlaufdauer die maßgebenden Größen und dienen zum einen der Darstellung und Modellierung des ursprünglichen und zum anderen des optimierten Wiederanlaufverhaltens. Damit lässt sich in den folgenden Phasen die Effektivität der Aufwände dieser Methodik beurteilen. Darüber hinaus bietet die Variable y_0 die Möglichkeit, den Startwert des Qualitätsmerkmals zu erhöhen, sofern dieses nicht im Ausgangszustand

[489] Vgl. Herleitung in Kapitel 3.2.3.2

starten soll. Für die Betrachtung des vollständigen Wiederanlaufs sollte eine Startwertabweichung vermieden werden. Aus mathematischen Restriktionen darf der Wert allerdings nicht null sein, weshalb der Anwender diesen fest auf einen Wert nahe null, beispielsweise 0,01, setzen sollte. Grundsätzlich wird der Einsatz der S-Kurven auf diese Weise zur Wiederanlaufbeschreibung von Qualitätsmerkmalen im Gestaltungsmodul verwendet, zum einen für den Vergleich zweier Parameterpaare (x_t, y_t) vor und nach der Optimierung, zum anderen zur prozessübergreifenden Kopplung von Wiederhochlaufzeiten, um eine Gesamtaussage für die Prozesskette treffen zu können. Der Kurvenverlauf der eben eingeführten Gleichung 5.14 ist in Abbildung 5.29 exemplarisch für das Qualitätsmerkmal QM1 in zwei unterschiedlichen Wiederhochlaufszenarien über der Zeit dargestellt.

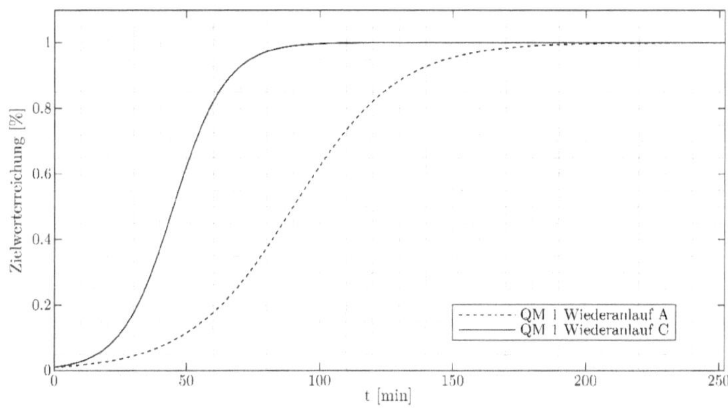

Abb. 5.29: Zwei Wiederhochlaufszenarien eines Qualitätsmerkmals

Dabei wurde in beiden Wiederanlaufkurven der Startwert y_0 auf 1 % gesetzt und der Zielwert y_t auf 99 %. Die schraffierte Linie stellt das Hochlaufszenario in der Prozessparameterkonfiguration A dar, das nach 180 min seinen Zielwert von 99 % erreicht. Hingehen erreicht die Kurve der zweiten Prozessparameterkonfiguration C bereits nach 90 min den Zielwert 99 %. Dies lässt sich anhand des Q-Graphen begründen, da in diesem Beispiel eine kürzere Mischdauer durch eine höhere Drehzahl zur gleichen Homogenität führt. Die Konfiguration in Punkt C lässt sich über die Isolinienwanderung innerhalb des Qualitätskorridors in Abbildung 5.28 erreichen. Es wird die Konfiguration C als Parametrisierung für den Wiederanlauf gewählt, weil diese zu einem schnellen Wiederanlauf des Qualitätsmerkmals QM1 führt. Mit der Wahl der Konfiguration C in Abbildung 5.29 wird die Stroßrichtung eins, die Wiederhochlaufzeit, adressiert.

Die Stoßrichtung zwei in Form einer alleinigen Qualitätssteigerung würde einen veränderten Kurvenverlauf bei gleichbleibender Wiederhochlaufzeit, jedoch früher ansteigendem Zielwert beinhalten. Weil der Schwerpunkt auf Stoßrichtung eins liegen soll, ist die weitere Darstellung von Stoßrichtung zwei hier nicht detailliert. Allerdings wird die Qualitätssteigerung der Produktion auch bei der Zeitoptimierung indirekt verbessert, weil das Qualitätsmerkmal früher Zustände nahe dem Zielwert erreicht. Für die Erläuterung des beschleunigten Wiederanlaufs C soll das Beispiel aus den Q-Graphen wieder aufgegriffen werden. Dazu sind in Abbildung 5.30 auf der linken Seite die beiden dem verketteten Prozessverbund zugehörigen Q-Graphen der Qualitätsmerkmale QM1 und QM2 dargestellt. Auf der rechten Seite der Abbildung 5.30 sind die resultierenden S-Kurven-Graphen abgebildet, die aus den Q-Graphen nach der Isolinienwanderung hervorgehen.

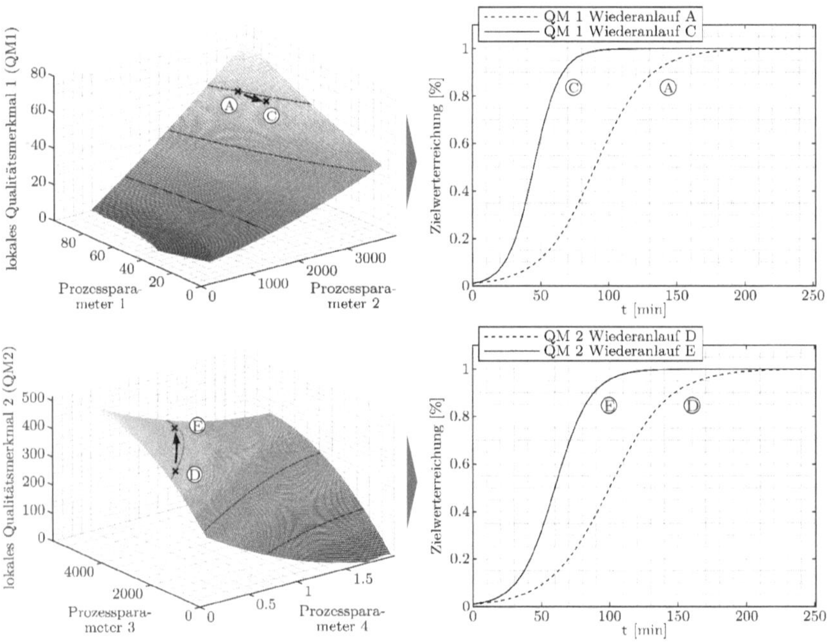

Abb. 5.30: Optimierte Qualitätsmerkmale mit Wiederhochlaufkurven

Im oberen Q-Graphen sind zwei Punkte A und C eingezeichnet. Der Anwender sollte sich in diesem Q-Graphen also für den Punkt C und die zugehörigen Prozessparameterwerte der anderen Achsen entscheiden. Für die Konfiguration im Punkt A sollte der Anwender die Zeit, die das Qualitätsmerkmal QM1 benötigt, bis es seinen Zielwert erreicht bereits kennen oder aufgezeichnet haben. Die Konfiguration im Punkt C besitzt einen kürze Mischdauer, also einen kleineren Wert für den zeitabhängigen Prozessparameter PP1, wodurch der Qualitätsparameter QM1 schneller seinen Zielwert erreicht und die resultierende S-Kurve steiler verläuft. Dies dient der Herleitung der beiden Wiederhochlaufszenarien in Abbildung 5.29.

Der zweite Qualitätsparameter QM2 des Prozessverbunds ist für die gesamtheitliche Optimierung mit zu berücksichtigen und wird im Folgenden analysiert. In Abbildung 5.30 ist unten links der Q-Graph des Qualitätsmerkmals QM2 mit den Punkten D und E abgebildet. Beide Punkte sind im Hinblick auf die drei eingezeichneten Isolinien auf der obersten verortet, die im Vergleich zu den anderen einen hohe Wert für das Qualitätsmerkmal QM2 besitzt. Das Beispiel zeigt den Beschichtungsprozess, wobei Prozessparameter PP4 die Bahngeschwindigkeit in Metern pro Minute wiedergibt. In diesem Graph ist zwei Meter pro Minute die maximal mögliche Bahngeschwindigkeit, damit würde der Prozessschritt am schnellsten wiederanfahren. Das Qualitätsmerkmal QM2 stellt in diesem Fall die Beschichtungsdicke in Mikrometern dar, die wegen der gewünschten Kapazität der produzierten Elektrode konstant bleiben muss. Der Prozessparameter PP3, die Pumpendrehzahl der Zahnradpumpe zur Slurryförderung, nimmt keinen direkten Einfluss auf die Wiederanlaufzeit. Mit diesen Informationen fällt also die Wahl auf den Punkt E, weil die Zielwerterreichung für das Qualitätsmerkmal Beschichtungsdicke darin durch die höhere Bahngeschwindigkeit schneller erreicht wird als im Punkt D. Dieses Verhalten wird im S-Kurven-Graphen in Abbildung 5.30 unten rechts ersichtlich, wo die S-Kurven der Konfigurationen in den Punkten D und E dargestellt sind. Die Prozessparameterkonfiguration im Punkt D resultiert in der schraffierten Wiederanlaufkurve des Qualitätsmerkmals QM2 und die des Punkts E in der durchgezogenen Linie. Beide Parameterkonfigurationen werden zum gleichen Zeitpunkt eingestellt, jedoch erreicht Parameterkonfiguration D nach 200 min und Parameterkonfiguration E nach 120 min 99 % des Zielwerts, d. h. die gewünschte Schichtdicke. Aus diesem Grund wird die Konfiguration im Punkt E für das Qualitätsmerkmal QM2 ausgewählt.

Da die Qualitätsmerkmale QM1 und QM2 zum selben Prozessabschnitt gehören, kann die Zielwerterreichung nicht isoliert betrachtet werden. Das setzt voraus, dass die beiden Qualitätsmerkmale QM1 und QM2, deren Prozesschritt, mit ihrer Wiederhochlaufzeit dominieren. Das bedeutet, es gibt im jeweiligen Prozess kein Qualitätsmerkmal, das sich langsamer einstellt. In Bezug auf den Gesamtkurvenverlauf ist es wichtig zu erwähnen, dass die Parameterkonfigurationen im Produktionsprozess gleichzeitig eingestellt, d. h. die Prozessschritte eingeschaltet werden. Eine Annahme für das Qualitätsmerkmal QM1 ist dabei, dass die Slurry-Zufuhr kontinuierlich ist, oder sofern sie batchweise erfolgt, während der erste Batch verwendet wird, ein zweiter gemischt wird. Im Fall des Wiederanlaufs kann somit ein Universalbatch oder Restmaterial der vorherigen Charge für das unmittelbare Anfahren der Beschichtungsanlage und somit des Qualitätsmerkmals QM2 verwendet werden. Ab dem Startzeitpunkt werden die beiden S-Kurven der Qualitätsmerkmale durch Addition miteinander verrechnet. Die resultierende Gesamtkurve aus beiden Qualitätsmerkmalen ist in Abbildung 5.31 in einer normierten Zielwerterreichung über der Zeit in Minuten dargestellt. Die analysierte und präferierte Parameterkonfiguration der Qualitätsmerkmale aus dem vorherigen Abschnitt war für Qualitätsmerkmal QM1 die Konfiguration C und für Qualitätsmerkmal QM2 die Konfiguration E. Der resultierende Kurvenverlauf für die Kombination aus beiden Qualitätsmerkmalen ist in der Abbildung 5.31 eingezeichnet und trägt in der Legende die Beschriftung Wiederanlauf nachher. Daraus lässt sich eine Wiederhochlaufzeit $t_{Wiederhochlauf,nachher}$ für den Wiederhochlauf bis 99 % Zielwerterreichung mit 112 min ablesen. Die Wiederanlaufkurve für die ursprünglichen Konfigurationen A und D ist ebenso eingezeichnet. Daran kann man die längere Wiederhochzeit $t_{Wiederhochlauf,vorher}$ von 192 min in Abbildung 5.31 ablesen, sodass der Wiederanlauf der beiden Qualitätsmerkmale QM1 und QM2 in diesem Prozessverbund um 80 min beschleunigt wird.

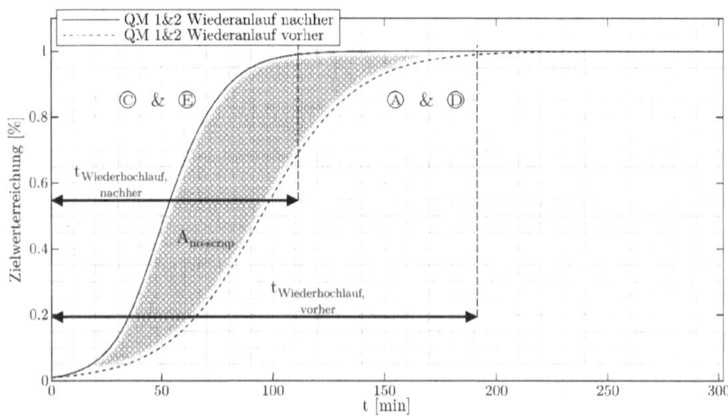

Abb. 5.31: Gesamtwiederhochlaufkurve der Qualitätsmerkmale

Die neuen Zeiten für die beiden Qualitätsmerkmale gilt es zusammen mit den selektierten Prozessparameterkonfigurationen zu speichern und die Optimierung der anderen Qualitätsmerkmale der weiteren Prozessschritte bzw. verketteten Prozessverbunde zu analysieren und optimieren. Die neu gewonnene Produktivität lässt sich auch anhand der schraffierten Fläche $A_{no-scrap}$ der Ausschussvermeidung durch die optimierte Wiederanlaufkurve ablesen.[490] An dieser Stelle muss der Effekt diskutiert werden, wenn ein Prozessparameter mehrere Qualitätsmerkmale steuert. Ist dies der Fall, so kann die Isolinienwanderung nicht getrennt für jedes Qualitätsmerkmal durchgeführt werden. Dabei muss in Abhängigkeit von dem gemeinsamen Prozessparameter ein Gesamtoptimum in den Q-Graphen aller über den Prozessparameter gekoppelter Qualitätsmerkmale gefunden werden. Ein weiteres zu berücksichtigendes Szenario ist das zeitlich konsekutive Einschalten der Prozessparameter, wie beispielsweise beim Trocknen, wenn die Heizung des Trockners bereits einige Minuten vor dem Beginn der Applikation des Slurries auf die Elektrodenfolie eingeschaltet wird und somit bereits vor dem Einschalten der Motoren für die Bahnbewegung läuft.

490 Vgl. Kapitel 3.2.3.2 zur Berücksichtigung der Zielwerte bei bekannter Wiederhochlaufzeit

Hierbei würde die S-Kurvenfunktion durch die Multiplikation der Wiederhochlaufkurven der Qualitätsmerkmale innerhalb eines Prozessschritts, in der Gesamtwiederhochlaufkurve erst beim Einschalten des letzten Parameters ansteigen und vorher null sein. Anders ist dies, wenn die S-Kurven mehrere Prozessschritte oder verkettete Prozessverbunde miteinander verrechnet werden. In diesem Fall werden die S-Kurven addiert, wobei sich eine Stufenform entwickeln kann, sofern der folgende Prozessabschnitt bereits eine Produktivität ungleich null besitzt. Es wird grundsätzlich durch das beschleunigte Wiederhochlaufen der Qualitätsmerkmale eine Erhöhung der Produktionsleistung erzielt.

Im fünften Schritt der zweiten Etappe aus Abbildung 5.27 wird die modellierte Parametrisierung in ihrem Einfluss auf die globalen Qualitätsmerkmale mittels Gleichung 5.15 analysiert.

$$\overrightarrow{g} = f(\overrightarrow{p}) = [Q_{norm} * \overrightarrow{p}]^T * Q_e \tag{5.15}$$

$$\overrightarrow{g} = [Q_{norm} * \overrightarrow{p}]^T * (Q_x * Q_z) \tag{5.16}$$

$$Q_{norm} = \begin{pmatrix} \frac{1}{m_{11}} & 0 & 0 & 0 \\ 0 & \frac{1}{m_{22}} & 0 & 0 \\ 0 & 0 & \frac{1}{m_{33}} & 0 \\ 0 & 0 & 0 & \frac{1}{m_{44}} \end{pmatrix} \tag{5.17}$$

$$m_{ii} = p_i \tag{5.18}$$

$\overrightarrow{g}$	Einflussvektor
$\overrightarrow{p}$	Prozessparametervektor mit k Dimensionen
Q_e	Qualitätseinflussmatrix des Prozesses
Q_{norm}	Normierungsmatrix mit einer Quotientendiagonalen
m_{ii}	Prozessparameterwerte p_i vor der Optimierung
i	Laufvariable für die Dimensionen k des Prozessparametervektors

Der Einfluss kann in einer mathematischen Funktion ausgedrückt und der betrachtete Prozess kann in seiner Wirkstruktur auf die globalen Qualitätsmerkmale mit dem in Phase III.b erläuterten Element der Qualitätsabhängigkeitsmatrix Q_z beschrieben werden. Um alle lokalen und globalen Merkmale eines Prozesses gemeinsam darstellen und in Abhängigkeit von dem Prozessparameter berücksichtigen zu können, muss die Q_e-Matrix aus Gleichung 5.3 verwendet werden. Dazu wird in Gleichung 5.15 der Einflussvektor $\overrightarrow{g}$ eingeführt, der sich aus dem Produkt der Q_e- und der Q_{norm}-Matrix mit dem Prozessparametervektor $\overrightarrow{p}$ berechnet. Die Q_{norm}-Matrix ist eine Normierungsmatrix in Form einer Diagonalmatrix, die ausschließlich auf ihrer Diagonalen mit Quotienten aus den

Einstellwerten der Prozessparameter vor der Optimierung befüllt wird. Ist der Betrag einer Dimension des Einflussvektors $\overrightarrow{g}$ nach der Optimierung größer als vorher, so hat sich der Einfluss der Stellgrößenveränderung positiv auf das der Dimension zuordenbare globale Qualitätsmerkmal ausgewirkt. Die Zuordnung zu den Qualitätsmerkmalen aus Abbildung 5.12 zu den Dimensionen von $\overrightarrow{g}$ ist umgekehrt. Besonders erwähnenswert ist die unmittelbare Aussage nach der Modellierung, die der Einflussvektor über die Verbesserung der globalen Qualität und somit über Stroßrichtung zwei aus Abbildung 5.21 ausgibt. Für die Berechnung der quantitativen Zusammenhänge der definierten Funktion in Gleichung 5.15 muss das optimierte Prozessparameterset der Vorarbeiten in Phase V bereitstehen. Um programmatisch für alle Prozessschritte das optimale Prozessparameterset zu erhalten, wird in Phase VI ein Vorgehen erarbeitet.

5.2.4 Zusammenfassung des Analysemoduls

Das Analysemodul erzeugte in den jeweiligen Phasen alle notwendigen Werkzeuge für die Beschleunigung des Wiederanlaufs in der Batteriezellfertigung. Als erste Voraussetzung für die Analyse wurden in Phase III die Qualitätsabhängigkeitsmatrizen aus den Kausalitätsdiagrammen der einzelnen Prozessschritte erzeugt. Damit konnten die Informationen über die Wirkzusammenhänge zwischen den Prozessparametern, den lokalen sowie globalen Qualitätsmerkmalen aufgenommen werden. Gleichzeitig erfolgte mit der Methode des QFD die Kopplung der Qualitätsabhängigkeitsmatrizen von lokalen und globalen Qualitätsmerkmalen, womit eine Prozess- und Produktionsplanung ermöglicht wird. Darauf aufbauend wurden in Phase IV die Einschaltverhalten der einzelnen Prozessschritte untersucht und die Produktionsleistungsgraphen aufgestellt. Darin wird der Ausschuss visualisiert und das Potenzial der entgangenen Produktion durch den Wiederanlauf analysiert. Für die beiden Stoßrichtungen Wiederanlaufdauer (Zeit) und Effektivität (Qualität) wurden in den Produktionsleistungsgraphen Angriffspunkte analysiert und Optimierungspotenziale ausgewiesen. Für die quantitative Analyse des Wiederanlaufs beschrieb Phase V die Aufzeichnung von Messdaten in Wiederanlaufversuchen. In einer ersten Etappe wurden zunächst Versuchspläne aufgestellt, um die Wiederanlaufversuche durchzuführen und über die Regressionsanalyse funktionale Zusammenhänge abzuleiten. Diese wurden in der zweiten Etappe in Qualitätskennfeldern dargestellt und über die Isolinienwanderung eine Wiederanlaufoptimierung erarbeitet. Damit konnten neue Prozessparameterkonfigurationen aufgestellt werden, die in ihrem Einfluss auf die globalen Qualitätsmerkmale untersucht wurden und das Ergebnis in einem Einflussvektor ausgegeben wurde. Aus der neuen Prozessparameterkonfiguration wurde für jeden Prozessschritt die Ausschussvermeidung über die S-Kurven analysiert. Die mathematisch gesteigerte Produktionsleistung, anhand der daraus abgeleiteten reduzierten entgangenen Produktion einzelner Prozessschritte, soll im Gestaltungsmodul in Kapitel 5.3 in ein Gesamtmodell der Wiederanlaufplanung überführt und der Wiederanlaufprozess überprüft werden.

5.3 Detaillierung des Gestaltungsmoduls

Im Initiierungsmodul wurden die Prozessschritte und die Qualitätsmerkmale mit den in Kapitel 5.1 beschriebenen Methoden aufgenommen. Im Analysemodul in Kapitel 5.2 wurden alle notwendigen Methoden und Ergebnisse, wie die analysierten Zusammenhänge und Prozesssteuersmöglichkeiten, für das Gestaltungsmodul erarbeitet. In der Detaillierung des Gestaltungsmoduls ist die Modellierung, Optimierung und Überprüfung des Wiederanlaufs verortet. Das Gestaltungsmodul setzt sich nach Abbildung 5.32 aus der Phase VI für die Modellierung der Wiederanlaufplanung und der Phase VII zur Überprüfung des Wiederanlaufprozesses zusammen.

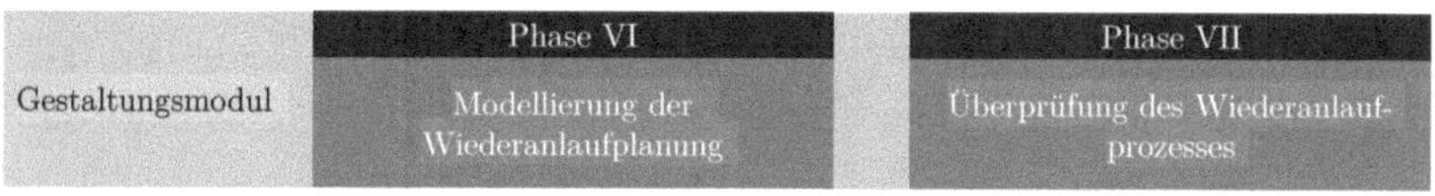

Abb. 5.32: Gestaltungsmodul mit den Phasen VI und VII

5.3.1 Modellierung der Wiederanlaufplanung

Als erste Phase des Gestaltungsmoduls verfolgt Phase VI, wie in Abbildung 5.33 dargestellt, als Zielsetzung den Aufbau eines Wiederanlaufmodells und die Optimierung des Wiederanlaufs.

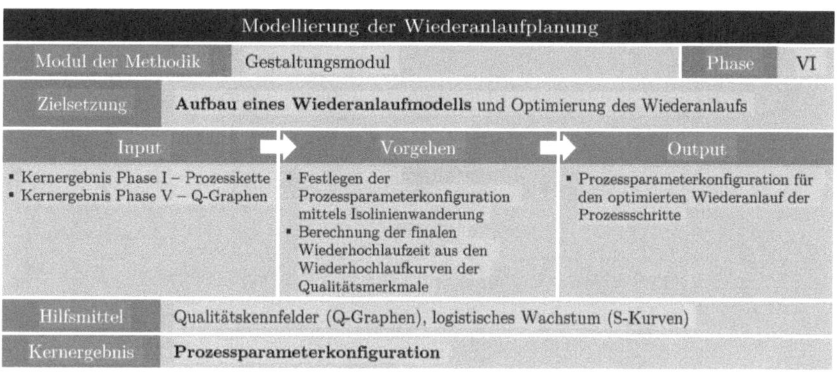

Abb. 5.33: Modellierung der Wiederanlaufplanung

Dazu werden Kernergebnisse aus dem Initiierungs- und aus dem Analysemodul benötigt. Die Prozesskette stammt aus der Phase I des Initiierungsmodul, die Q-Graphen inklusive der zugehörigen Wiederhochlaufkurven der Qualitätsmerkmale resultieren aus

Phase V des Analysemoduls und dienen als Hilfsmittel. Im Vorgehen der Phase VI soll die Prozessparameterkonfiguration mittels der Isolinienwanderung für alle Prozessschritte festgelegt werden. Anschließend folgt die Berechnung der finalen Wiederhochlaufzeit aus den Wiederhochlaufkurven der Qualitätsmerkmale. Als Output der Phase ergibt sich schließlich als Kernergebnis eine Prozessparameterkonfiguration für den optimierten Wiederanlauf der Prozessschritte. Für die Gestaltung des Wiederanlaufmodells wird zunächst in Abbildung 5.34 ein systematisches Vorgehen als Ablaufdiagramm erstellt.

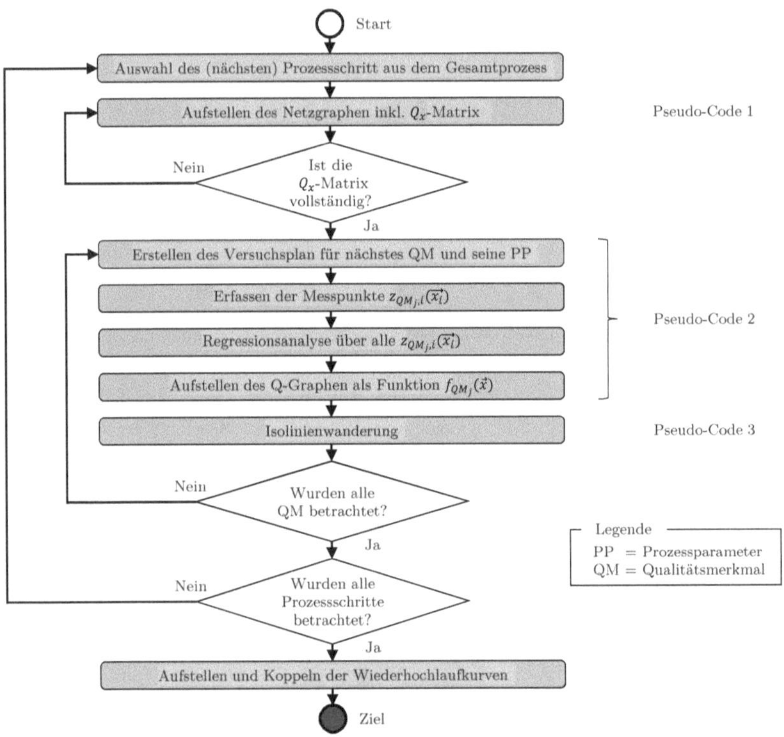

Abb. 5.34: Ablaufdiagramm des Wiederanlaufmodells

Der Anwender beginnt am Startpunkt und wählt zu Beginn den Prozessschritt mit dem größten Ausschuss aus dem Gesamtprozess. Wie in Kapitel 2.3 gezeigt, unterscheiden sich die Ausschussraten der einzelnen Prozessschritte. Insbesondere beim Mischen, Beschichten und Stapeln entsteht ein hoher Ausschuss (vgl. Abbildung 2.11). Gleichzeitig gilt es zu beachten, dass Prozessschritte am Anfang der Prozesskette im Sinne der Wertschöpfung zuerst optimiert werden, um eine weitere fehlerhafte Wertschöpfung zu vermeiden. Demnach müssen zuerst die Prozesse Mischen und Beschichten optimiert werden, weil sie sich sowohl am Anfang der Prozesskette befinden als auch einen vergleichsweise hohen Ausschuss aufweisen. Die Prozessschritte können vorab entsprechend des auftretenden Ausschusses absteigend sortiert werden, um die Reihenfolge für die folgenden Iterationen des Ablaufdiagramms zu kennen. Es muss zudem zunächst der Netzgraph inklusive der zugehörigen Q_x-Matrix des Prozessschritts aufgestellt werden. Dieser Schritt wird in Pseudo-Code eins in Abbildung 5.35 detailliert.

```
Algorithm 1: Q_x-Matrix
  Input: Nummer des Prozessschritts, Anzahl m der PP, Anzahl n der QM
  Output: Q_x-Matrix
Initialisierung (m x n Matrix ← 1, i ← 1, j ← 1);
Aufstellen des Netzgraphen;
for i ≤ m do
    for j ≤ n do
        Ableiten der Wirkung zwischen PP und QM aus Netzgraph;
        a_{i,j} = 1 or −1 or 0;
        j ← j + 1;
    end
    i ← i + 1;
end
return Q_x-Matrix
```

Abb. 5.35: Pseudo-Code 1 Q_x-Matrix

Darin werden die Nummer des Prozessschritts sowie die Anzahlen m der Prozessparameter (PP) und n der Qualitätsmerkmale (QM) benötigt, um die Q_x-Matrix aufstellen zu können. Zunächst wird eine m x n-Matrix erzeugt und es werden die Netzgraphen aufgestellt. Letzteres kann beispielsweise im Workshop mit Experten oder den Maschinen- und Anlagenbauern umgesetzt werden. Die folgenden beiden For-Schleifen gehen die aufgestellte Matrix zeilen- und spaltenweise durch, währenddessen die Wirkungen zwischen den Prozessparametern und Qualitätsmerkmalen mit den Werten „−1“, „0“ oder „1“ eingetragen werden.[491] Ob alle Wirkzusammenhänge in der Q_x-Matrix vorhanden sind, lässt sich an der Dimension der Matrix überprüfen. Wenn der Prozessschritt mehr Qualitätsmerkmale als Spalten in der Matrix besitzt, ist sie noch nicht vollständig. Gleiches gilt für die Zeilen und die zu berücksichtigenden Prozessparameter. Sind nicht alle Wirkzusammenhänge erfasst, muss der Anwender in Abbildung 5.34 die Schleife zurückgehen und den Netzgraphen um die fehlenden Korrelationen ergänzen.

Sind alle Wirkzusammenhänge in der Q_x-Matrix abgebildet, wird für jedes Qualitätsmerkmal und seine zugehörigen Prozessparameter ein D-optimaler Versuchsplan aufge-

[491] Vgl. Phase III in Kapitel 5.2.1

stellt. Diesen gilt es im folgenden Schritt mit Messdaten zu füllen. Dafür kann der Anwender entweder auf vorhandene Daten aus vorherigen Produktionsaufträgen zurückgreifen oder es wird ein Wiederanlaufversuch mit entsprechender Parametrisierung zur Erfassung der Messpunkte $z_{QM_j,i}(\overrightarrow{x_i})$ durchgeführt. Anschließend wird über alle Messpunkte eine Regressionsanalyse durchgeführt, um den funktionalen Zusammenhang zwischen den Prozessparametern im Vektor $\overrightarrow{x_i}$, dessen Dimension der Anzahl an Prozessparametern entspricht, und den Werten $z_{QM_j,i}$ des Qualitätsmerkmals QM_j zu erhalten. Die Laufvariable i steht für den jeweiligen Versuchspunkt.[492] Daraus resultiert die Funktion $f_{QM_j}(\overrightarrow{x})$ des jeweiligen Qualitätsmerkmals, womit der Q-Graph aufgespannt wird. Diese vier Schritte lassen sich mit Pseudo-Code zwei in Abbildung 5.36 umsetzen, der im Folgenden erläutert wird.

Algorithm 2: Q-Graphen-Funktion

Input: Q_x-Matrix, QM_j-Wertebereiche, PP-Wertebereiche

Output: Funktion des Q-Graphen $f_{QM_j}(\overrightarrow{x})$

1 Initialisierung ($i \leftarrow 1$);
2 D-optimalen Versuchsplan für QM_j aufstellen;
3 **if** *keine Messdaten für* QM_j *vorhanden* **then**
4   **for** $i \leq n$ *wobei* $n =$ *Versuchspunkte des D-optimalen Versuchsplan* **do**
5   Einstellen der PP entsprechend $\overrightarrow{x_i}$ und Wiederanlauf durchführen;
6         $z_{QM_j,i} \leftarrow$ Messwert des QM für die PP Konfiguration $\overrightarrow{x_i}$;
7         $i \leftarrow i + 1$;
8   **end**
9     $i \leftarrow 1$;
10 **end**
11 $f_{QM_j}(\overrightarrow{x}) \leftarrow$ Regressionsanalyse durchführen;
12 R^2, R^2_{Korr} berechnen und prüfen;
13 **return** $f_{QM_j}(\overrightarrow{x})$

Abb. 5.36: Pseudo-Code 2 Q-Graphen-Funktion

Der Pseudo-Code zwei dient dazu, mithilfe der Q_x-Matrix einen mathematischen Ausdruck in Form einer Funktion für Q-Graphen aufzustellen. Dafür werden neben der Q_x-Matrix die Wertebereiche des betrachteten Qualitätsmerkmals und der Prozessparameter als Input benötigt. Diese können entweder aus den Maxima und Minima der Messwerte abgeleitet oder dem Algorithmus als Eingabe bereitgestellt werden. Der Output des Pseudo-Codes ist die Funktion $f_{QM_j}(\overrightarrow{x})$ des jeweiligen Qualitätsmerkmals. Für die Analyse eines Qualitätsmerkmals beginnt der Algorithmus in Zeile zwei in Abbildung 5.36 mit der Aufstellung eines D-optimalen Versuchsplans. In Zeile drei überprüft er mit ei-

[492] Versuchspunkt (Statistik) steht für den Punkt im Versuchsplan; Messpunkt (Naturwissenschaft und Technik) steht für den gemessenen Wert im Wiederanlauf

ner If-Abfrage, ob Messdaten vorhanden sind. Sind keine Messdaten für das betrachtete Qualitätsmerkmal QM_j vorhanden, werden in einer For-Schleife (vgl. Zeile vier bis acht in Abbildung 5.36) die Prozessparameter $\overrightarrow{x_i}$ entsprechend der Zeilen i des Versuchsplans eingestellt und ein Wiederanlauf durchgeführt. Dabei wird der Messwert $z_{QM_j,i}$ zur Prozessparameterkonfiguration $\overrightarrow{x_i}$ aufgenommen und für jeden Versuchspunkt gespeichert. Diese For-Schleife würde im Prozessschritt Beschichten beispielsweise die Schichtdicke bei unterschiedlichen Pumpendrehzahlen und Bahngeschwindigkeiten aufzeichnen.[493] Wenn alle Messpunkte aufgezeichnet sind oder schon vorher vorliegen, wird in Zeile 11 die Regressionsanalyse durchgeführt, um die Funktion $f_{QM_j}(\overrightarrow{x})$ aufzustellen. Um die Güte der Regressionsergebnisse prüfen zu können, werden sowohl das Bestimmtheitsmaß R^2 als auch das korrigierte Bestimmtheitsmaß R^2_{korr} berechnet und überprüft.[494] Das Aufstellen der Funktion $f_{QM_j}(\overrightarrow{x})$ ist notwendig, um die Q-Graphen des betrachteten Qualitätsmerkmals für die folgende Isolinienwanderung darstellen zu können.

Für eine explizite Gestaltung und Umsetzung der **Isolinienwanderung** aus dem Ablaufdiagramm in Abbildung 5.34 wird diese in Algorithmus drei als Pseudo-Code in Abbildung 5.37 detailliert.

Algorithm 3: Isolinienwanderung

Input: QM_j-Zielwert, PP-Wertebereiche, δ-Toleranz, $f_{QM_j}(\overrightarrow{x})$
Output: Wiederanlaufparameterkonfiguration
Initialisierung (Wiederanlaufliste $\leftarrow$ leere Liste, k $\leftarrow$ 1);
Berechnung Qualitätskorridor mit δ_{UG}, δ_{OG} aus δ-Toleranz und QM_j-Zielwert;
Definition des Suchfelds S im PP-Wertebereich des Qualitätskorridors;
for $k \leq r$ *wobei* r = *Anzahl der PP von* QM_j **do**
  Prüfen der Zeitabhängigkeit von PP x_k;
  Bewertung PP x_k von 0 bis r entsprechend der zeitlichen Relevanz Z;
  Speichern der PP aus S mit Bewertung Z in Zusatzspalte in Wiederanlaufliste;
  $k \leftarrow k + 1$;
end
Wanderen durch S für optimale Wahl von PP unter Berücksichtung von Z;
Auswahl der schnellsten Prozessparameterkonfiguration;
Prüfen, ob PP schon für anderes QM optimiert wurden und ggf. priorisieren;
$k \leftarrow 1$;
return *Prozessparameterkonfiguration*

Abb. 5.37: Pseudo-Code 3 Isolinienwanderung

Die Inputgrößen setzen sich neben den PP-Wertebereichen und der Funktion $f_{QM_j}(\overrightarrow{x})$ zur Beschreibung des Q-Graphen aus dem QM_j-Zielwert, als Sollgröße des jeweiligen

[493] Vgl. Abbildung 5.26 in Kapitel 5.2.3
[494] Vgl. Kapitel 3.2.4

Qualitätsmerkmals j und der Toleranzangabe δ in Prozent zusammen. Die Sollgröße des Qualitätsmerkmals erhält der Anwender aus den Produktspezifikationen. Zudem muss die Breite des Qualitätskorridors über die Toleranzangabe durch den Anwender gewählt werden. In der Initialisierung des Algorithmus drei wird insbesondere eine leere Wiederanlaufparameterliste aufgesetzt, die beim Durchlaufen des Algorithmus mit Qualitätsmerkmalswerten und den zugehörigen Prozessparameterkonfigurationen befüllt wird. Zu Beginn werden in Zeile zwei aus der δ-Toleranz und dem QM_j-Zielwert die untere und obere Toleranzgrenze, δ_{ug} bzw. δ_{og}, des Qualitätskorridors berechnet. Dies erfolgt aus der Multiplikation der δ-Toleranz mit dem QM_j-Zielwert des jeweiligen Qualitätsmerkmals und anschließender Addition zu bzw. Subtraktion von dem QM_j-Zielwert. Noch bevor die eigentliche Isolinienwanderung beginnen kann, muss vorbereitend ein Suchfeld S definiert werden. Das Suchfeld beinhaltet Prozessparameterkonfigurationen in geeigneten konstanten Intervallen aus den Wertebereichen des jeweiligen Prozessparameters, deren Funktionswerte $f_{QM_j}(\overrightarrow{x})$ innerhalb des Qualitätskorridors liegen. Dieser Schritt ist wichtig, da bei der Wahl eines gemeinsamen betragsmäßig festen Intervalls über alle Prozessparameter hinweg Wertebereiche einzelner Prozessparameter nicht berücksichtigt werden könnten. Ein Beispiel hierfür sind die Drehzahlen des Mischwerkzeugs, die meist im Bereich einiger tausend Umdrehungen pro Minute liegen, dagegen die Mischdauer selbst im zweistelligen Minutenbereich. In Zeile vier folgt eine For-Schleife für die einzelne Betrachtung aller Prozessparameter des Qualitätsmerkmals QM_j. Ein zeitabhängiger Prozessparameter x_k wird mit seinem Datensatz aus dem Suchfeld in die Wiederanlaufparameterliste übernommen und in einer weiteren Spalte Z mit dem Wert „1“ bis r entsprechend der zeitlichen Relevanz markiert. Dabei steht r für die Anzahl der Prozessparameter von denen QM_j abhängig ist. Ist der Prozessparameter x_k nicht von der Zeit abhängig, wird sein Datensatz in die Wiederanlaufparameterliste übernommen, allerdings erhält dieser in der weiteren Spalte Z eine „0“ eingetragen. Ist dies für alle Prozessparameter des Qualitätsmerkmals QM_j erfolgt, verlässt der Algorithmus die For-Schleife und beginnt mit der Wanderung durch das Suchfeld S. Dabei soll der zeitlich relevanteste Prozessparameter betrachtet und für diesen ein Betrag aus S gewählt werden, der sich förderlich auf den Wiederanlauf auswirkt. Sobald dieser Wert gefunden ist, werden in Zeile 11 in Abbildung 5.37 die übrigen Größen bestimmt, sodass sich eine Prozessparameterkonfiguration aus einem Wert für das Qualitätsmerkmal QM_j innerhalb des Qualitätskorridors und Werten für alle Prozessparameter ergibt. Bevor dieses Ergebnis übergeben wird, muss in Zeile 12 noch überprüft werden, ob der betrachtete Prozessparameter schon für ein anderes Qualitätsmerkmal optimiert wurde. In diesem Fall muss der Anwender priorisieren, welches Qualitätsmerkmal relevanter oder in welchem Fall die Wiederanlaufbeschleunigung größer ist. Die gefundene Prozessparameterkonfiguration wird anschließend gespeichert und der Ablauf aus Abbildung 5.34 geht zum nächsten Qualitätsmerkmal über. Sind alle Qualitätsmerkmale eines Prozessschritts untersucht, wird der nächste Prozessschritt betrachtet.

Wenn die Wiederhochlaufzeiten der Qualitätsmerkmale aller Prozessschritte optimiert sind, muss die gesamte Wiederhochlaufzeit der Batteriezellproduktion berechnet werden. Dazu werden die einzelnen Wiederhochlaufkurven der Prozessschritte entsprechend Phase V aufgestellt und gekoppelt. Die **Regeln zur Kopplung der Wiederhochlaufkurven** sind:[495]

- Multiplikation der Wiederhochlaufkurven der Qualitätsmerkmale innerhalb eines Prozessschritts,
- Addition und Normierung der Wiederhochlaufkurven der Prozessschritte,
- Addition und Normierung der Wiederhochlaufkurven der Prozessabschnitte.

Mit der Aufstellung der neuen gesamten Wiederhochkurve hat der Anwender erfolgreich das Ziel des Ablaufdiagramms des Wiederanlaufmodells erreicht. Das vorgestellte Vorgehen und die erarbeitete Methodik soll in der folgenden Phase überprüft werden, bevor die Methodik in Kapitel 6 validiert wird.

5.3.2 Überprüfen des Wiederanlaufprozesses

Nachdem in Phase VI die Prozessparameterkonfiguration ausgewählt wurde, muss sie als Ergebnis der gesamten Methodik in dieser Phase überprüft werden. Die Überprüfung des Wiederanlaufprozesses erfolgt wie in Abbildung 5.38 dargestellt.

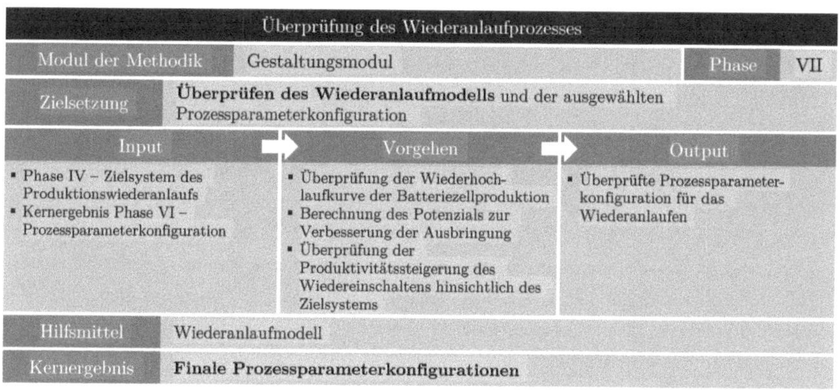

Abb. 5.38: Überprüfen des Wiederanlaufprozesses

Die Zielsetzung umfasst das Überprüfen des Wiederanlaufmodells und der ausgewählten Prozessparameterkonfiguration. Für das Einordnen und Prüfen der Ergebnisse muss das analysierte Zielsystems des Produktionswiederanlaufs aus Phase IV als Input herangezogen werden. Grundsätzlich soll die Prozessparameterkonfiguration, das Kernergebnis der Phase VI, überprüft werden, sodass diese als Input bereitgestellt wird. Als Hilfsmittel

[495] Vgl. Kapitel 5.2.3

wird dafür das in Phase VI entwickelte Wiederanlaufmodell verwendet. Im Vorgehen der Phase VII in Abbildung 5.38 findet zunächst die Überprüfung der Wiederhochlaufkurve der Batteriezellproduktion im Hinblick auf die vollständige Gestaltung statt. Anschließend wird mit der erarbeiteten Prozessparameterkonfiguration und den aufgestellten Wiederhochlaufkurven das Potenzial zur Verbesserung der Ausbringung berechnet. Abschließend wird die Produktivitätssteigerung des Wiederanlaufs hinsichtlich des analysierten Zielsystems aus Phase IV überprüft. Der Output dieser Phase ist demnach die überprüfte Prozessparameterkonfiguration für das Wiederanlaufen der Prozessschritte der Batteriezellproduktion. Nach der Überprüfung gilt diese nun als final und stellt gleichzeitig das Kernergebnis dar.

Im Rahmen der Überprüfung der Wiederhochlaufkurve der Batteriezellproduktion ist sicherzustellen, dass der Aufbau und die Verknüpfung der einzelnen Wiederanlaufkurven im Wiederanlaufmodell in Phase VI korrekt durchgeführt werden. Die Überprüfung bezieht sich auf den letzten Schritt des Ablaufdiagramms in Abbildung 5.34, worin die in der Methodik erarbeiteten Wiederhochlaufkurven gekoppelt werden. Für die Überprüfung sollte eine Softwarelösung zur Abbildung von technisch-physikalischen Systemen herangezogen werden, um eine direkte Anwendung der Prozessparameterkonfigurationen auf die Fertigungsanlagen zu ermöglichen. In der Validierung dieser Methodik in Kapitel 6 wird das Programm MATLAB SIMULINK verwendet. Um die Überprüfung handhabbar zu gestalten, wird ein Programmaufbau zur Überprüfung der modellierten Prozessparameterkonfigurationen im Folgenden vorgestellt. Im Programm erfolgt die Kopplung der einzelnen Qualitätsmerkmale, Prozessschritte und Prozessabschnitte mittels der S-Kurven. In Abbildung 5.39 wird der Programmaufbau in drei Schritten erläutert.

In Schritt eins werden die in den einzelnen Prozessschritten auftretenden Qualitätsmerkmale herangezogen und deren Wiederhochlaufkurven miteinander multipliziert. Danach werden im zweiten Schritt die Wiederhochlaufkurven der einzelnen Prozessschritte zu den Prozessabschnitten der Elektrodenfertigung, der Zellassemblierung sowie der Formation und dem Testing durch Addition und Normierung verrechnet. Abschließend wird im dritten Schritt aus der Addition und Normierung der drei Prozessabschnitte eine Wiederanlaufkurve der Batteriezellproduktion berechnet. Die Überprüfung bezieht sich auf die optimierte Prozessparameterkonfiguration, wobei die ursprüngliche als Referenz benötigt wird. Dabei wird zuerst die Kopplung auf Prozessebene betrachtet, wo die einzelnen Qualitätsmerkmale innerhalb des Prozessschritts verbunden werden. Wenn während der Analyse nichts anderes festgestellt wird, kann davon ausgegangen werden, dass die Wiederhochlaufkurven der einzelnen Qualitätsmerkmale eines Prozessschritts zum gleichen Zeitpunkt starten. Multipliziert man die optimierten Wiederhochlaufkurven der Qualitätsmerkmale, so ergibt sich daraus die resultierende Wiederhochlaufkurve des Prozessschritts. Aus mathematischer Betrachtung ist der Zielwert der Qualitätsmerkmale erst erreicht, wenn das langsamste Qualitätsmerkmal des Prozessschritts seinen Sollwert erreicht hat. In der praktischen Betrachtung ist dies korrekt, denn ein Prozessschritt ist erst wieder hochgefahren, wenn sich alle Qualitätsmerkmale an ihrem Zielwert beziehungsweise innerhalb ihres Qualitätskorridors befinden. Somit ist das sich am langsamsten einstellende Qualitätsmerkmal ausschlaggebend für die Dauer des Wiederhochlaufs eines Prozessschritts.

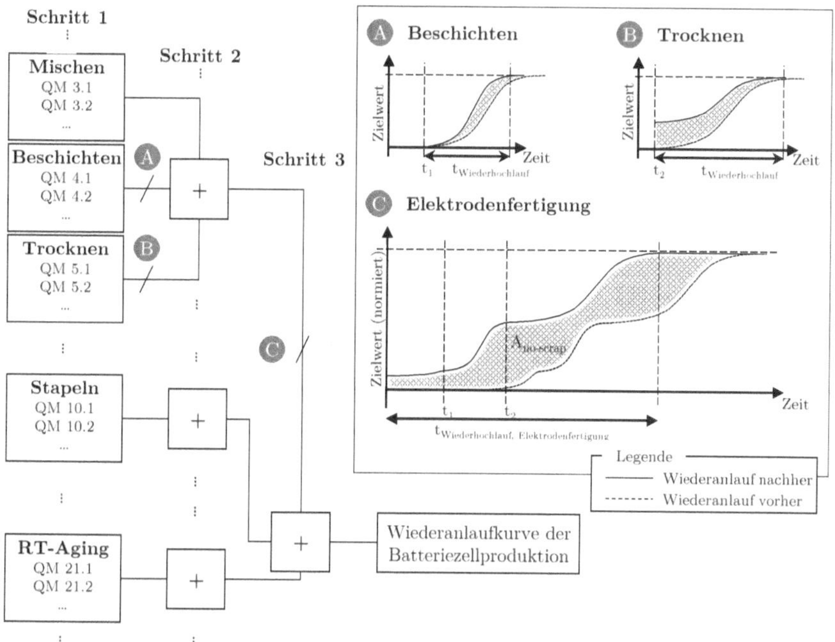

Abb. 5.39: Prozesskopplung zur Überprüfung der Wiederanlaufzeit

In Schritt zwei aus Abbildung 5.39 werden alle Prozessschritte eines Prozessabschnitts gekoppelt und betrachtet. Dabei muss beispielsweise der Prozessschritt Beschichten in den Prozessabschnitt der Elektrodenfertigung eingegliedert werden. An dieser Stelle müssen eventuelle feste Prozessverkettungen sowie mögliche Prozessunterbrechungen aus Kapitel 5.2.1 berücksichtigt werden. Eine feste Prozesskopplung kann hierbei zu einer Ausnahme in den Regeln zur Kopplung der Wiederhochlaufkurven führen. Die festen Prozesskopplungen können bereits in einer gemeinsamen Netzgraphenerstellung für die Q-Graphen berücksichtigt werden, um sie nicht in der Kopplung der Wiederhochlaufkurven beachten zu müssen. Ansonsten muss der Anwender auf den Wiedereinschaltzeitpunkt achten, sollten die Wiederhochlaufkurven nacheinander beginnen. In Abbildung 5.39 sind beispielsweise der Pfad A für die Wiederhochlaufkurve des Beschichtens und Pfad B für das Trocknen in einem Graphen dargestellt. Der Beschichtungsprozess soll zum Zeitpunkt t_1 beginnen. Der Trocknungsprozess wird erst ab Zeitpunkt t_2 wiederhochfahren, d. h. nachdem der Beschichtungsprozess bereits mit dem Wiederanlauf begonnen hat. Analog gilt dies für die nach dem Beschichten folgenden Prozessschritte, die nicht mehr im Einzelnen dargestellt sind. Der Prozessschritt Beschichten wird mit zwei Kurven dargestellt, wovon die optimierte Wiederanlaufkurve durch eine gesteigerte Bahngeschwindigkeit realisiert werden kann. Es besteht je nach Prozessschritt die Möglichkeit, dass ein Prozessschritt nicht vollständig ausgeschaltet wird und zum Zeitpunkt des Wiedereinschaltens bei einem Zielwert von mehr als 0 % liegt. Dies ist in Abbildung 5.39 für den Trocknungsprozess als eine Optimierungsmaßnahme berücksichtigt. Man kann beispielsweise davon ausgehen, dass die Trockenstrecke bei einem Konvektionstrockner nicht komplett abgeschaltet werden muss, wenn nur die Beschichtungsparameter verändert werden. Erhöht man die Beschichtungsdicke, kann die minimale Trocknungstemperatur von Experten abgeschätzt werden.

In Schritt drei erfolgt die Kopplung der Prozessabschnitte über die Addition und Normierung. Verrechnet man die zwei exemplarisch dargestellten Prozessschritte der Elektrodenfertigung miteinander und nimmt die vorausgehenden Prozessschritte schon als wiederhochgefahren an, ergibt sich im Pfad C der Graph Elektrodenfertigung. Es wird ersichtlich, dass die optimierte Kurve ab t_1 bis zum Zeitpunkt t_2 deutlich zu steigen beginnt und dem S-Kurven-Verlauf des Prozessschritts Beschichten folgt. Es soll an dieser Stelle kurz diskutiert werden, inwiefern der Offset des Trocknens durch ein nicht vollständiges Ausschalten des Trockners für das Wiedereinschalten auf den Graphen wirkt. Ab dem Startzeitpunkt zeigt dieser bereits seine Wirkung, da der Wert der Produktivität bereits oberhalb von null liegt. Gleichzeitig wird die Normierung über die Prozessschritte bemerkbar, da der Offset nicht so hoch wie Graph B ist, sondern darunterliegt. Bei Erreichen des Zeitpunkts t_2 beginnt die Produktivität in Anlehnung an die Wiederhochlaufkurve des Prozessschritts Trocknen aus Schritt zwei zu steigen, bis sie sich einem Zielwert annähert. Gleichzeitig ist die vorherige, nicht optimierte Wiederhochlaufkurve als gestrichelte Linie im Graph dargestellt. Das beschriebene Vorgehen gilt ebenso für die Gestaltung der Prozessabschnitte Zellassemblierung sowie Formation und Testing. Daraus ergeben sich wie für die beiden anderen Prozessabschnitte neue Wiederhochlaufkurven und -zeiten. Um die Wiederhochlaufkurve der gesamten Batteriezellproduktion zu erhalten, müssen abschließend die Wiederhochlaufkurven der weiteren zwei Prozessabschnitte additiv und unter Berücksichtigung der Normierung verrechnet werden. Wenn dies in einer Softwarelösung eingebaut ist, kann die Effektivität der Optimierung aus dem Vergleich der Wiederanlaufkurve vorher und nachher überprüft werden. Quantifiziert wird dies mit dem Integral über die Wiederhochlaufkurven. Damit werden die Flächen unter der optimierten und der ursprünglichen Wiederanlaufkurve verglichen.

Dieser Vergleich dient zur Überprüfung, ob die optimierte Prozessparameterkonfiguration eine mögliche Lösung darstellt. Um die quantitative Verbesserung zu überprüfen, soll mit den aufgestellten Wiederhochlaufkurven das Potenzial Ψ zur Verbesserung der Ausbringung nach Gleichung 5.19 berechnet werden. Dieses Potenzial wird über die neu gewonnene

Produktivität als Fläche $A_{no-scrap}$ zwischen den Wiederanlaufkurven vorher und nachher visualisiert. Die Bezugsgröße ist dabei die Fläche A_{ideal}, wenn man ohne Wiederanlauf ab Minute Null die volle Produktivität hat.[496]

$$\Psi = \frac{A_{no-scrap}}{A_{ideal}} * 100\% \tag{5.19}$$

Ψ	Potenzial zur Verbesserung der Ausbringung
$A_{no-scrap}$	Fläche der Ausschussvermeidung durch den optimierten Wiederanlauf
A_{ideal}	Fläche der maximalen Produktivität ohne Wiederanlauf

Gleichzeitig muss die Produktivitätssteigerung hinsichtlich des Zielsystems aus Phase IV überprüft werden. Die Stoßrichtung eins wird über die Berechnung in Gleichung 5.19 überprüft. Die Stoßrichtung zwei wird in dieser Methodik indirekt adressiert, da die Wiederanlaufbeschleunigung eine unmittelbare Auswirkung auf die Wiederhochlaufkurven der Qualitätsmerkmale hat. Anhand des Q-Graphen sowie der Isolinienwanderung können auf der einen Seite die zeitabhängigen Prozessparameter so angepasst werden, dass sich die Wiederhochlaufdauer bei konstant bleibender Qualität verkürzt. Auf der anderen Seite lassen sich in den Q-Graphen auch Parameterkombinationen finden, die bei gleichbleibender Prozesszeit zu einem verbesserten Qualitätsniveau führen. Da die Wiederanlaufbeschleunigung indirekt das Ziel einer optimalen Qualität verfolgt, ist die Berücksichtigung der zweiten Stoßrichtung sichergestellt und wird über die Überprüfung der quantitativen Ausschussvermeidung mit berücksichtigt.[497]

5.3.3 Zusammenfassung des Gestaltungsmoduls

Im Gestaltungsmodul werden die im Initierungs- und Analysemodul erarbeiteten Ergebnisse in einem Wiederanlaufmodell umgesetzt und anschließend überprüft. In Phase VI werden dabei ein Ablaufdiagramm des Wiederanlaufmodells vorgestellt und in allgemeingültige Programmabschnitte eingeteilt. Die damit durchführbare Optimierung des Wiederanlaufs wird in der darauffolgenden Phase VII über die Kopplung der Wiederanlaufkurven der Prozessschritte zu einer Wiederanlaufkurve der Batteriezellproduktion überprüft. Dazu wird insbesondere das Potenzial zur verbesserten Ausbringung berechnet und die Produktivitätssteigerung nach der ausgewählten Prozessparameterkonfiguration überprüft.

[496] Vgl. Abbildung 5.31 in Kapitel 5.2.3
[497] Vgl. Kapitel 5.2.2

5.4 Zusammenfassung der Methodik

In Kapitel 5 wurde entsprechend der Zielsetzung in Kapitel 1.2 eine Methodik zur Gestaltung des Wiederanlaufs der Lithium-Ionen-Batteriezellproduktion aufgebaut, um die Herausforderungen aus der Praxis aus Kapitel 2.4 mit dem Lösungsansatz aus Kapitel 4 zu lösen. Dafür wurde ein systematisches Vorgehen aus drei Modulen und sieben Phasen durchlaufen, die als Lösungsbausteine aufeinander aufbauen und damit die formalen Anforderungen der Handhabbarkeit, Wiederverwendbarkeit, Nachvollziehbarkeit, Allgemeingültig und Anwendbarkeit aus Kapitel 3.1.2 erfüllen. Die verwendete Modellierungssprache beachtet insbesondere die Handhabbarkeit und die Nachvollziehbarkeit durch eine phasenweise explizite Darstellung der Zielsetzung, des benötigten Inputs, des Vorgehens mit den verwendeten Hilfsmitteln und des Outputs mit dem resultierenden Kernergebnis.[498] Im Rahmen des systematischen Vorgehens verfolgte jedes Modul eine Teilforschungsfrage, die über eine Gliederung in Phasen beantwortet wurde. Damit wurden alle inhaltlichen Anforderung aus Kapitel 3.1.1 beachtet und gelöst. Die Module und Phasen werden als Lösungsbausteine dieser Methodik im Folgenden zusammengefasst.

Das Initiierungsmodul nimmt zunächst die Merkmale des Produktionsprozesses und der Batteriezelle in zwei Phasen auf. In **Phase I** findet die Aufnahmme des existierenden Gesamtprozesses statt, indem die existierenden Fertigungsressourcen aufgenommen werden und daraus die Prozesskette definiert sowie die Prozessreihenfolge identifiziert wird. Darauf folgt in **Phase II** die Definition der relevanten Qualitätsmerkmale der Batteriezelle als zu fertigendes Produkt der betrachteten Fertigungslinie. Die für den Endkunden relevanten Qualitätsmerkmale stammen aus Zelldatenblättern und Roadmaps.

Das folgende Analysemodul ist aus drei Phasen aufgebaut. Die erste Phase ist **Phase III**, in der die Einflüsse der Prozessparameter über Wirkzusammenhänge auf lokale und globale Qualitätsmerkmale untersucht werden. Die Wirkzusammenhänge werden über Netzgraphen analysiert und als Ergebnis in Qualitätsabhängigkeitsmatrizen überführt. **Phase IV** analysiert das Einschaltverhalten der einzelnen Prozessschritte und untersucht dabei das Wiederanlaufverhalten, die Einschaltreihenfolge und den Einschaltvorgang. Als Ergebnis wird Produktivität während des Wiederanlaufs in Produktionsleistungsgraphen dargestellt. In **Phase V** wird der physisch-mathematische Zusammenhang analysiert und modelliert. Um die Zielsetzung der Phase, die Analyse n-dimensionaler Zusammenhänge zwischen Prozessparametern und Qualitätsmerkmalen, zu erreichen, werden zwei Etappen gebildet. In der ersten Etappe werden Versuchspläne aufgestellt, damit Wiederanlaufversuche durchgeführt und die Messdaten der Regressionsanalyse unterzogen. In der zweiten Etappe findet die Entwicklung der **Isolinienwanderung** zur Identifikation einer für den Wiederanlauf optimierten Prozessparameterkonfiguration gefolgt von einer Einflussanalyse statt. Das Ergebnis dieser Phase sind die Qualitätskennfelder (Q-Graphen).

[498] Vgl. Heimes (Auswahl von Fertigungsressourcen), 2014, S. 159

Das abschließende Gestaltungsmodul bearbeitet zwei Phasen. In **Phase VI** wird die Modellierung der Wiederanlaufplanung über den Aufbau eines Wiederanlaufmodells einschließlich einer Optimierung des Wiederanlaufs mit analysierten Zusammenhängen aus dem Analysemodul realisiert. Das Ergebnis ist eine Prozessparameterkonfiguration für den optimierten Wiederanlauf. In **Phase VII** folgt die Überprüfung des Wiederanlaufmodells und der ausgewählten Prozessparameterkonfiguration hinsichtlich des reduzierten Ausschusses. Daraus resultiert die finale Prozessparameterkonfiguration für den optimierten Wiederanlauf. Mit den Ergebnissen wird erfolgreich eine Methodik zur Gestaltung des Wiederanlaufs der Lithium-Ionen-Batteriezellproduktion aufgebaut und die Zielsetzung erreicht.

Dem Ansatz zur angewandten Forschung nach H. ULRICH ET AL. folgend, wird die Methodik in Kapitel 6 in die Praxis übertragen und an der Lithium-Ionen-Batteriezellproduktion validiert.[499] Die Methodik wird zudem kritisch reflektiert und die gesamte Arbeit abschließend in Kapitel 7 zusammengefasst.

[499] Vgl. H. Ulrich et al. (Management), 1984, S. 193

6 Validierung der Methodik an der Batteriezellproduktion

Die in den vorangegangenen Kapiteln erarbeitete Methodik muss entsprechend des zugrunde liegenden, an die Strategie der angewandten Forschung angelehnten Forschungsansatzes in ihrer Lösung überprüft werden.[500] Um die Lösung mittels des in Kapitel 1.3 eingeführten systemtheoretischen Ansatzes nach H. ULRICH ET AL. vollständig zu realisieren, muss die Methodik im Anwendungszusammenhang validiert werden.[501] Die Überprüfung wird in Kapitel 6.1 über die einzelnen Module der Methodik aus Kapitel 5 vollzogen. Dazu werden Daten in einer Lithium-Ionen-Batteriezellproduktion entsprechend einer Linienkonfiguration wie in Kapitel 2 erhoben. Anschließend werden diese mit der Methodik bearbeitet, um einen optimierten Wiederanlauf zu erhalten. Das Anwendungsszenario der Validierung der Methodik resultiert aus Forschungs- und Industrieprojekten in der Automobilindustrie, im Maschinen- und Anlagenbau oder aus der Kooperation mit anderen Forschungsinstituten im Rahmen öffentlich geförderter Projekte. Im öffentlich geförderten Projekt Intelligente Anlaufsteuerung (InTeAn), einem Projekt aus dem vom Bundesministerium für Bildung und Forschung (BMBF) geförderten Kompetenzcluster Intelligente Batteriezellproduktion (InZePro), werden Wiederanlaufversuche durchgeführt. Informationen und Daten, die einer Geheimhaltung unterliegen, werden abgeändert oder die Ergebnisse lediglich auszugsweise dargestellt. Dabei wird berücksichtigt, dass die generelle Aussagekraft zur praktischen Anwendung sowie der kritischen Reflexion der Methodik bestehen bleibt. In der Validierung dieser Methodik wird insbesondere ein Softwaretool im Programm MATLAB entwickelt, das auch in zukünftigen Batteriezellproduktionslinien eingesetzt werden kann. In den folgenden Kapiteln findet zunächst die Erklärung des Vorgehens in der Anwendung und anschließend die Überprüfung der einzelnen Module der Methodik statt. Abschließend wird die gesamte Methodik einer kritischen Reflexion in Kapitel 6.2 unterzogen.

6.1 Anwendung der Methodik

Für die Überprüfung der Methodik wird das Initiierungsmodul in Kapitel 6.1.1 ein Mal ausgeführt und die Prozessreihenfolge sowie die Qualitätsmerkmale in den Prozessschrit-

[500] Vgl. Kapitel 1.5

[501] Vgl. H. Ulrich et al. (Management), 1984, S. 193

ten aufgenommen. Folgend werden in Kapitel 6.1.2 die Wirkzusammenhänge im Analysemodul in Netzgraphen nachgebildet und in Qualitätsabhängigkeitsmatrizen überführt. Danach werden die Qualitätskennfelder aufgestellt und an einem Fallbeispiel im Prozessschritt Trocknen in der Fertigungslinie der Batteriezellproduktion im Elektromobilitätslabor (eLab) der RWTH Aachen, Messpunkte in Wiederanlaufversuchen aufgenommen. Diese Daten werden für die physisch-mathematische Modellierung verwendet und die resultierende ausschussoptimierte Prozessparameterkonfiguration entsprechend des Gestaltungsmoduls in Kapitel 6.1.3 im Wiederanlaufmodell überprüft und dieses damit validiert.

6.1.1 Initiierungsmodul

Die Aufnahme des existierenden Gesamtprozesses entsprechend der **Phase I** erfolgt entlang des Produktionslayouts der Batteriezellproduktion. Dies erfolgt durch Selektion der Prozessroute, d. h. der Prozessschritte und des Prozesswegs der in Phase I aufgestellten formatunabhängigen Prozessroute in Abbildung 6.1. In Abhängigkeit von dem Produktionslayout müssen die festen Prozesskopplungen oder mögliche Prozessunterbrechungen identifiziert werden. Dafür stehen dem Anwender die Anlagendatenblätter zur Verfügung, sodass er die Eigenschaften der Fertigungsressourcen überprüfen kann. Die vorhandenen und im Rahmen der Validierung selektierten Prozesse werden im Folgenden dargestellt.

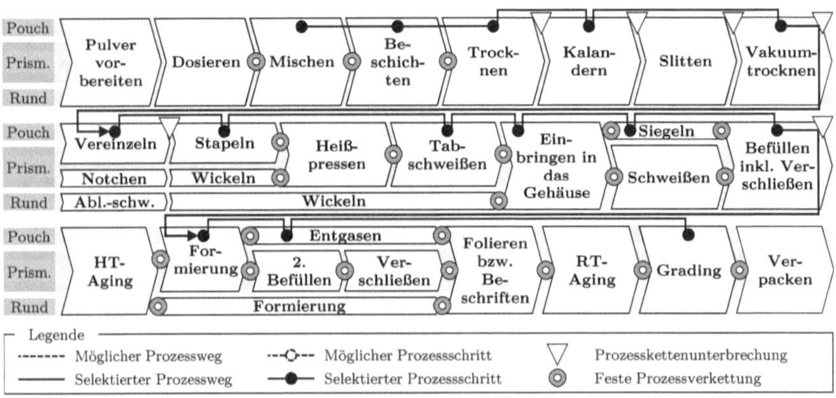

Abb. 6.1: Validierung Phase I – Untersuchte Prozesskette der Batteriezellfertigung

Die betrachtete Batteriezellproduktion zur Herstellung von Pouchzellen beginnt mit einem Intensivmischer, der für das Mischen des Slurries eingesetzt wird. Das Slurry kann anschließend bis zu 24 Stunden aufbewahrt werden, allerdings muss es danach verarbeitet werden, sodass es sich um eine zeitlich feste Prozesskopplung handelt. Die Schritte des Beschichtens und Trocknens werden entweder in einem horizontalen oder vertikalen Verfahren durchgeführt. Für die Validierung wird der vertikale Prozess verwendet, weil der vertikale Anlagenabschnitt der betrachteten Batteriezellproduktion umfangreicher mit Sensorik und Aktorik ausgestattet ist. Dies erhöht bereits qualitativ das Optimierungspotenzial, da sich der Prozess gezielter einstellen lässt. Der Kalander ist ein nicht direkt verketteter Anlagenabschnitt. Gleiches gilt für den Vakuumtrockner zur Trocknung der beschichteten Elektrodenfolie. Nach dem Vereinzeln werden die Elektrodensheets in einem Minienvironment unter kontrollierter Atmosphäre gestapelt. In einem weiteren Minienvironment werden die Tabs geschweißt, in die Pouchfolie eingebracht und an den Seiten und unten versiegelt. Darauf folgt ein drittes Minienvironment, in dem die Pouchzelle mit Elektrolyt befüllt und verschlossen wird, bevor sie in den Formierungsraum transportiert wird. Alle Prozessschritte der Assemblierung sind fest verkettet, da sie zum einen geschützt in einer Atmosphäre untergebracht sind, zum anderen durch halbautomatische, kollaborierende Roboter verbunden sind. Die kollaborierenden Roboter übernehmen Prozessschritte der Assemblierung in den Minienvironments. Dabei sind diese Roboter nicht durch Schutzzäune abgetrennt und an Fertigungspositionen verankert, an denen parallel Werker arbeiten. Es handelt sich dabei dennoch um fest verkettete Prozessschritte, da im Prinzip nur noch Material zugeführt oder Zwischenprodukte entnommen werden. Nach der Formierung erfolgt das Entgasen und das Einteilen in Grades, d. h. in Kapazitätsbereiche der Zellspezifikation. Das Grading stellt den finalen Schritt dieser Batteriezellproduktion dar.

In **Phase II** der Validierung werden die Qualitätsmerkmale der Batteriezelle definiert. Die lokalen Qualitätsmerkmale werden aus der aufgestellten Prozesskette abgeleitet. Die globalen Qualitätsmerkmale werden basieren auf Datenblättern und Roadmaps aus dem Betrachtungsbereich identifiziert. Dazu werden drei Datenblätter auszugsweise in Abbildung 6.2 entsprechend der Gliederung aus Kapitel 5.1.2 dargestellt.

Die Abbildung 6.2 zeigt v. l. n. r. eine prismatische Batteriezelle von CATL Co. Ltd., eine Rundzelle von Samsung SDI Co. Ltd. und eine Pouchzelle von LG Chem Ltd., die für die Aufnahme der Zellspezifikationen herangezogen werden. Übergeordnet ist die Kategorisierung in allgemeine und elektrische Spezifikationen sowie diskrete und stetige Größen analog zu Kapitel 5.2.1. Alle Batteriezellen besitzen unabhängig von der Gehäuseform die gleiche Anodenchemie. Die Kathodenchemie variiert entsprechend der Leistungsklasse von LFP für die Hochenergiezelle zu NCA und NMC für die beiden Hochleistungszellen. Es werden nicht alle Zellspezifikationswerte im Detail vorgestellt, da diese bereits in Kapitel 5.1.2 der Detaillierung dieser Methodik erläutert wurden. Durch den Abgleich mit u. a. den drei in Abbildung 6.2 dargestellten Datenblättern werden die gelisteten Zellspezifikationen validiert. Somit werden die Zellspezifikationen im Folgenden zu denselben Produktmerkmalen aus Abbildung 5.8 aggregiert. Darin sind gleichzeitig die Merkmale aus den Technologieroadmaps aus dem Abgleich in Abbildung 5.10 berücksichtigt, sodass die globalen Qualitätsmerkmale ausgeleitet werden können und gleichzeitig validiert sind.

			Zellspezifikation	Zelldatenblätter		
				LEP71H3L7-01	INR21700-50E	E66A
Kundenanforderungen	Elektrische Spezifikationen	stetig	Kapazität [Ah]	302	4,9	65
			Nennspannung[V]	3,2	3,6	–
			Ladeschlussspannung [V]	3,65	4,2	4,2
			Entladeschlussspannung [V]	2	2,5	2,5
			Maximaler Ladestrom [A]	151	4,9	98
			Empfohlener Ladestrom [A]	151	2,45	98
			Maximaler Entladestrom [A]	302	9,8	297
			Energiegehalt [Wh]	966*	17,64*	232,2
			Entladeleistung [W]	max. 966*	35,28*	max. 1040
			Innenwiderstand [mΩ]	0,18	< 35	–
			Grav. Leistungsdichte [W/g]	0,18*	0,51*	1,16
			Vol. Leistungsdichte [W/l]	380,09*	1455,13*	2442*
			Grav. Energiedichte [Wh/g]	0,18*	0,26*	0,26
			Vol. Energiedichte [Wh/l]	380,09*	727,57*	648
			Zyklenfestigkeit [Zyklenzahl]	> 4000	500	–
	Allgemeine Spezifikationen		Dimensionen HxBxT [mm]	173 x 207 x 71	70 x 21 x 21	350 x 104 x 11.7
			Betriebstemperatur [°C]	–35 bis 65	–20 bis 60	–20 bis 60
			Lagertemperatur [°C]	–20 bis 45	–20 bis 23	–
			Kalendarische Lebensdauer [a]	>10 bei tägl. Laden*	1,4*	–
			Gewicht [g]	5510	69	897
		diskret	Anodenmaterialien	Graphit	Graphit	Graphit
			Kathodenmaterialien	LFP	NCA	NMC (712)
			Elektrolytspezifikation	–	–	–
			Leistungsklasse	Hochenergie	Hochleistung	Hochleistung
			Gehäuseform	prismatisch	rund	Pouch

*Abgeleitete Größen: berechnete oder gemessende Größe

Abb. 6.2: Validierung Phase II – Aufgenommene Spezifikationen[502]

Die in Kapitel 5.1.2 dargestellten globalen Qualitätsmerkmale werden für die Validierung der Methodik übernommen und als Zielwerte definiert. Für die in der Validierung zu fertigende Pouchzelle sind die Zielwerte in Abbildung 6.3 in der vierten Spalte eingetragen.

Abkürzung	Qualitätsmerkmal	Wertebereich	Zielwert	Einheit
QM1	Energiedichte	380 bis 727	400	Wh/l
QM2	Kapazität	4,9 bis 302	8	Ah
QM3	Schnelladefähigkeit	0,5 bis 1,5	> 1	C
QM4	Lebensdauer	500 bis > 4000	> 500	Zyklen
QM5	Sicherheit	–35 bis 60	–35 bis 60	°C

Abb. 6.3: Validierung Phase II – Identifizierte globale Qualitätsmerkmale

Dabei wird für die Energiedichte 400 Wh/l, für die Kapazität 8 Ah, die Schnellladefähigkeit größer 1 C, die Lebensdauer über 500 Zyklen und für die Sicherheit der aus den Datenblättern abgeleitete Betriebstemperaturbereich von –35 bis 60 °C festgelegt. Diese quantifizierten Qualitätsmerkmale validieren das Kernergebnis aus Phase II.

502 Vgl. CATL Co. Ltd. (Datenblatt Batteriezelle LEP71H3L7-01), 2018, S. 5–15; Samsung SDI Co. Ltd. (Datenblatt Batteriezelle INR21700-50E), 2017, S. 2–4; LG Chem Ltd. (Datenblatt Batteriezelle E66A), 2020, S. 1–2

6.1.2 Analysemodul

Im Analysemodul wird entsprechend der Detaillierung in Kapitel 5.2 zuerst die Analyse der Wirkzusammenhänge lokaler Qualitätsmerkmale zusammen mit der Analyse der Wirkzusammenhänge der globalen Qualitätsmerkmale durchgeführt. Das Ergebnis wird jeweils als Qualitätsabhängigkeitsmatrix ausgegeben. Um das Einschaltverhalten der Prozessschritte und die dabei auftretenden Verluste zu identifizieren, werden die Produktionsleistungsgraphen aufgestellt und für die anschließende Optimierung das Zielsystem definiert. Insbesondere relevant ist die Berechnung der Qualitätskennfelder, die aus einer Datenbank oder entsprechend anhand eines Versuchsplans aufgenommener Messpunkte bereitgestellt werden. Für die Validierung des Analyse- und auch des Gestaltungsmoduls wird der Prozessschritt Trocknen als letzter Prozessschritt der fest verketteten Prozessabfolge aus Mischen und Beschichten herangezogen.

Für die Ermittlung der Netzgraphen werden in **Phase III** die Wirkzusammenhänge zwischen den Prozessparametern und den Qualitätsmerkmalen ermittelt. Die Prozessparameter können dabei aus den Stellgrößen der Prozessschritte und die Qualitätsmerkmale aus den notwendigen Qualitätskontrollen der Linie abgeleitet werden. Für die Analyse der Wirkzusammenhänge aus Kapitel 5.2.1 ergibt sich für den Prozessschritt Trocknen der Netzgraph in Abbildung 6.4. Darin sind positive Zusammenhänge für steigende oder zunehmende und negative Zusammenhänge für sinkende oder abnehmende Wirkungen notiert.[503] Für das Aufstellen des Netzgraphen muss ein Grundverständnis der vorausgehenden Prozessschritte Mischen und Beschichten sowie für den Prozessschritt Trocknen selbst vorliegen.

In **Phase III.a** werden zunächst die Wirkzusammenhänge zwischen den Prozessparametern und den lokalen Qualitätsmerkmalen analysiert. Dafür wird in Abbildung 6.4 ein Netzgraph beginnend bei den Einflussgrößen oben und nach unten wandernd in seinem Wirken auf die Merkmale aufgestellt. Darin zeigt sich, dass der Prozessschritt Trocknen drei einstellbare Prozessparameter besitzt. Diese setzen sich aus der bereits erwähnten Bahngeschwindigkeit, der Luftgeschwindigkeit sowie der Lufttemperatur im Trockner zusammen und sind links oben in der Abbildung 6.4 gruppiert. Der Pfad eins vom Prozessparameter Bahngeschwindigkeit zum lokalen Qualitätsmerkmal Adhäsion ist für die weitere Validierung hervorgehoben. Zu Beginn wirken die Bahn- und Luftgeschwindigkeit positiv auf die relative Anströmgeschwindigkeit, da sich bei einer höheren Bahngeschwindigkeit die Elektrode schneller im Trockner bewegt und die Luft schneller über die Beschichtung strömt. Wenn die Luftgeschwindigkeit direkt über den Trockner reguliert wird, resultiert daraus der gleiche Effekt – die Luft strömt ebenso schneller über die Beschichtung. Als weitere Folgegröße wirkt die relative Anströmgeschwindigkeit positiv auf den Wärmeübergangskoeffizienten, worauf die Lufttemperatur ebenso positiv einwirkt, die als dritter einstellbarer Prozessparameter eingeführt wird. Ein hoher Wärmeübergangskoeffizient wirkt

503 Vgl. Netzgraphen Werkzeugübersicht aus Abbildung 5.15

sich positiv auf die Trocknungsrate aus, sodass sich daraus logisch negativ die Restfeuchte verringert und logisch positiv die Adhäsion erhöht.

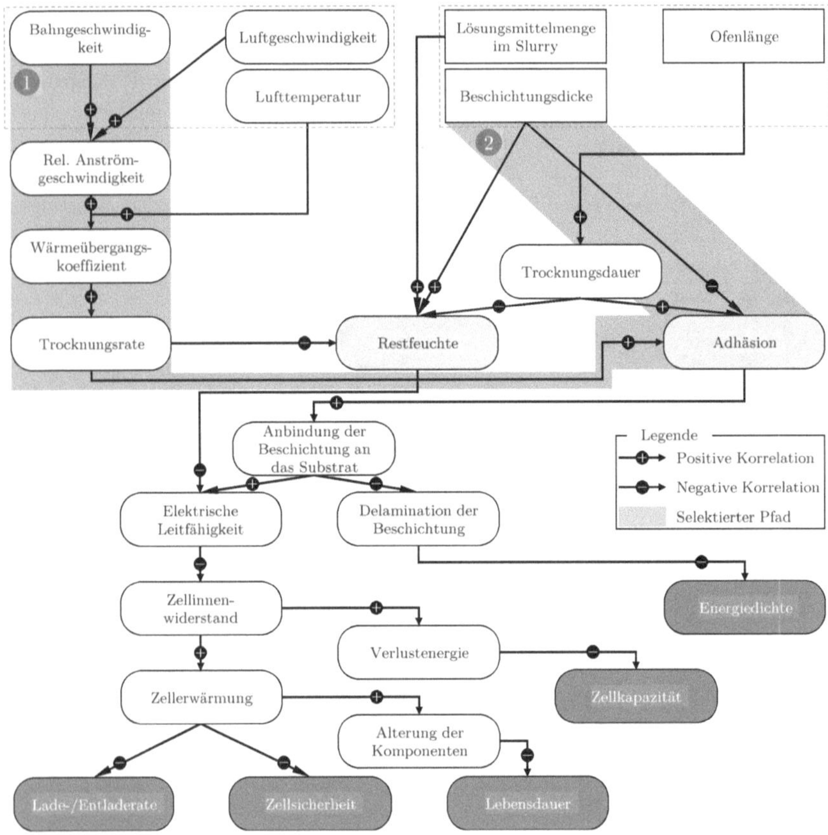

Abb. 6.4: Validierung Phase III – Netzgraph des Trocknungsprozesses

Weiter existieren drei feste Einflussgrößen, die durch vorausgehende Prozessschritte bestimmt werden und rechts oben in Abbildung 6.4 gruppiert sind. Aus der Gruppierung heraus ist der Pfad zwei des Prozessparameters Beschichtungsdicke zum lokalen Qualitätsmerkmal Adhäsion für die weitere Validierung hervorgehoben. Die Lösungsmittelmenge im Slurry ist eine feste Einflussgröße aus dem Prozessschritt des Mischens, wobei das Lösungsmittel im Prozessschritt Trocknen beseitigt wird. Die Beschichtungsdicke wiederum wird durch den unmittelbar davor liegenden Prozessschritt des Beschichtens bestimmt, bei dem die Applikation des Slurries über ein Zusammenwirken aus Pumpendrehzahl, dem resultierenden Volumenstrom, der Beschichtungsbreite und der Bahngeschwindigkeit eingestellt wird. Dies kann an dem Netzgraphen des Beschichtungsprozesses aus Abbildung A.2 in Anhang A.1 überprüft werden. Die Ofenlänge ist die einzige feste Einflussgröße, die durch den Prozessschritt Trocknen selbst bestimmt wird. Gleichzeitig ist sie nach dem Aufbau der Linie als fest anzusehen, sodass sie lediglich während der Fabrikplanung als veränderbar angesehen werden kann. Die Ofenlänge wirkt sich positiv auf die Trocknungsdauer aus. Umso länger der Ofen ist, desto länger ist die Trocknungsdauer, sofern man die Elektrodenbahngeschwindigkeit für die Aufstellung des Netzgraphen konstant hält. Weiter beeinflusst die Trocknungsdauer das lokale Qualitätsmerkmal Restfeuchte logisch negativ, woraus allerdings eine unterstützende Wirkung erzielt wird, denn die Restfeuchte sollte immer möglichst niedrig sein. Eine längere Trocknungsdauer führt grundsätzlich zu einer stärkeren Reduktion des Lösungsmittelgehalts im Slurry der Elektroden.[504] Gleichzeitig hat die Trocknungsdauer eine positive Wirkung auf die Adhäsion, weil das Beschichtungsmaterial ohne Lösungsmittel oder ohne jegliche Feuchtigkeit optimal auf dem Trägermaterial der Kupfer- oder Aluminiumfolie haftet. Die letzte feste Einflussgröße, die Beschichtungsdicke, wirkt sich negativ auf die Adhäsion aus, da sich mit einer größeren Materialmenge die Möglichkeiten für einen Materialbruch innerhalb der Beschichtung und parallel zum Substrat erhöht und somit zu einer niedrigeren Adhäsion führt.[505] Wenn die Anzahl der Poren und damit die aktive Elektrodenoberfläche durch die höhere Beschichtungsdicke steigt, erhöht sich gleichzeitig die Restfeuchte, da sich das Lösungsmittel besser einlagern kann, sodass eine logisch positive Wirkung von der Beschichtungsdicke in Richtung der Restfeuchte existiert. Für die Validierung wird die **Adhäsion** als das zu betrachtende lokale Qualitätsmerkmal verwendet und in Abhängigkeit von den Prozessparametern **Beschichtungsdicke** und **Bahngeschwindigkeit** mit dem Ziel eines zweidimensionalen Q-Graphen analysiert.

In der Fortsetzung der Analyse in Abbildung 6.4 folgt die Beschreibung der Wirkzusammenhänge zwischen den lokalen und den globalen Qualitätsmerkmalen entsprechend **Phase III.b**. Dabei findet die Verkettung entsprechend des QFD statt.[506] Es werden dazu im Netzgraphen aus Abbildung 6.4 die lokalen Qualitätsmerkmale Restfeuchte und Adhäsion als Ausgangspunkte verwendet und die Beziehungen im Netzgraphen zu den globalen Qualitätsmerkmalen betrachtet. Im Trocknungsprozess ist die Anbindung der Beschichtung als getrocknetes Slurry auf der Elektrodenfolie eine Folge guter Adhäsion, sodass hier eine positive Korrelation vorliegt. Umso höher die Anbindung der Beschichtung an das Substrat ist, desto geringer ist die potenzielle Delamination der Beschichtung, sodass ein negativer Wirkzusammenhang vorliegt. Folgerichtig würde eine Delamination auch negativ auf das globale Qualitätsmerkmal die Energiedichte der Elektrode wirken, weil die delaminierten Stellen auf einer Elektrode aufgrund der elektrischen Kontaktunterbrechung zwischen Beschichtung und Substrat nicht mehr verwendet werden können.

[504] Vgl. Kumberg et al. (Influence of Thickness on Adhesion), 2019, S. 3
[505] Vgl. Jaiser et al. (Impact of Drying Conditions), 2017, S. 5
[506] Vgl. Kapitel 5.2.1

Parallel wirkt die Anbindung der Beschichtung an das Substrat positiv auf die elektrische Leitfähigkeit, weil mehr Kontaktfläche zwischen den beiden Komponenten zur Verfügung steht. Die Restfeuchte als weiteres lokales Qualitätsmerkmal wirkt auf die elektrische Leitfähigkeit negativ. Wasser in der Zelle führt zu Korrosion der Metalle in den Elektroden, sodass sich die Leitfähigkeit innerhalb der Elektroden reduziert. Zudem können Metallpartikel in der Zelle zu einem Kurzschluss führen.[507] Allerdings resultiert aus einer guten elektrischen Leitfähigkeit ein niedriger Zellinnenwiderstand und somit eine logisch negative Wirkung.[508] Ein hoher Zellinnenwiderstand wirkt andererseits logisch positiv hinsichtlich der Verlustenergie in einer Batteriezelle. Folglich ist eine große Menge an Verlustenergie ungünstig für die Zellkapazität und steht mit dieser in einem negativen Wirkzusammenhang. Geht man erneut vom Zellinnenwiderstand aus, so erzeugt dieser im Betrieb der Zelle zudem Wärme, sodass dies zu einer Zellerwärmung führt und der Zusammenhang positiv ist. Die Zellerwärmung hat mehrere Folgen. Zum einen sorgt sie für eine schnellere Alterung der Komponenten als logisch positiver Bezug, zum anderen wirkt sie negativ auf die beiden globalen Qualitätsmerkmale der Lade- bzw. Entladerate und der Zellsicherheit. Ersteres resultiert aus der Eigenschaft des elektrischen Stroms, der in warmen Umgebungen schwieriger fließt.[509] Letzteres folgt aus der Gefahr, dass der Separator schmelzen kann, daraus ein Kurzschluss resultiert oder sich Gase in der Zelle bilden, die zu einem sog. Thermal Runaway führen können.[510] Die Alterung der Komponenten hat eine negative Wirkung auf die Lebensdauer. Mit der Aufstellung des Netzgraphen in Abbildung 6.4 können die Wirkzusammenhänge zwischen den Prozessparametern des Prozessschritts Trocknen und den globalen Qualitätsmerkmalen für den Wiederanlauf genutzt werden. Es ist noch zu erwähnen, dass die anderen Prozessschritte mit ihren Prozessparametern ebenso einen Einfluss auf die globalen Qualitätsmerkmale haben. Da die folgenden Prozessschitte nicht fest verkettet sind, können sie getrennt analysiert werden. Relevante Prozessparameter aus den fest verketteten Prozessschritten Mischen und Beschichten werden als feste Einflussgrößen berücksichtigt. Weitere Netzgraphen zu den Prozessschritten des Mischens, Beschichtens sowie des Kalanderns und des Vakuumtrocknens als Schritte der Elektrodenfertigung finden sich in Anhang A.1. Für die weitere Analyse müssen die Netzgraphen ausgewertet und die Wirkzusammenhänge eines jeden Prozessparameters auf die Qualitätsmerkmale analysiert werden. Dafür gilt es, die Pfade des Netzgraphen abzugehen und die Wirkbeziehungen miteinander zu verrechnen.[511] Ausgehend von den drei festen Einflussgrößen Ofenlänge, Lösungsmittelmenge im Slurry sowie Beschichtungsdicke und den drei einstellbaren Prozessparametern Bahngeschwindigkeit, Luftgeschwindigkeit sowie Lufttemperatur werden die Pfade zu den lokalen Qualitätsmerkmalen geprüft. Aus den Prozessparametern muss der Anwender sinnvolle

[507] Vgl. L.-Q. Zheng et al. (Water Contamination Effects), 2014, S. 907
[508] Vgl. Bockholt et al. (Intensive powder mixing), 2016, S. 268
[509] Vgl. Marcu et al. (Simulation of Temperature Effect), 2016, S. 8
[510] Vgl. Roth et al. (Electrolyte battery safety), 2012, S. 45
[511] Vgl. Kapitel 5.2.1.1

Prozessgrößen wählen, die für die folgende Isolinienwanderung in Phase V verwendet werden. In automatisierten Anlagen lassen sich teilweise nachgelagerte Größen über die Steuerung einstellen. So wird hier die Trocknungsdauer ausgewählt, da diese genauso wie die Ofenlänge von der Elektrodenchemie abhängt. Die Lösungsmittelmenge im Slurry ist aufgrund der Rezeptur fest und kann nicht geregelt werden. Somit bleiben noch die Beschichtungsdicke, die Bahngeschwindigkeit sowie die Lufttemperatur. Diese werden den lokalen Qualitätsmerkmalen gegenübergestellt. Daraus ergibt sich das in Abbildung 6.5 links in Tabellenform dargestellte Matrixdiagramm.[512]

* Nicht direkt im Prozess steuerbarer Prozessparameter, wird durch Prozessgestaltung vorgegeben		Lokale Qualitätsmerkmale	
		Restfeuchte	Adhäsion
Prozessparameter	Lufttemperatur	−1	1
	Bahngeschwindigkeit	−1	1
	Beschichtungsdicke*	−1	−1
	Trocknungsdauer*	−1	1

** Wird final im Prozessschritt des Vakuumtrocknens eingestellt		Globale Qualitätsmerkmale				
		Energiedichte	Lade-Rate	Zellkapazität	Lebensdauer	Zellsicherheit
Lokale Qualitätsmerkmale	Restfeuchte**	0	−1	−1	−1	−1
	Adhäsion	1	1	1	1	1

Abb. 6.5: Validierung Phase III – Ableitung der Q_x- und Q_z-Matrix des Trocknens

Darin sind die festen Einflussgrößen der Prozessgestaltung gekennzeichnet. Das bedeutet für die Beschichtungsdicke, dass diese vom verbauten Schlitzdüsensystem mit einer durch die Schlitzdüse selbst festgelegten maximalen Beschichtungsbreite und durch eine zwischen die Lippen der Schlitzdüse eingelegten Ausgleichsplatte zur Definition der Spaltgröße, als fest angesehen wird. In der Serienfertigung wird die konstante Beschichtungsdicke durch den Volumenstrom des Slurries in Abhängigkeit von der Bahngeschwindigkeit geregelt. Die Trocknungsdauer hängt dabei von der Länge des Trockners ab, die entsprechend der zu fertigenden Elektrodenchemie gewählt ist. Aus dem Matrixdiagramm in Tabellenform aus Abbildung 6.5 ergibt sich die Q_x-Matrix aus Gleichung 6.1 links. Für die Pfade der Wirkzusammenhänge zwischen den lokalen Qualitätsmerkmalen und den globalen Qualitätsmerkmalen ergibt sich die rechte Tabelle in Abbildung 6.5 und die Q_z-Matrix in Gleichung 6.1 rechts. Die Matrizen müssen für die weitere Analyse nicht zwingend mittels des QFD unter Anwendung der Matrixmultiplikation zur Q_e-Matrix verrechnet werden, sondern lediglich wenn der Anwender diesen Zusammenhang für eine kurzfristige Qualitätsinformation als Meldung an die Werksleitung benötigt. Dabei ist es hilfreich, nach der Matrixmultiplikation wieder die tabellarische Darstellung inklusive der

[512] Vgl. Anhang A.2 für die Matrixdiagramme der weiteren Prozessschritte der Elektrodenfertigung

Spalten- und Zeilenbezeichnungen für Termine mit Entscheidungsgremien zu wählen. Für die weitere Analyse muss der Anwender den Zusammenhang der Prozessparameter auf ein lokales Qualitätsmerkmal aus der Q_x-Matrix kennen.

$$Q_x = \begin{pmatrix} -1 & 1 \\ -1 & 1 \\ 1 & -1 \\ -1 & 1 \end{pmatrix}; \qquad Q_z = \begin{pmatrix} 0 & -1 & -1 & -1 & -1 \\ 1 & 1 & 1 & 1 & 1 \end{pmatrix} \tag{6.1}$$

Als nächster Analyseschritt muss das Wiederanlaufverhalten der Prozessschritte nach **Phase IV** untersucht werden. Im Fall dieser Validierung gilt es somit das Wiederanlaufverhalten des Trocknungsprozess darzustellen und mindestens eine Stoßrichtung aus dem Zielsystem des Wiederanlaufs zu wählen.[513] Der Fokus der Validierung soll auf der zeitlichen Optimierung des Wiederanlaufs liegen, um eine hohe Nachfrage schnell beantworten zu können. Unter Berücksichtigung der Wirkzusammenhänge in Abbildung 6.4 und der Q_x-Matrix in Gleichung 6.1 zeigt sich, dass die Bahngeschwindigkeit eine positive Korrelation mit der Adhäsion besitzt und dabei gleichzeitig zeitabhängig ist. Daraus lässt sich das Ziel der Stoßrichtung eins, eine Steigerung der Bahngeschwindigkeit, ableiten. In dieser Betrachtung muss berücksichtigt werden, dass dies einen negativen Einfluss auf die Restfeuchte der Beschichtung mit sich bringt. Um sicher zu sein, dass eine sehr niedrige Restfeuchte vorherrscht und eine zeitliche Optimierung möglich ist, wird die Lufttemperatur entsprechend hoch auf 110 °C gesetzt. Die Adhäsion hat darüber hinaus auf alle globalen Qualitätsmerkmale einen positiven Einfluss, sodass mit ihr im Sinne des Wiederanlaufzielsystems nach Kapitel 5.2.2 die Qualität der Stoßrichtung zwei ebenso gesteigert werden kann. Auf eine qualitative Darstellung der Wiederanlaufkurve wird an dieser Stelle verzichtet und auf Abbildung 5.20 verwiesen.[514] Die Hochlaufkurven der einzelnen Qualitätsmerkmale werden in der Validierung des Gestaltungsmoduls aufgestellt.[515]

Mit Kenntnis der Produktionsleistungsgraphen und insbesondere der Q_x-Matrix können in **Phase V** die mehrdimensionalen Zusammenhänge über die Qualitätskennfelder analysiert werden. Zur Validierung des Vorgehens werden die zwei Etappen der physisch-mathematischen Modellierung aus Abbildung 5.23 mit Messdaten durchlaufen.[516]

Dazu werden für die erste Etappe in Schritt eins Versuchspläne aufgestellt und in Schritt zwei Wiederanlaufversuche durchgeführt, um die benötigten Messwerte aufzunehmen. Diese werden in Schritt drei mittels der Regressionsanalyse in Qualitätskennfelder überführt, um die Wiederhochlaufkurven der einzelnen Qualitätsmerkmale optimieren zu können. Für die Validierung dieser Phase wird der Qualitätsabhängigkeitsgraph für das lokale

[513] Vgl. Kapitel 5.2.2
[514] Vgl. Kapitel 5.2.2
[515] Vgl. Kapitel 6.1.3
[516] Vgl. Kapitel 5.2.3

Qualitätsmerkmal Adhäsion im Detail überprüft. Die Validierung ist aufgrund der Allgemeingültigkeit der Methodik auf alle lokalen Qualitätsmerkmale übertragbar. Gleichzeitig wird die Übertragbarkeit in der Validierung durch Kopplung der Wiederanlaufkurven der Qualitätsmerkmale im Gestaltungsmodul überprüft.[517] Für das Qualitätsmerkmal Adhäsion können aus der Q_x-Matrix die Prozessparameter als Stellgrößen abgelesen werden. Die Lufttemperatur soll wegen ihrer langen Einstellzeit konstant gehalten werden. Weiter soll die Bahngeschwindigkeit verwendet werden, die über den direkt verketteten Prozessschritt Beschichten geregelt werden kann. Gleiches gilt für die Beschichtungsdicke, die über die Förderpumpendrehzahl des Prozessschritts Beschichten eingestellt wird. Die Trocknungsdauer im Sinne der notwendigen Zeit, bis die Elektrodenbahn trocken ist, soll nicht durch eine Anpassung der Ofenlänge oder Änderung der Slurryrezeptur angepasst werden. Daraus ergeben sich für die Validierung an der untersuchten Linie die zwei Prozessparameter Bahngeschwindigkeit und Beschichtungsdicke, die mit der Adhäsion einen dreidimensionalen Q-Graph bilden. Zur Bestimmung der Adhäsion zwischen Trägerfolie und Beschichtung werden Zugprüfungen durchgeführt. Dazu wird im ersten Schritt ein Versuchsplan für das Qualitätsmerkmal Adhäsion aufgestellt. Für eine effiziente Vorgehensweise soll nach Kapitel 5.2.3 für die Prozessparameter und das lokale Qualitätsmerkmale ein D-optimaler Versuchsplan mit möglichst aussagekräftigen Versuchspunkten aufgestellt werden. Dafür wird im Rahmen der Validierung ein Tool zur automatischen Versuchsplanerstellung für D-optimale Versuchspläne programmmiert, das auszugsweise in Abbildung 6.6 gezeigt wird.

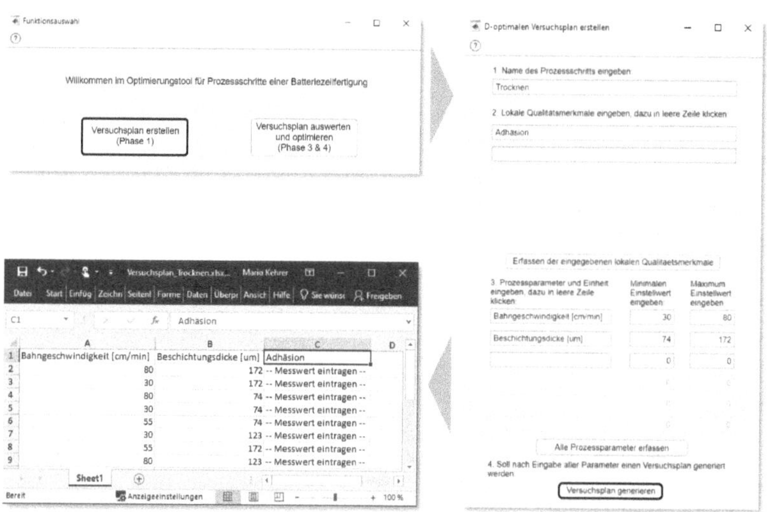

Abb. 6.6: Validierung Phase V – Programm zur Versuchsplanerstellung

[517] Vgl. Kapitel 6.1.3

Sofern für den zu betrachtenden Prozessschritt noch keine Messdaten vorhanden sind, kann die Versuchsplanerstellung in der Funktionsauswahl im Programm selektiert werden. In der verwendeten Version können bis zu sechs lokale Qualitätsmerkmale und sechs Prozessparameter für einen Versuchsplan eingetragen werden. Die Anzahl der Felder lässt sich im Programmcode erweitern, jedoch gilt die Zeilenzahl für lokale Qualitätsmerkmale und insbesondere für Prozessparameter als ausreichend. Wenn alle lokalen Qualitätsmerkmale und Prozessparameter erfasst sind, wird über den Knopf *Versuchsplan generieren* ein D-optimaler Versuchsplan in Excel erzeugt, wie er in Abbildung 6.6 links unten für das lokale Qualitätsmerkmal Adhäsion dargestellt ist. Für alle anderen Prozessparameter im Prozessschritt des Trocknens werden konstante Werte festgelegt und eingestellt. In Schritt zwei der ersten Etappe wird der Wiederanlaufversuch bei einer Lufttemperatur von 110 °C durchgeführt, alle weiteren Prozesseigenschaften werden durch die Anlagenparameter der vertikalen Beschichtungs- und Trocknungsanlage Basecoater (BC) 37 der Firma Coatema festgelegt.[518] Zusätzlich zum Prozessschritt Trocknen werden die Prozessschritte Mischen und Beschichten, die der festen Prozessverkettung angehören, in ihren Einstellungen konstant gehalten. Im Zuge dieser Validierung werden, insbesondere im Rahmen des Projekt InTeAn Produktionsdaten von Wiederanläufen aufgezeichnet.[519] Darüber hinaus werden die aufgezeichneten Messdaten mit anonymisierten Daten aus Projekten mit Batteriezellproduzenten und dem Maschinen- und Anlagenbau zur Verifikation abgeglichen. Die Vorgehensweise, für eine Produktionsoptimierung Messdaten an einer Pilotlinie zu erheben und daran den Prozess der Linie zu optimieren, ist gängige Praxis, da in der industriellen Batteriezellfertigung der Fertigungsbetrieb nicht unterbrochen werden darf. Selbst wenn die Kosten dafür getragen würden, darf die Linie bei einer hohen Nachfrage und festen Lieferverträgen nicht aus dem Kundenproduktionsbetrieb gehen.

Im Zuge der messtechnischen Auswertung muss erwähnt werden, dass, bedingt durch die Anlagentechnik, die Beschichtungsdicke nicht auf einen Mikrometer genau eingestellt werden kann, da sich zum einen die Beschichtung langsam und unpräzise regeln lassen, zum anderen die Messtechnik in der Linie bedingt durch die Vibrationen im Trocknungsprozess nur annähernd Mikrometer genau auflösen kann. In Abbildung 6.6 wird exemplarisch ein D-optimaler Versuchsplan erzeugt, in dem in die Anzahl der Versuchspunkte, in diesem Fall die quadratische Wirkung, in der folgenden Regression mit zwei und einem Sicherheitsfaktor von zwei Faktoren erhalten sind. Berechnet man die Anzahl der Versuchspunkte durch Einsetzen der Anzahl an Faktoren mit zwei in Gleichung 3.17 und addiert die Zahl vier für die Sicherheitsfaktoren, so erhält man nach Gleichung 6.3 acht Versuchspunkte.[520] Die resultierenden Messpunkte der Beschichtungsdicke werden mit den vorliegenden Produktionsdaten abgeglichen. Die in Versuchen aufgenommenen und vorhandenen Messwerte des in Abbildung 6.6 aufgestellten D-optimalen Versuchsplans

518 Vgl. Anhang A.4 in Tabelle A.1 für die relevanten Spezifikationen der Beschichtungsanlage BC 37

519 Intelligente Anlaufsteuerung (InTeAn) ist ein vom Bundesministerium für Bildung und Forschung gefördertes Projekt aus dem Kompetenzcluster Intelligente Batteriezellproduktion.

520 Vgl. Kapitel 3.2.5

sind in Tabelle 6.1 in den Versuchsnummern eins bis acht notiert.

Tab. 6.1: Parametersets des Prozessschritts Trocknen

Ver.-Nr.	Bahngeschwindigkeit [m/min]	Beschichtungsdicke (gemessen)[μm]	Adhäsion (gemessen)[N]
1	0,8	172 (128)	1000 (1120)
2	0,3	172 (139)	1290 (1220)
3	0,8	74 (74)	1510 (1480)
4	0,3	74 (139)	1190 (1220)
5	0,5	74 (75)	1470 (1330)
6	0,3	123 (139)	1190 (1220)
7	0,5	172 (135)	920 (1175)
8	0,8	123 (128)	1440 (1120)
9	0,4	(124)	(1220)
10	0,4	(67)	(1425)
11	0,6	(127)	(1300)
12	0,7	(69)	(1675)

In Tabelle 6.1 sind in der ersten Spalte fortlaufend die Versuchsummern, in der zweiten Spalte die Bahngeschwindigkeit und in der dritten Spalte die Beschichtungsdicke eingetragen, wobei diese Messpunkte zusätzlich zu dem geforderten Messwert aus dem D-optimalen Versuchsplan durch gemessene Messwerte aus den Produktionsdaten in Klammern ergänzt werden. Dabei resultiert aus der Datengrundlage in der Wahl der 128 μm und der 139 μm eine Mehrfachnennung. In der vierten Spalte sind die zugehörigen zu modellierenden Adhäsionswerte und gemessene Werte aus den Produktionsdaten in Klammern ergänzt.[521] Für eine Validierung der Methodik werden die Zeilen neun bis 12 ergänzt, um weitere optional aufgenommene Produktionsdaten des Trocknens zu berücksichtigen und die Vorgehensweise zusätzlich abzusichern. Für die Aufnahme der Versuchsdaten müssen zerstörungsfrei messbare Qualitätsmerkmale grundsätzlich vor zerstörenden Messungen erfasst werden. Da die Adhäsionsprüfung eine zerstörende Prüfung ist, bei der die Beschichtung vom Substrat abgezogen wird, muss die Überprüfung der Beschichtungsdicke vorher durchgeführt werden. Durch das Erfassen mehrerer Qualitätsmerkale am selben Prüfkörper wird der Aufwand der Methodik reduziert. Existieren mehrere durch zerstörende Messung prüfbare Qualitätsmerkmale, so müssen mehrere möglichst identische Proben zur Ermittlung aller Zielgrößen hergestellt werden. Die Konfigurationen aus Tabelle 6.1 werden auf der Beschichtungsanlage BC37 gefertigt.[522] Das Slurry wird über einen Druckbehälter bereitgestellt und auf das unbeschichtete Coil der Kupferfolie aufgetragen. Für die Beschichtung wird das installierte Schlitzdüsenpaar verwendet, wobei aufgrund

[521] Vgl. Anhang A.4 in Tabelle A.2 für eine Übersicht des gemessenen Parametersets

[522] Vgl. Anhang A.4 in Abbildung A.10 für eine Übersicht der Anlage und in Tabelle A.1 für die zugehörigen Spezifikationen

der folgenden Adhäsionsprüfung nur eine Seite beschichtet und somit nur eine Schlitzdüse verwendet wird. Die Bahngeschwindigkeit und die Temperatur des Trocknungsofens mit einer 1,3 m langen Trockenstrecke werden über die vorhandene Bedieneinheit geregelt. Anschließend wird die beschichtete und getrocknete Elektrodenfolie auf eine Rolle aufgewickelt. Für die Erstellung der Messproben wird die Elektrodenbahn mithilfe des Stanzwerkzeugs vereinzelt. Die Adhäsionsmessungen werden zeitlich deutlich, beispielsweise zwei Wochen, nach dem Beschichtungsvorgang durchgeführt, um eine vollständige Trocknung der Proben zu gewährleisten. Hierdruch können Verzerrungen in den Messergebnissen infolge unterschiedlicher Restfeuchten der Prüfkörper ausgeschlossen werden. Insgesamt werden für jedes Parameterset sechs Prüfkörper entsprechend der Abbildung 6.7 ausgestanzt.

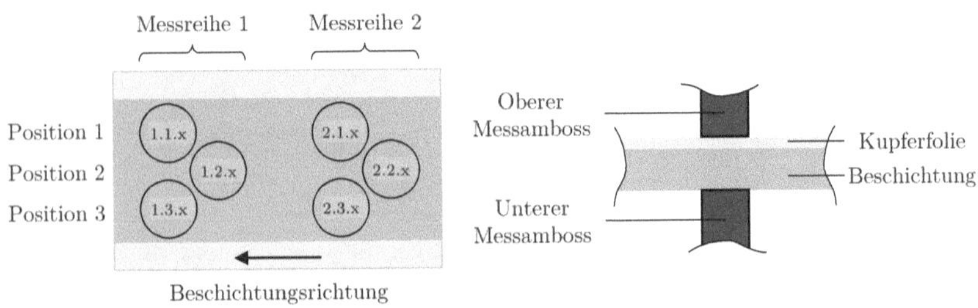

Abb. 6.7: Validierung Phase V – Probenstanzen und Dickenmessung

Aus den Adhäsionswerten einer Messreihe wird anschließend der Median berechnet. Für die Nachvollziehbarkeit erfolgt die Beschriftung der Prüfkörper nach der in Abbildung 6.7 dargestellten Nomenklatur mittels eines dreistelligen Zahlencodes. Die erste Ziffer gibt das Parameterset an, aus dem die Messreihe stammt. Die zweite Ziffer gibt die Position horizontal zur Beschichtungsrichtung an. Dafür sind die Positionen in Beschichtungsrichtung rechts, mittig, links von eins bis drei durchnummeriert. Die letzte Ziffer gibt an, wie häufig eine Probe an der gleichen Position ausgestanzt wurde. Position zwei muss aufgrund der Beschichtungsbreite von 125 mm leicht entgegen der Beschichtungsrichtung verschoben werden, um drei Prüfkörper mit einem Durchmesser von 46 mm ausstanzen zu können. Nach dem Stanzen wird die Beschichtungsdicke der Proben mit dem digitalen Dickenmessgerät Typ M-547-401 der Firma Mitutoyo vermessen. Der schematische Prüfaufbau ist in Abbildung 6.7 rechts in einem Schnittbild dargestellt. Der untere Messamboss ist dabei fest und die Messtechnik mit dem oberen flexiblen Messamboss verbunden. Zur Bestimmung der Beschichtungsdicke muss eine Referenzmessung mit der Kupferfolie am Rand neben der beschichteten Folie durchgeführt werden, da die Kupferfolien eine Dickenabweichung über die Bahnlänge haben können. Aus der Differenz der unbeschichteten zur beschicheteten Kupferfolie wird die Beschichtungsdicke berechnet. Die Adhäsionsprüfung wird durch Zugversuche mit der Zugprüfmaschine Modell 5944 der Firma Instron durchgeführt. Die Messeinheit besteht aus zwei vertikal übereinander angeordneten Zugstempeln mit einem Durchmesser von 45 mm.[523] Der obere Zugstempel ist an einer vertikal verfahrbaren Kraftmessdose befestigt, mit der eine Last von bis zu 2 kN erfasst werden kann. Als Vorbereitung der Zugprüfung werden die Stempel zuerst mit Isopropanol gereinigt, um eine saubere Oberfläche zu erhalten. Anschließend wird auf die Stempel doppelseitiges Haftklebeband des Typs Verlegeband Extra Stark der Firma Tesa aufgeklebt. Die Klebebandstücke müssen dabei in ihrer Länge mindestens den Durchmesser des Stempels überdecken. Überstehende Ränder der Klebestreifen müssen vollständig an die jeweilige Stempelmantelfläche angedrückt werden. Die Schutzfolie auf der anderen Seite des Haftklebebands ist erst nach erfolgreicher Applikation auf den Stempeln zu entfernen. Unmittelbar danach muss die Probe auf den unteren Stempel mittig aufgelegt werden. Die Orientierung mit der beschichteten Seite nach oben oder unten ist irrelevant. Wenn die Probe platziert ist, kann der programmierte Prüfvorgang, der im Folgenden erläutert wird, gestartet werden. Zu Beginn kommt es zu einem Anpressen der Probe durch den oberen Stempel, wenn dieser auf die Beschichtung nach unten auf den unteren Stempel für circa 30 Sekunden mit einer definierten Anpresskraft von 900 N anpresst. Das Anpressen sichert die Reproduzierbarkeit der Messung weiterer Proben. Für die Zugprüfung bewegt sich der obere Stempel mit etwa 100 $\frac{mm}{min}$ aufwärts. Die während der Zugprüfung entstehenden Messpunkte einer Kraft-Weg-Messkurve werden als Rohdaten abgespeichert. Für die Validierung wird die maximale Zugkraft, die zum Probenversagen führt, in Tabelle 6.1 erfasst. Das Versagen der untersuchten Anode muss an der Grenzfläche zwischen der Beschichtung und der Kupferfolie auftreten. Die dabei wirkende Zugkraft entspricht somit der Adhäsionskraft der Beschichtung am Substrat, weil die Adhäsionskraft des Haftklebebands um ein Vielfaches höher ist. Es kann beobachtet werden, dass bei manchen Produktionsläufen ein teilweise ungleichmäßiges Ablösen der Beschichtung von der Trägerfolie während der Adhäsionsprüfung stattfindet. Es tritt teilweise im Randbereich der Beschichtung, an den Positionen eins und drei aus Abbildung 6.7 auf. Diese Ergebnisse werden aussortiert, da dies nicht zur Validierung der Methodik beiträgt und auf den Pilotbetrieb der Kleinserienanlage zurückzuführen ist. Die erfolgreich durchgeführten Adhäsionsprüfungen im Rahmen der Validierung sind in Tabelle 6.1 in der vierten Spalte dargestellt.

Im dritten Schritt der ersten Etappe in Abbildung 5.23 wird die Regressionsanalyse durchgeführt und mit dem Ergebnis der Q-Graph aufgestellt. Es werden die Werte aus Tabelle 6.1 für die Regressionanalyse nach Kapitel 5.2.3 verwendet. Durch Einsetzen der Messpunkte in Gleichung 6.2 können die Koeffizienten c bestimmt werden. Dabei wird mit Gleichung 6.3 die nötige Größe des D-optimalen Versuchsplans berechnet. Damit wird die im vorausgehenden Abschnitt geforderte Anzahl von acht Zeilen der Tabelle 6.1 ersichtlich, da für die Validierung zusätzlich die quadratische Wirkung mit zwei Termen und noch ein Sicherheitsfaktor von zwei für das physische Verhalten berücksichtigt werden.

[523] Vgl. Anhang A.4 in Abbildung A.11 für den Prüfstand der Adhäsionsmessung mit Messeinheit

$$z_i = \underbrace{c_{0,i}}_{Konstante} + \underbrace{c_{1,i}x_{1,i} + c_{2,i}x_{2,i}}_{\substack{lineare\\Hauptwirkung}} + \underbrace{c_{3,i}x_{1,i}^2 + c_{4,i}x_{2,i}^2}_{\substack{quadratische\\Wirkung}} + \underbrace{c_{5,i}x_{1,i}x_{2,i}}_{Wechselwirkung} + \underbrace{e_i}_{Fehler} \tag{6.2}$$

$$n = p + p\frac{p-1}{2} + 1 + \underbrace{2}_{\substack{quadratische\\Wirkung}} + \underbrace{2}_{\substack{physisches\\Verhalten}} \tag{6.3}$$

$$= 2 + 2\frac{2-1}{2} + 1 + 2 + 2 \tag{6.4}$$

$$= 8 \tag{6.5}$$

n Anzahl der Versuchspunkte
p Anzahl der Faktoren (lineare Hauptwirkungen) im Modell
i Laufvariable für jeden Versuchspunkt
$x_{1,i}$ Bahngeschwindigkeit als erste Dimension des Q-Graphen
$x_{2,i}$ Beschichtungsdicke als zweite Dimension des Q-Graphen
z_i Adhäsion als dritte Dimension des Q-Graphen

$$c_{0,i} = 1777,10; \forall i \in n \tag{6.6}$$

$$c_{1,i} = 26.83; \forall i \in n \tag{6.7}$$

$$c_{2,i} = -22,79; \forall i \in n \tag{6.8}$$

$$c_{3,i} = -0,12; \forall i \in n \tag{6.9}$$

$$c_{4,i} = 0,12; \forall i \in n \tag{6.10}$$

$$c_{5,i} = -0,10; \forall i \in n \tag{6.11}$$

Mit den verfügbaren Daten aus Tabelle 6.1 wird anhand der Modellgleichung aus Gleichung 6.2 eine Regressionanalyse durchgeführt, wobei sich die auf die zweite Dezimalstelle gerundeten Koeffizienten c in Gleichung 6.11 ergeben. Daran ist erkennbar, dass die Koeffizienten höherer Ordnung weniger Einfluss haben und keine höheren Ordnungen betrachtet werden müssen. Das Ergebnis ist graphisch in Abbildung 6.8 dargestellt, links die Messpunkteverteilung und rechts der resultierende Q-Graph. Für die Erstellung des Q-Graphen müssen die Wertebereiche der Achsen und somit der Betrachtungsraum gewählt werden. Die Bereiche werden entsprechend aus den Anlagenspezifikationen und dem zu betrachtenden Betriebsmodus festgelegt, sodass die Modellfunktion darüber abgebildet wird. Die Wertebereiche liegen in der Bahngeschwindigkeit zwischen 0,3 bis 0,9 $\frac{m}{min}$, die Beschichtungsdicke zwischen 67 und 172,25 μm und die resultierende Adhäsion zwischen 1091 und 1637 N. Der Verlauf des Q-Graphen zeigt, dass die Adhäsion der Beschichtung mit der Beschichtungsgeschwindigkeit leicht steigt und gleichzeitig mit der Beschichtungsdicke beginnend bei 67 μm leicht abnimmt. Dieses Ergebnis stimmt auch mit publizierter Literatur überein.[524]

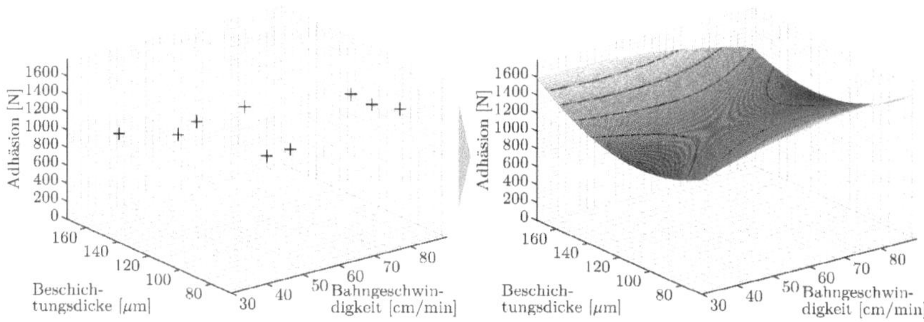

Abb. 6.8: Validierung Phase V – Messpunkte und Q-Graph des Trocknens

Einen umgekehrten Verlauf nimmt der Q-Graph bei hohen Beschichtungsdicken größer 109 μm pro Meter an. Hier sinkt die Adhäsion mit steigender Beschichtungsgeschwindigkeit leicht. Diese Erkenntnisse werden bei der Isolinienwanderung berücksichtigt. In Abbildung 6.8 kann der Anwender als Orientierungshilfe Isolinien beispielsweise für vier Adhäsionswerte bei 1200, 1300, 1400 und bei 1500 N eintragen. Das Adhäsionsniveau bei 1200 N setzt sich aufgrund des Kurvenverlaufs aus zwei Isolinien zusammen. Eine verläuft von 30 bis 46,6 $\frac{cm}{min}$ und die zweite von 76,2 bis 90 $\frac{cm}{min}$. Es wird überprüft, wie gut das Ergebnis des Q-Graphen ist. Für die Überprüfung der Güte werden entsprechend Kapitel 5.2.3 das Bestimmtheitsmaß R^2 nach Gleichung 5.11 in Gleichung 6.12 und R^2_{Korr} nach Gleichung 5.12 in Gleichung 6.13 berechnet.

$$R^2 = 1 - \frac{\sum_{i=1}^{n}(z_i - \hat{z}_i)^2}{\sum_{i=1}^{n}(z_i - \bar{z}_i)^2} = 0.88 \tag{6.12}$$

$$R^2_{korr} = 1 - (1 - R^2) * \frac{(n-1)}{(n-k)} = 1 - (1 - 0,88) * \frac{(9-1)}{9-6} = 0,68 \tag{6.13}$$

k Anzahl aller Koeffizienten

n Anzahl nicht doppelter Messpunkte aus dem Versuchsplan

Die errechneten Koeffizienten in Gleichung 6.11 bestätigen ein gutes Beschreibungsmodell zwischen der Adhäsionkraft und der Beschichtungsdicke bzw. der Bahngeschwindigkeit, weil das berechnete Bestimmtheitsmaß in Gleichung 6.13 nahe eins liegt. Neben

[524] Vgl. Kumberg et al. (Influence of Thickness on Adhesion), 2019, S. 4

dem Bestimmtheitsmaß wird das korrigierte Bestimmtheitsmaß in Gleichung 6.13 berechnet. Da es im Fall der Adhäsionsbetrachtung nur zwei Prozessparameter als unabhängige Variablen gibt, ist die Berechnung des korrigierten Bestimmtheitsmaßes bedingt wichtig. Relevant wird es bei mehr Abhängigkeiten. Es wird aus dem Grund der vollständigen Validierung berechnet, um die Nähe zum maximalen Betrag eins abzugleichen. Damit ist die erste Etappe aus Phase V validiert und es folgt die Etappe zwei beginnend mit der **Isolinienwanderung**. Aus dem Q-Graphen werden nach der Überprüfung des Funktionsverlaufs die Isolinien und deren Qualitätskorridore festgelegt. In Abbildung 6.9 werden im Optimierungsprogramm der angestrebte Zielwert für das zu untersuchende Qualitätsmerkmal Adäsion sowie die erlaubte Qualitätsabweichung von diesem Wert eingegeben.

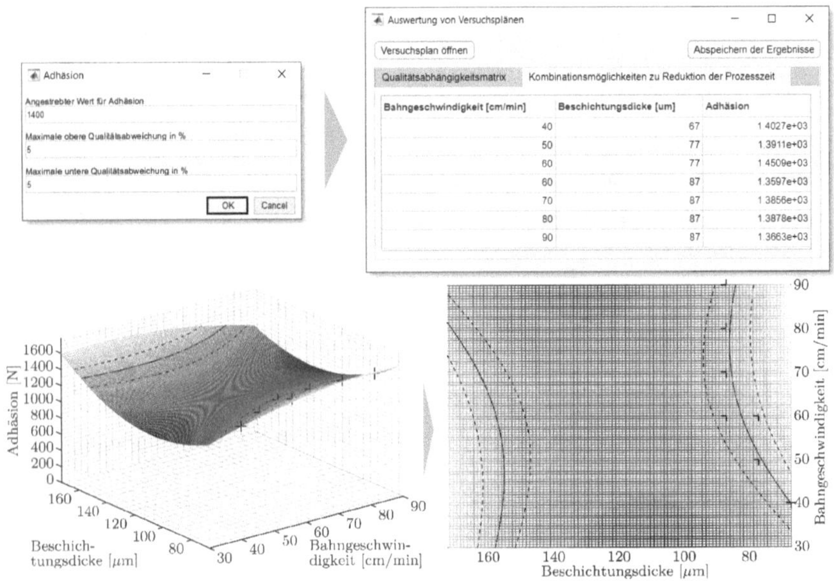

Abb. 6.9: Validierung Phase V – Q-Graph mit Isolinien und Qualitätskorridor

Für die Adäsion ist der Wert auf 1400 N gesetzt und ein Qualitätskorridor über die Toleranzen von jeweils 5 % eingegeben.[525] Damit wird im darunterliegenden Q-Graphen die Isolinie und ihr zugehöriger Qualitätskorridor von 5 % hinterlegt. Für die Lösungsfindung wird im Programm ein Suchraster in geeigneten konstanten Intervallen entsprechend der betragsmäßigen Größe der Prozessparameter gewählt und das Suchfeld S aufgestellt.[526]

[525] Die Toleranzeingabe ist wichtig, um auch bei weiteren Dimensionen, d. h. multidimensionaler Prozessparameterabhängigkeit des Qualitätsmerkmals, eine Lösung zu erhalten.

[526] Vgl. Phase VI. Dort wird Suchfeld S in Pseudo-Code drei in die automatisierte Lösungsfindung aufgenommen.

Für die Prozessparameter innerhalb des Suchfelds werden mit Gleichung 6.2 die Adhäsionswerte berechnet und anschließend überprüft, ob diese innerhalb des Qualitätskorridors liegen. Für die Validierung werden die im Suchfeld liegenden Adhäsionswerte als Punkte in den Q-Graphen unten links und in der Draufsicht unten rechts in Abbildung 6.9 eingezeichnet. In der Draufsicht erkennt man, dass diese Punkte nur im rechten Qualitätskorridor eingezeichnet sind. Dies lässt sich damit erklären, dass der Wertebereich der Prozessparameter aus dem Versuchsplan nur den rechten Teil, d. h. von 67 bis 139 μm und von 30 bis 90 $\frac{cm}{min}$, abdeckt, sodass sich das Suchfeld auf diesen Bereich beschränkt. Der linke Qualitätskorridor kommt theoretisch infrage, jedoch basiert lediglich auf Punkten aus der Regressionsfunktion Gleichung 6.2 und sollte noch in Versuchen überprüft werden. Die Punkte aus dem Suchfeld innerhalb des rechten Qualitätskorridors werden gespeichert und dem Anwender als Einstellungsmöglichkeiten in der Ansicht rechts oben in Abbildung 6.9 ausgegeben. Aus dieser Übersicht wird deutlich, dass die Prozessparameterkonfiguration mit einer Bahngeschwindigkeit von 90 $\frac{cm}{min}$ und einer Beschichtungsdicke von 87 μm eine Adhäsionskraft von 1366 N erzielt. Dies stellt die schnellste Konfiguration für die vorgegebene Qualitätsanforderung von 1400 N mit 5 % Qualitätsabweichung für den Prozessschritt des Trocknens dar. Damit kann der Anwender den Wiederanlauf beschleunigen. Es ist noch zu erwähnen, dass die diskreten Konfigurationen den Lösungsraum etwas einschränken. Dennoch muss ein gewisses Lösungsraster angewendet werden, um in Phase VI in Kapitel 6.1.3 einen Algorithmus ableiten zu können. Für eine manuelle Prozessoptimierung kann theoretisch auch der kontinuierliche Lösungsraum aus dem Q-Graphen vom Anwender verwendet werden. Das Ergebnis der Isolinienwanderung ist in Tabelle 6.2 gesammelt notiert und um die resultierende Wiederhochlaufzeit ergänzt.

Tab. 6.2: Punkte der Isolinienwanderung

Beschichtungsdicke [μm]	Bahngeschwindigkeit [m/min]	Wiederhochlaufzeit [sek] (Trocknerlänge 1,3 m)
67	0,4	195
77	0,5	156
77	0,6	130
87	0,6	130
87	0,7	111
87	0,8	98
87	0,9	87

Die Werte beziehen sich auf den in dieser Validierung verwendeten 1,3 m langen Trockner. Zunächst fährt die beschichtete Elektrodenfolie von der Schlitzdüse bis zum Trockner, wo sie unter der Prozessluft etwas Lösungsmittel abgibt. Danach fährt sie durch den 1,3 m langen, auf 110 °C beheizten Ofen und im Anschluss noch einen weiteren Meter bis zur Umlenkrolle. Bis ein Punkt auf der Elektrodenbahn an dieser ankommt, muss er trocken sein, um in seiner Struktur nicht zerstört zu werden. Für den Fall der beidseitigen

Beschichtung würde hier ansonsten das aufgetragene Slurry an der Umlenkrolle haften bleiben und vom Substrat teilweise abgetragen. Für die Adhäsionsprüfung in dieser Validierung wird zwar nur mit einer einseitigen Beschichtung gearbeitet, dennoch darauf geachtet, dass die Beschichtung vor der Umlenkrolle trocken ist. Für die Wiederanlaufbetrachtung soll ausschließlich der Ofenteil als Trockenstrecke berücksichtigt werden. Mit den 1,3 m Trockenstrecke kann somit die Wiederhochlaufzeit der einzelnen Parametrisierungen berechnet werden, sodass sich 195 Sekunden für die langsamste und 87 Sekunden für die schnellste in Tabelle 6.2 aufgeführte Prozessparameterkonfiguration ergeben. Das Ergebnis aus der Isolinienwanderung soll in die Wiederhochlaufkurve des Qualitätsmerkmals Adhäsion überführt werden. Für die Validierung des Zusammenhangs ist in Abbildung 6.10 die S-Kurve neben der Isolinienwanderung dargestellt.

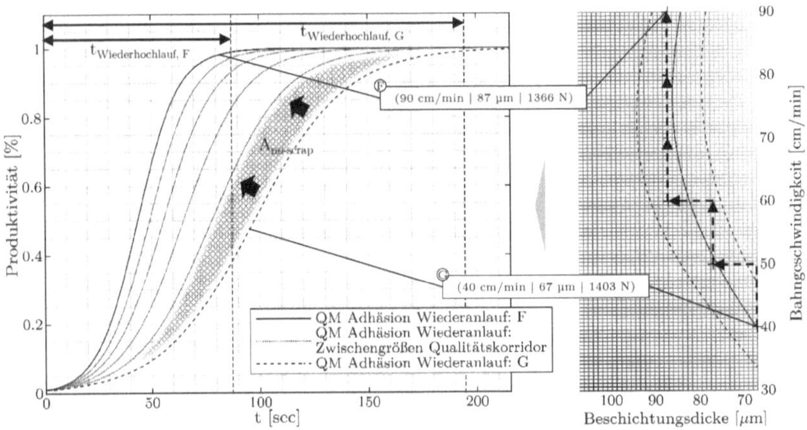

Abb. 6.10: Validierung Phase V – S-Kurven des Qualitätskorridors

Alle im Qualitätskorridor um 1400 N eingezeichneten Punkte sollen nacheinander in ihrem Einfluss auf den Wiederanlauf untersucht werden. Beginnt man in der Konfiguration mit einer Beschichtungsgeschwindigkeit von 40 cm pro Minute und einer Beschichtungsdicke von 67 μm ergibt sich die gestrichelte S-Kurve mit der Kennzeichnung G, die über die Zeit t die Zielerreichung in Prozent der Zieladhäsion angibt.[527] Die Wiederhochlaufkurve G beginnt mit 1 % und steigt auf 99 %, sodass $t_{Wiederhochlauf,G}$ 195 Sekunden beträgt.[528] Wandert der Anwender durch den Qualitätskorridor, so ergibt sich für jeden weiteren Punkt eine S-Kurve. Es werden alle Punkte im Qualitätskorridor in Richtung

[527] Zielwerterreichung wird in Bezug auf Qualitätsmerkmale für die Produktivität synonym verwendet.

[528] Es werden für die Validierung 99 % als Zielerreichung gewählt, da 100 % ein Idealwelt ist, der in der Praxis nicht erreicht wird. Gleichzeitig wird die Startproduktivität auf 1 % gesetzt, um die S-Kurven-Funktion entsprechend der physisch-mathematischen Modellierung verwenden zu können.

der steigenden Beschichtungsgeschwindigkeit abgewandert. Die zeitlich optimale Prozessparameterkonfiguration im Suchraum ist die Konfiguration bei 87 μm Beschichtungsdicke und einer Beschichtungsgeschwindigkeit von 90 $\frac{cm}{min}$. Diese ist als durchgezogene S-Kurve mit der Kennzeichnung F eingetragen. Die Wiederhochlaufkurve F beginnt ebenso mit 1 % und steigt bis auf 99 %, wobei $t_{Wiederhochlauf,F}$ 87 Sekunden beträgt. Alle anderen sich potenziell ergebenden S-Kurven sind gepunktet angedeutet. Aus der S-Kurvendarstellung wird die zeitlich optimale Wiederhochlaufkurve ersichtlich, die den Zielwert nach einer Wiederhochlaufzeit von 87 Sekunden erreicht. Die entgangene Produktion, als Fläche zwischen der Zielerreichung von 100 % und der S-Kurve, wird dabei um die Fläche $A_{no-scrap}$ zwischen der S-Kurve G und F verringert.[529] Das Ergebnis der Optimierung des Wiederanlaufs mittels Isolinienwanderung kann somit am Prozessschritt Trocknen mittels des Qualitätsmerkmals Adhäsion validiert werden.

Im fünften und letzten Schritt der zweiten Etappe der Phase V wird die Einflussanalyse zur Überprüfung des Ergebnisses in seiner Wirkung auf die globalen Qualitätsmerkmale durchgeführt. Dies ist eine Möglichkeit, um dem Management eines Unternehmens durch beispielhafte Maßnahmen eine effektive Optimierung der globalen Qualitätsmerkmale der Linie in Aussicht zu stellen. Dazu soll der Einfluss der Prozessparameter auf die globalen Qualitätsmerkmale nach Gleichung 5.15 ausgedrückt werden.[530] Mit den Werten aus den Q_x- und Q_z-Matrizen in Gleichung 6.1 ergibt sich Gleichung 6.14. Für die Einflussanalyse muss zunächst der Einfluss für die Ausgangswerte der betrachteten Prozessparameter in $\overrightarrow{p_1}$ bestimmt werden. Nach dem Einsetzen der Werte p_i entsprechend Gleichung 6.15 in die Quotienten der Normierungsmatrix kann daraus $\overrightarrow{g_1}$ in nach Gleichung 6.16 zu dem Wert aus Gleichung 6.17 berechnet werden.

$$\overrightarrow{g} = [\begin{pmatrix} \frac{1}{m_{11}} & 0 & 0 & 0 \\ 0 & \frac{1}{m_{22}} & 0 & 0 \\ 0 & 0 & \frac{1}{m_{33}} & 0 \\ 0 & 0 & 0 & \frac{1}{m_{44}} \end{pmatrix} * \overrightarrow{p}]^T * \underbrace{\begin{pmatrix} -1 & 1 \\ -1 & 1 \\ 1 & -1 \\ -1 & 1 \end{pmatrix} * \begin{pmatrix} 0 & -1 & -1 & -1 & -1 \\ 1 & 1 & 1 & 1 & 1 \end{pmatrix}}_{Q_e} \tag{6.14}$$

$$\begin{pmatrix} m_{11} \\ m_{22} \\ m_{33} \\ m_{44} \end{pmatrix} = \overrightarrow{p_1} = \begin{pmatrix} 110°C \\ 40\frac{cm}{min} \\ 67\mu m \\ 195s \end{pmatrix} \tag{6.15}$$

[529] Vgl. Kapitel 6.1.3 für die Berechnung des Potenzials zur Verbesserung der Ausbringung über die Fläche $A_{no-scrap}$

[530] Vgl. Kapitel 5.2.3

$$\overrightarrow{g_1} = \begin{pmatrix}1 & 1 & 1 & 1\end{pmatrix} * \begin{pmatrix}1 & 2 & 2 & 2 & 2\\ 1 & 2 & 2 & 2 & 2\\ -1 & -2 & -2 & -2 & -2\\ 1 & 2 & 2 & 2 & 2\end{pmatrix} \tag{6.16}$$

$$\overrightarrow{g_1} = \begin{pmatrix}2 & 4 & 4 & 4 & 4\end{pmatrix} \tag{6.17}$$

$\overrightarrow{g}$ Einflussvektor
$\overrightarrow{p_1}$ Prozessparametervektor mit vier Dimensionen
m_{ii} Prozessparameterwerte p_i vor der Optimierung
i Laufvariable für die Dimension des Prozessparametervektors

Das quantitative Ziel im Hinblick auf die zweite Stoßrichtung Qualität dieser Optimierung ist es, die einzelnen Werte der Dimensionen von $\overrightarrow{g}$ zu erhöhen, um somit eine Verbesserung der globalen Qualitätsmerkmale Energiedichte, Laderate, Zellkapazität, Lebensdauer und Zellsicherheit zu erhalten. Deren Beeinflussung durch die Prozessparameterkonfiguration ist in Gleichung 6.17 von links nach rechts ablesbar. Der Wert der einzelnen Dimensionen liegt im Moment bei zwei oder vier, sodass ein größerer Wert nach der Optimierung die Verbesserung des jeweiligen globalen Qualitätsmerkmals bestätigt. Allgemein soll die Optimierung der Qualität der zeitlichen Beschleunigung des Wiederanlaufs nachgelagert betrachtet werden.[531] Berechnet der Anwender für die optimierte Prozessparameterkonfiguration den Einfluss, so ergibt sich mit Gleichung 6.14 und Einsetzen der optimierten Prozessparameterkonfiguration in $\overrightarrow{p_2}$ die Gleichung 6.18.

$$\overrightarrow{g} = [\begin{pmatrix}\frac{1}{110°C} & 0 & 0 & 0\\ 0 & \frac{1}{40\frac{cm}{min}} & 0 & 0\\ 0 & 0 & \frac{1}{67\mu m} & 0\\ 0 & 0 & 0 & \frac{1}{195s}\end{pmatrix} * \overrightarrow{p_2}]^T * Q_e \tag{6.18}$$

$$\overrightarrow{p_2} = \begin{pmatrix}110°C\\ 90\frac{cm}{min}\\ 87\mu m\\ 87s\end{pmatrix} \tag{6.19}$$

[531] Vgl. Kapitel 5.2.2

$$\overrightarrow{g_2} = \begin{pmatrix} 1 & 2,25 & 1,3 & 0,4 \end{pmatrix} * \begin{pmatrix} 1 & 2 & 2 & 2 & 2 \\ 1 & 2 & 2 & 2 & 2 \\ -1 & -2 & -2 & -2 & -2 \\ 1 & 2 & 2 & 2 & 2 \end{pmatrix} \tag{6.20}$$

$$\overrightarrow{g_2} = \begin{pmatrix} 2,35 & 4,7 & 4,7 & 4,7 & 4,7 \end{pmatrix} \tag{6.21}$$

$\overrightarrow{g}$ Einflussvektor
$\overrightarrow{p_2}$ Prozessparametervektor mit vier Dimensionen
m_{ii} Prozessparameterwerte p_i vor der Optimierung
i Laufvariable für die Dimension des Prozessparametervektors

Als Einflussvektor $\overrightarrow{g_2}$ für die Prozessparameterkonfiguration $\overrightarrow{p_2}$ ergibt sich nach Gleichung 6.21 auf die globalen Qualitätsmerkmale ein Einfluss von 2,35 oder 4,7. Das sind 0,35 beziehungsweise 0,7 mehr als in $\overrightarrow{g_1}$ der ursprünglichen Prozessparameterkonfiguration in Gleichung 6.17. Das bedeutet, dass mit einer optimierten Prozessparameterkonfiguration zur Beschleunigung des Prozessschritts Trocknen gleichzeitig eine Verbesserung der globalen Qualitätsmerkmale erzielt wird. Nimmt man dieses Validierungsergebnis und skaliert es auf einen Trockner, der 100 m lang ist und mit 90 $\frac{cm}{min}$ fährt, so lässt sich diese Validierung analog durchführen. Die Validierung der iterativen Optimierung jedes einzelnen Qualitätsmerkmals eines Prozessschritts und die Kopplung der Prozessschritte erfolgt im Gestaltungsmodul.

6.1.3 Gestaltungsmodul

Die Validierung des Gestaltungsmoduls soll bestätigen, dass die funktionalen Zusammenhänge der Phasen des Initiierungs- mit dem Analysemodul in einem Wiederanlaufmodell zusammengeführt werden können. In der Phase VI wird das in Pseudo-Codes formulierte Vorgehen zur Wiederanlaufoptimierung der einzelnen Prozessschritte in das Programm MATLAB überführt. Die daraus hervorgehende Prozessparameterkonfiguration der Prozessschritte wird in Phase VII verwendet, um mit den resultierenden Hochlaufkurven in MATLAB SIMULINK den Gesamthochlauf darzustellen. Dieser wird über die Berechnung des Potenzials zur Verbesserung der Ausbringung validiert.

Für die **Phase VI** muss das Vorgehen aus dem Ablaufdiagramm eines Wiederanlaufmodells aus Abbildung 5.34 validiert werden. Im Gestaltungsmodul wird das Ablaufdiaramm prinzipiell in drei Pseudo-Codes gegliedert. Vorab wird der jeweils betrachtete Prozessschritt gewählt und anschließend mit den übrigen Prozessschritten gekoppelt. Für die Validierung müssen neben dem Prozessschritt Trocknen alle anderen Prozessschritte mit betrachtet werden. Im Folgenden werden die Pseudo-Codes durch die Implementierung im Programm MATLAB und die Parametrierung mit Werten aus der Praxis validiert.

Pseudo-Code eins in Abbildung 5.35 beinhaltet das Aufstellen der Q_x-Matrizen aus den Netzgraphen.[532] Das systematische Vorgehen soll hinsichtlich der Einordnung in das Ablaufdiagramm aus Abbildung 5.34 validiert werden. Nimmt der Anwender entsprechend als Eingangsgrößen für die Initialisierung des Programmcodes alle Prozessparameter m und die Qualitätsmerkmale n eines Prozessschritts in Betracht, so kann er über Pseudo-Code eins aus Abbildung 5.35 zeilenweise für alle Prozessparameter die Wirkung auf die lokalen Qualitätsmerkmale eintragen und dies spaltenweise für jedes Qualitätsmerkmal umsetzen. Damit ist die vollständige Untersuchung aller lokalen Qualitätsmerkmale sichergestellt und der Pseudo-Code eins für die Aufstellung der Q_x-Matrizen durch die Validierung des Vorgehens in Kapitel 6.1.2 bereits validiert.

Pseudo-Code zwei in Abbildung 5.36 gilt mit Verweis auf die Analyse des Prozessschritts Trocknen aus Phase V in Kapitel 6.1.2 aus den folgenden Gründen als validiert. Die Inputgrößen Q_x-Matrix und die Wertebereiche des im aktuellen Durchlauf betrachteten Qualitätsmerkmals sowie Prozessparameters sind in Phase V bereits verwendet worden und werden vom Anwender bereitgestellt. Das Programm stellt für jedes Qualitätsmerkmal und die folgende Regressionsanylse einen D-optimalen Versuchsplan auf. Für die Erstellung des Versuchsplans wird im Rahmen der Methodik bereits ein Programm aufgestellt, wofür der Anwender die genannten Inputgrößen benötigt. Für das Ausfüllen des resultierenden D-optimalen Versuchsplans können Messwerte erhoben oder gespeicherte Messwerte verwendet werden. Die Validierung der Regressionsanalyse für die Aufstellung der Funktion $f_{QM_j}(\overrightarrow{x})$ der Q-Graphen kann der Literatur entnommen werden.[533]

Pseudo-Code drei in Abbildung 5.37 realisiert die Isolinienwanderung in den Q-Graphen und wird folgend überprüft. Das Ergebnis der Phase VI visualisiert in Abbildung 6.9 den Ablauf des zweiten Pseudo-Codes. Darin wird der Ablauf mit Messdaten validiert. Wichtig ist, dass alle zeitabhängigen Prozessparameter im Suchraum innerhalb des Qualitätskorridors berücksichtigt werden. In der Validierung am Prozessschritt Trocknen ist das Ergebnis eine Wiederhochlaufzeit von 87 Sekunden, wenn die folgende Prozessparameterkonfiguration gewählt wird:[534]

- Lufttemperatur 110 °C,
- Bahngeschwindigkeit 90 $\frac{cm}{min}$,
- resultierende Beschichtungdicke 87 μm,
- resultierende Trocknungsdauer 87 Sekunden,
- Restfeuchte 1 %
- Adhäsion 1366 N.

[532] Vgl. Kapitel 5.2.1.1

[533] Vgl. Siebertz et al. (Statistische Versuchsplanung), 2017, S. 243–248

[534] Vgl. Tabelle 6.2

In den Versuchen entsprechend des Versuchsplans ergibt sich bei 110 °C für alle Beschichtungdicke ein gutes Trocknungsergebnis mit einer Restfeuchtigkeit kleiner einem Massenprozent mit der angewendeten Parametrisierung.[535] Da der Einfluss der Bahngeschwindigkeit auf die Restfeuchte nach der Q_x-Matrix aus Gleichung 6.1 eine negative Korrelation besitzt, muss prinzipiell für die Analyse ein Versuchsplan nach Phase V aufgestellt werden und über die Isolinienwanderung aus der maximalen Toleranz der Restfeuchte die möglichen Bahngeschwindigkeiten identifiziert werden. Für die Validierung muss prinzipiell analog wie für die Adhäsion vorgegangen werden. Da die Messungen aus dem Qualitätskorridor der Ahäsion für alle Messpunkte ein Trockenergebnis mit einer Restfeuchte von kleiner einem Massenprozent aufweisen, werden die Versuche für die Restfeuchteanalyse nicht weiterverfolgt. Die Kopplung der Wiederhochlaufkurven und die Produktivitätsbetrachtung des Prozessschritts Trocknen verlangt prinzipiell eine Multiplikation der Produktivitätskurven der Adhäsion mit derjenigen der Restfeuchte. Aufgrund des guten Trockenergebnisses in allen Versuchen genügt die Multiplikation der Produktivitätskurve der Adhäsion mit dem Faktor eins. Daraus ergibt sich die Produktivität des Trocknungssprozesses, die somit dem Kurvenverlauf der Adhäsionsproduktivität gleicht. Die Adhäsion der Beschichtung der Elektrodenfolie ist eines der wichtigsten lokalen Qualitätsmerkmale in der Batteriezellfertigung, da alle globalen Qualitätsmerkmale davon in einer positiven Korrelation abhängig sind.[536] Mit der Programmierung der Pseudo-Codes eins bis drei und dem erfolgreichen Durchlaufen des Programms mit den Messdaten als Input sind diese validiert. Die Kopplung der Wiederanlaufkurven erfolgt nach den Regeln aus Phase V und wird in der letzten Phase überprüft.[537]

Die Validierung der **Phase VII** beinhaltet die Überprüfung des Wiederanlaufmodells und der ausgewählten Prozessparameterkonfiguration. Das Wiederanlaufmodell aus Phase V beinhaltet die Darstellung der gesamten Batteriezellfertigung unter Verknüpfung aller Prozessabschnitte im Programm MATLAB SIMULINK. Das in der vorausgegangenen Phase beschriebene Vorgehen am Prozessschritt Trocknen muss für alle Prozessschritte der Elektrodenfertigung, der Zellassemblierung sowie der Formation und des Testings durchgeführt werden. Daraus ergeben sich wie für alle Fertigungsabschnitte neue Wiederhochfahrzeiten für die Qualitätsmerkmale der Prozesse. Die Kopplung der resultierenden S-Kurven wird entsprechend der Regeln zur Kopplung aus Abbildung 5.39 im Programm MATLAB SIMULINK implementiert. Das Resultat ist in Abbildung 6.11 dargestellt.

Dazu ist im Schritt eins der zugehörige S-Kurvenverlaufen der Qualitätsmerkmale des Prozessschritts Trocknen in der ersten Zeile abgebildet. Zur S-Kurvenmodellierung wird in MATLAB SIMULINK ein Funktionsblock aufgebaut. Dieser erhält als Eingangsgrößen einen Startwert y_0, einen Zielwert y_t, eine Wiederhochlaufdauer x_t für die Wiederhochlauf-

[535] Zur Bestimmung der Restfeuchte wird das Gewicht der Probe vor und nach dem Ausheizen bestimmt und aus der Gewichtsabnahme die Massenprozent der Restfeuchte berechnet.

[536] Vgl. Abbildung 6.4 und Abbildung 6.5

[537] Vgl. Kapitel 5.3.1

dauer und eine Laufvariable t. Nach der Analyse aller Prozessschritte entsprechend ihrer Qualitätsmerkmale wird für jeden Prozessschritt ein Funktionsblock programmiert.[538] Im Rahmen der Validierung zur Überprüfung des Wiederanlaufmodells werden die einzelnen Funktionsblöcke parametriert. Die Werte für den Prozessschritt Trocknen sind bereits bekannt.

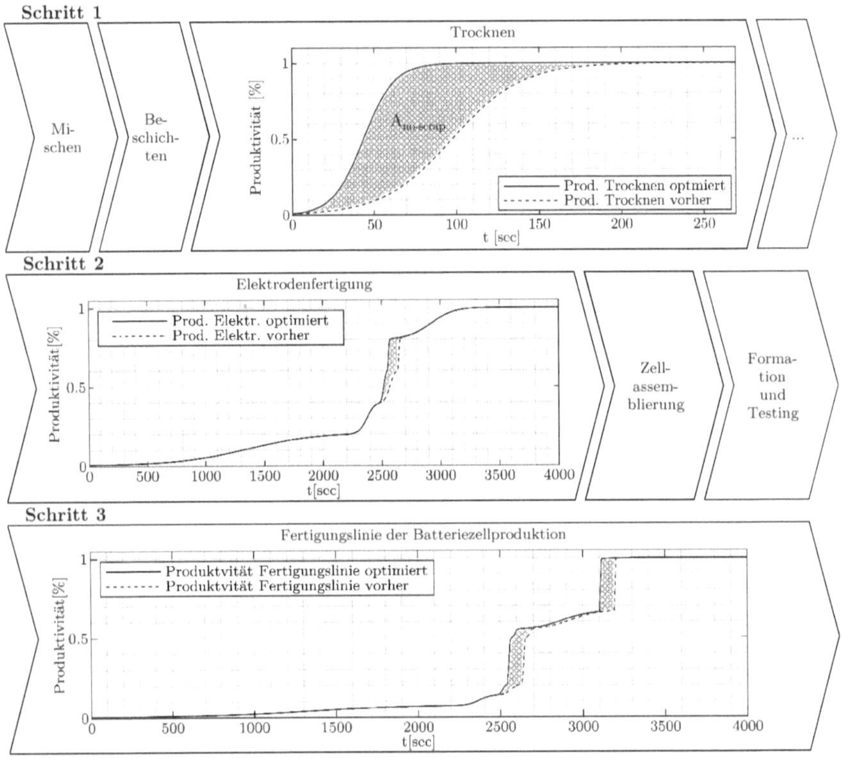

Abb. 6.11: Validierung Phase VII - Wiederanlaufmodell der Batteriefertigungslinie

Die Wiederhochlaufzeiten x_t der weiteren Prozessschritte stammen aus Angaben von Experten, die regelmäßig an der Fertigungslinie Batterien produzieren. Die Zielproduktivitäten y_t der Prozessschritte können aus der Ausschussbetrachtung in Kapitel 2.3 abgeleitet werden. Diese Werte für den Ausschuss aus Abbildung 2.11 werden in ihrem Median von der idealen Produktivität von 100 % subtrahiert und daraus die Werte für die zu modellierenden Produktivitäten y_t berechnet. Die resultierenden Werte sind in Tabelle 6.3 eingetragen. Die Produktivität kann an dieser Stelle auch eine normierte Stückzahl sein.

538 Vgl. Anhang A.3 in Abbildung A.9

Tab. 6.3: Parameterset für die Wiederhochlaufzeiten der Prozessschritte

Prozessschritt *normierte Stückzahl [-] oder Produktivität [%]	y_0 *	y_t *	x_t [Sekunden]
Mischen	0,01	0,99	2700
Beschichten	0,01	0,95	200
Trocknen	0,01	0,99	87 (195)
Kalandrieren	0,01	0,99	30
Vakuumtrocknen	0,01	0,99	900
Vereinzeln	0,01	0,99	5
Stapeln	0,01	0,98	5
Tabschweißen	0,01	0,99	5
Einbringen in das Gehäuse	0,01	0,99	5
Siegeln	0,01	0,99	600
Befüllen inkl. Verschließen	0,01	0,99	60
Formierung	0,01	0,99	5
Entgasen	0,01	0,99	5
Grading	0,01	0,99	5

Mit diesen Daten können die Prozessabschnitte im zweiten Schritt aus Abbildung 6.11 mit den Regeln zur Kopplung der Wiederhochlaufkurven berechnet werden.[539] Hierbei werden zusätzlich zu den Funktionsblöcken der Wiederhochlaufkurven Halteglieder eingesetzt. Diese sind notwendig, sofern ein Prozessschritt erst nach einem anderen startet, da die Zwischenprodukte des ersten für den folgenden benötigt werden. In der Grundkonfiguration des Wiederanlaufmodells startet jeder Prozessschritt, sobald der vorausgehende seine Zielproduktivität nach Tabelle 6.3 erreicht hat. Wenn Prozessschritte parallel ablaufen, so werden keine dazwischenliegenden Halteglieder benötigt. Für die Verwendung eines Halteglieds muss Gleichung 3.5 nach x aufgelöst und für y die Produktivität y_{TH} eingesetzt werden, ab welcher der nächste Prozessschritt starten soll. Daraus ergibt sich für ein Halteglied die Gleichung 6.22.

$$x_{hold} = 0.5 * x_t * \frac{(ln(\frac{1}{y_{TH}} - 1) - ln(\frac{1}{y_0} - 1))}{ln(\frac{1}{y_t} - 1)} \tag{6.22}$$

x_{hold} Dauer bis Zielproduktivität y_{TH} erreicht ist
x_t Wiederhochlaufdauer von $y = (1 - y_t)$ bis $y = y_t$
y_t Zielwert (Produktivitätsziel)
y_0 Startwert (Startproduktivität)
y_{TH} Produktivität für den Beginn des nächsten Prozessschritts

[539] Vgl. Kapitel 5.3.1

Mit einem Halteglied besteht beispielsweise die Möglichkeit, den Kalander später zu starten, sodass dadurch Energie eingespart werden kann. Da durch die Linienkonfiguration nichts anderes vorgegeben ist, werden für die Validierung alle Halteglieder der verketteten Prozessschritte in der Produktivität y_{TH} auf 95 % gesetzt. Daraus ergibt sich die Wiederhochlaufkurve der Elektrodenfertigung in der Mitte von Abbildung 6.11 als Schritt zwei. Analog erfolgt dies für die Zellassemblierung sowie die Formation und das Testing. An den Kurven der Elektrodenfertigung ist ein Produktivitätsgewinn durch die Optimierung der Wiederanlaufzeit im Prozessschritt Trocknen von 195 auf 87 Sekunden ersichtlich. Im dritten Schritt in Abbildung 6.11 werden die Prozessabschnitte zur Darstellung der gesamten Fertigungslinie der Batteriezellproduktion gekoppelt. Dazu werden die Kurven der Elektrodenfertigung, die Zellassemblierung sowie die Formation und das Testing miteinander zum ganzheitlichen Wiederanlaufmodell verbunden und die gesamte Produktivität berechnet.[540]

Für eine vollständige Validierung muss die Optimierung quantifiziert werden. Aus den sich neu ergebenden Wiederhochlaufkurven in Abbildung 6.10 wird der reduzierte Ausschuss bzw. die neu gewonnene Produktivität über die Fläche $A_{no-scrap}$ zwischen den S-Kurven mit der Integralfunktion in Gleichung 6.23 berechnet.

$$A_{no-scrap} = \int_0^{195} y_F(t)dt - y_G(t)dt \tag{6.23}$$

$$A_{ideal} = \int_0^{195} 1dt \tag{6.24}$$

$$\Psi_{Trocknen} = \frac{A_{no-scrap}}{A_{ideal}} * 100\% = 27,51\% \tag{6.25}$$

t	Zeit als Laufvariable
Ψ	Potenzial zur Verbesserung der Ausbringung
$y_F(t)$	optimierte Hochlaufkurve des Trocknens
$y_G(t)$	ursprüngliche Hochlaufkurve des Trocknens
$A_{no-scrap}$	Fläche der Ausschussvermeidung durch den optimierten Wiederanlauf
A_{ideal}	Fläche der maximalen Produktivität ohne Wiederanlauf

Dazu kann aufgrund der Linearität der Integralrechnung die Fläche der S-Kurve vorher und optimiert getrennt berechnet und voneinander subtrahiert werden, um den Wert der dazwischenliegenden Fläche zu erhalten.[541] Dabei ergeben sich nach Gleichung 6.25 für den Prozessschritt Trocknen 27,51 %. Betrachtet man die Kurve der Elektrodenfertigung in Schritt zwei als Zwischenschritt, ergeben sich 0,71 % (vgl. Gleichung 6.26), wobei die Grenzen des Integrals auf die gesamte Wiederanlaufbetrachtung von 4000 Sekunden angepasst werden muss.

540 Vgl. Anhang A.3 in Abbildung A.9 für Wiederanlaufmodell in MATLAB SIMULINK

541 Vgl. Merziger et al. (Formeln höhere Mathematik), 2010, S. 95

$$\Psi_{Elektrodenfertigung} = 0,71\% \tag{6.26}$$

Damit kann in der Gestaltung des Wiederanlaufs allein durch die Optimierung des Prozessschritts Trocknen nach Gleichung 6.27 ein Potenzial zur Verbesserung der Ausbringung um 1,70 % erzielt werden.

$$\Psi_{Batteriezellfertigung} = 1,70\% \tag{6.27}$$

Insgesamt ist die finale Prozessparameterkonfiguration als Kernergebnis der optimierten Batteriezellfertigung damit überprüft und die Methodik validiert. Dies stellt den alleinigen Einfluss einer Optimierung im Prozessschritt Trocknen dar, der zur Validierung herangezogen wird. Bei der Optimierung mehrerer Prozessschritte, beispielsweise dem Prozessschritt Mischen, der eine erhebliche Wiederanlaufzeit von 2700 Sekunden besitzt, wird das Potenzial zur Verbesserung der Ausbringung weiter zunehmen. Die Anwendung des aufgebauten Wiederanlaufmodells als Softwarewerkzeug kann dabei allgemeingültig auf jede Batteriezellfertigungslinie übertragen werden. Dazu werden die Anwendung und der Aufbau der Methodik im folgenden Kapitel kritisch reflektiert.

6.2 Kritische Reflexion

Im folgenden Kapitel wird die Methodik zur Gestaltung des Wiederanlaufs in der Lithium-Ionen-Batteriezellproduktion ganzheitlich betrachtet und die Erfüllung der Anforderungen aus Kapitel 3.1 erörtert.

6.2.1 Abgleich mit den inhaltlichen Anforderungen

Der Objektbereich der inhaltlichen Anforderungen wird durch die Kernergebnisse aus dem Initiierungs- und Analysemodul abgedeckt. Die Beschreibung der Produktvarianten erfolgt über die Festlegung der relevanten Qualitätsmerkmale der zu fertigenden Batteriezelle. Maßgeblich sind dabei die Zelldatenblätter, die in Kapitel 6.1.1 untersucht wurden. Die geforderte Betrachtung der Zusammenhänge zwischen Stellgrößen und Qualitätsparametern wird initial von Kausalitätsdiagrammen übernommen, die anschließend in Matrixdiagrammen berücksichtigt werden. Alle Kausalitätsdiagramme des Prozessabschnitts der Elektodenfertigung als Prozessabschnitt mit dem größten Ausschuss können Anhang A.1 entnommen werden. Gleichzeitig sind diese für alle Seriengrößen von der Laborserie über die Kleinserie bis zur Großserie einsetzbar. Durch die Analyse von globalen und lokalen Qualitätsmerkmalen wird eine vollumfängliche Identifikation sichergestellt. Die Forderung zur Berücksichtigung der Fertigungsfolgen wird zu Beginn der Methodik untersucht. Die Morphologie der Prozessschritte für alle Batteriezellformate ist entsprechend der Wertschöpfung angeordnet. Daraus ergibt sich eine feste Reihenfolge in den Prozessschritten. Die Einschaltvorgänge nach einer Fertigungsunterbrechung werden zum Erreichen einer Wiederanlaufzeit berücksichtigt und die Arbeitsschritte zum Wiedereinschalten analysiert. Kritisch ist die Planung mehrerer Fertigungskampagnen und der dafür benötigten Arbeitsschritte, wenn beispielsweise verschiedene Materialien oder Komponenten verbaut werden. Dies wird durch die Betrachtung der produktionsstukturbedingten Flexibilität in den Kampagneninformationen berücksichtigt.

Der Zielbereich der inhaltlichen Anforderungen wird durch das Analyse- und Gestaltungsmodul behandelt. Nach der Analyse der Wirkzusammenhänge wird das Wiederanlaufverhalten der einzelnen Prozessschritte in der Einschaltreihenfolge und dem Einschaltvorgang untersucht. Der entwickelte Produktionsleistungsgraph beschreibt dabei das Wiedereinschalten für Qualitätsmerkmale, Prozesse bzw. Prozessabschnitte und die Batteriezellfertigungslinie. Die Ursachen der Produktionsunterbrechungen und der Zeitraum zwischen einer Unterbrechung und dem Wiedereinschalten der Linie werden nicht vertieft und bieten ein weiteres Potenzial hinsichtlich der Optimierung der Fertigung. Dennoch wird die Anforderung an den Zielbereich über die Analyse des Ausschusses und der entgangenen Produktion im Wiederhochlauf erfüllt. Eine Schlüsselposition nimmt das dabei aufgestellte Zielsystem ein. Die Definition der Stoßrichtungen zur Reduktion der Wiederanlaufzeit und der Erhöhung der Qualitätsrate muss reflektiert werden. Der Wiederanlauf deckt analog zum Produktionsanlauf die Ziele der Effektivität, der Effizienz und das Terminziel ab. Im Wiederanlaufdauerzielsystem wird deutlich, dass die definierten Stoßrichtungen durch eine Qualitätssteigerung und eine Zeitreduktion die Effizienz indirekt steigern, sodass die Zielsetzung aus den drei Zielen vollständig und korrekt adressiert wird. Die zweite Anforderung des Zielbereichs wird durch das Gestaltungsmodul umgesetzt, wobei mit den Qualitätskennfeldern der Einfluss der Prozessparameterwahl auf das Wiedereinschaltverhalten und somit die Produktivität der Prozessschritte untersucht wird. Die im Analysemodul aufgestellte S-Kurvenmodellierung zeigt den resultierenden Wiederhochlauf und die in der Validierung erfolgreich optimierte Prozessparameterkonfiguration des Prozessschritts Trocknen. Damit kann sowohl die Zeit als auch die Qualität verbessert werden, sodass der Ausschuss reduziert wird. Die dritte Anforderung im Zielbereich fordert die Integration der Messdatenerhebung zur Qualitätssteigerung und, dem zugrunde liegend, eine Qualitätsüberwachung der Zwischenprodukte. Im Gestaltungsmodul werden alle lokalen und globalen Qualitätsmerkmale systematisch im Programmcode abgearbeitet, sodass eine individuelle Zwischenproduktbetrachtung vertieft werden kann. In der Definition der lokalen Qualitätsmerkmale wird deutlich, dass beispielsweise die Adhäsion und die Restfeuchte in der Validierung die Qualitätsüberwachung des Zwischenprodukts Elektrode sicherstellen. Somit wird diese Anforderung durch die lokalen Qualitätsmerkmale erfüllt.

6.2.2 Abgleich mit den formalen Anforderungen

Die formalen Anforderungen können durch die systematische Vorgehensweise der Methodik abgedeckt werden. Dazu wird beispielsweise die Handhabbarkeit durch das Vereinen von Zielen des Wiederanlaufs zu zwei Stoßrichtungen vereinfacht, sodass diese in einer vertretbaren Zeit durchlaufen werden kann. Die Wiederverwendbarkeit ist durch das in MATLAB aufgebaute Programm zur Optimierung und die Überprüfung mittels des in MATLAB SIMULINK aufgebauten Modells sichergestellt. Für die Nachvollziehbarkeit wird eine geeignete Modellierungssprache verwendet und die Methodik in den eingeführten Modulen und Phasen durchlaufen. Zudem werden in den Phasen Etappen gebildet, um die Lösung einer Zielsetzung zu strukturieren und zur Erläuterung Pseudo-Codes von Algorithmen aufgestellt. Die Allgemeingültigkeit für verschiedene Batteriezellformate wird durch das Kernergebnis einer allgemeingültigen Prozesskette verständlich und deren Anwendbarkeit in der Validierung bestätigt. Somit sind alle formalen Anforderungen gänzlich erfüllt und die Ergebnisse repräsentativ.

6.2.3 Reflexion der Ergebnisse

Bevor die Methodik im folgenden Kapitel zusammengefasst wird, soll vorab überprüft werden, ob das erarbeitete Ergebnis die übergeordnete Forschungsfrage beantwortet und die formulierte Zielsetzung erfüllt. Das erste Teilziel zur Identifikation aller relevanten Qualitätsmerkmale und Stellgrößen des Gesamtprozesses einer Batteriezellfertigung wird durch das Initiierungsmodul gelöst. An dieser Stelle könnte eine zusätzliche Gewichtung der globalen Qualitätsmerkmale eingeführt werden. In der vorliegenden Methodik ist die Gewichtung der lokalen Qualitätsmerkmale nicht notwendig, da die Einflussstärke über die Steigung in den Q-Graphen berücksichtigt ist. Eine differenzierte Gewichtung der globalen Qualitätsmerkmale wäre denkbar und wird im Folgenden diskutiert. In der Einflussanalyse wird der Einfluss der Prozessparameter über die lokalen auf die globalen Qualitätsmerkmale berechnet. Wäre der Einflussvektor der globalen Qualitätsmerkmale gewichtet, würde man den Einfluss der Optimierung deutlicher erkennen, jedoch kein anderes Ergebnis erhalten, da alle Merkmale nach der Spezifikation erfüllt werden müssen. Man könnte mit einer Gewichtung eine Prozessparameterkonfiguration suchen, in der alle globalen Qualitätsmerkmale gleich beeinflusst werden, um die Spezifikationen mit gleicher Wahrscheinlichkeit einzuhalten. Da auch in der Wiederanlaufoptimierung alle globalen Qualitätsmerkmale eingehalten werden und die Gewichtung hier nicht zur Optimierung des Wiederanlaufs beiträgt, ist das Teilziel erreicht.

In Bezug auf das zweite Teilziel wird die ausschussoptimierte Auswahl der Einschaltreihenfolge von Fertigungsfolgen beim Wiederanfahren einer Lithium-Ionen-Batteriezellproduktion bedingt umgesetzt, da festgestellt wurde, dass die Einschaltreihenfolge von der Prozessarchitektur abhängig ist. Die Reihenfolge wird an eine allgemeingültige Prozessabfolge geknüpft, innerhalb der Prozessschritte die Prozessparameterkonfiguration optimiert und damit das Teilziel erreicht. Hier wäre eine Umgestaltung von Anlagen der Fertigungslinie als weiteres Forschungspotenzial zu nennen, womit das Teilziel weiterführend untersucht werden kann. Da diese Methodik allerdings die formale Anforderung der Allgemeingültigkeit erfüllt, kann diese gleichzeitig auf die neugestaltete Linie und deren Anlagen angewendet werden.

Die im dritten Teilziel verortete Gestaltung des Wiederanlaufs der Lithium-Ionen-Batteriezellproduktion wird über das Wiederanlaufmodell umgesetzt, dessen Ergebnis eine Prozessparameterkonfiguration für einen optimierten Wiederanlauf ist. Die entwickelte Isolinienwanderung sucht nach einer maximalen Prozessbeschleunigung bei möglichst hohem Erfüllungsgrad der lokalen und somit auch globalen Qualitätsmerkmale. Dabei ist es denkbar, dass einzelne Qualitätsmerkmale grundsätzlich übererfüllt werden und eine Reduzierung der Anforderungen zu einer Erweiterung des Lösungsraums der Isolinienwanderung und einer weiteren Wiederanlaufbeschleunigung führt. Diese wäre eine zusätzliche Maßnahme und kann bei Bedarf mit implementiert werden. Durch die optimierte Gestaltung des Wiederanlaufs wird das dritte Teilziel erreicht.

Insgesamt kann festgehalten werden, dass die aufgestellte Methodik zur Gestaltung des Wiederanlaufs der Lithium-Ionen-Batteriezellproduktion die Produktivität nachweislich erhöht und damit die Zielsetzung erfüllt.

7 Zusammenfassung

Eine wirtschaftliche und nachhaltige Batteriezellproduktion ist eine der Herausforderungen zur Dekarbonisierung des Verkehrs. Dafür muss die steigende Nachfrage an Lithium-Ionen-Batteriezellen gedeckt werden. Da es sich dabei um eine disruptive Technologie handelt, erfolgt zeitgleich eine kontinuierliche Weiterentwicklung des Produkts. Dies kann eine Änderung im Format der Batteriezelle oder eine Weiterentwicklung in den verwendeten Materialien der Zellchemie bedeuten. Bleibt das Zellformat unverändert und wird die Zellchemie einer Batteriezelle adaptiert, werden neue Materialien auf einer existierenden Fertigungslinie prozessiert. Änderungen in der Zellchemie werden auch innerhalb einer Fahrzeuggeneration verbaut. Die rasanten Veränderungen sowohl in der Zellchemie als auch im Format führen zu Wiederanläufen in der Produktion. Aufgrund der kurzen Entwicklungszyklen kommt es zur Fertigung unreifer Produkte, sodass Linien häufig ab- und wiedereingeschaltet werden. Neben der Änderung der Zellspezifikationen fällt bei jedem Wiederanlauf der Fertigungslinie Ausschuss an, da die Wirkzusammenhänge zwischen den Prozessparametern und den Qualitätsmerkmalen nicht vollständig bekannt sind. Daraus resultiert als Kernherausforderung in einem variantenrobusten Wiederanfahrprozess der Lithium-Ionen-Batteriezellproduktion, eine Batteriezelle mit möglichst wenig Ausschuss zu fertigen. Um keine Umbaumaßnahmen an den Maschinen und Anlagen vornehmen zu müssen, ist das übergeordnete Ziel der Aufbau einer Methodik zur Gestaltung des Wiederanlaufs der Lithium-Ionen-Batteriezellproduktion an existierenden Linien. Aus der Kernherausforderung und der Zielsetzung resultiert die Forschungsfrage der Arbeit: Wie kann der Ausschuss beim Wiederanlauf der Produktion von aktuellen und zukünftigen Lithium-Ionen-Batteriezellen reduziert werden?

Dazu wurde als Grundlage des Betrachtungsbereichs zunächst die Produktarchitektur und Funktion einer Lithium-Ionen-Batteriezelle als Rundzelle, prismatische Zelle und Pouchzelle unterschieden, um einen variantenrobusten Wiederanfahrprozess zu gestalten. Dabei wurde der Produktionsprozess aufgestellt und in die Prozessabschnitte Elektrodenfertigung, Zellassemblierung sowie das Zellfinishing gegliedert. In der Betrachtung des Handlungsbedarfs wurde der Ausschuss für die einzelnen Prozessschritte als maßgebliche Größe hergeleitet. Die fehlende Berücksichtigung aller Wirkzusammenhänge zwischen den Prozessparametern und den Qualitätsmerkmalen stellte dabei eine Herausforderung dar. In der differenzierten Betrachtung der Seriengrößen wurden die Wiedereinschaltverluste als Hauptursache des Ausschusses in der Kleinserie identifiziert. Basierend auf den Herausforderungen in der Praxis wurden Anforderungen an die Theorie gestellt.

Die Anforderungen an die Theorie wurden in inhaltliche Anforderungen an den Objekt- und Zielbereich unterteilt, um die wissenschaftliche Literatur auf Lösungsansätze zu untersuchen. Grundsätzlich wurden formale Anforderungen aufgestellt, die ein systematisches Vorgehen und eine gute wissenschaftliche Praxis sicherstellen. Über eine Literaturrecherche konnte die berücksichtige Literatur gefiltert und die resultierenden Theorien und Ansätze diskutiert werden. Dabei wurde der Wiederanlauf durch die Theorien des Produktionsanlaufs in den Produktentstehungsprozess eingeordnet. Hierfür wurden in der Prozessentwicklung die Arten des Produktionsanlaufs erörtert und dabei die Wiederanlaufphase mit dem Wiederhochlauf definiert. Alle Theorien wurden als Hilfsmittel zur Modellierung des Wiederanlaufs diskutiert und zugleich ganzheitliche Ansätze aus der Wissenschaft auf die Anforderungen hin überprüft. Dabei erfolgte eine Gliederung in drei Handlungsfelder zur Anlauforganisation, der Betrachtung der Prozessqualität und der Prozessgestaltung. In dieser wurden insbesondere die Theorien von Autoren wie NAU zur Anwendung des logistischen Wachstums im Produktionsanlauf oder der Ansatz von HEIMES zur Anwendung von Kausalitätsketten und des Quality Function Deployment in der Batterieproduktion eingesetzt. Insgesamt bot kein Ansatz aus der Theorie eine Lösung des Praxisproblems des Wiederanlaufs, sodass ein Theoriedefizit existierte und eine Methodik für dessen Lösung erarbeitet werden musste.

Dazu wurde die Modellierungstheorie herangezogen, um einen Ordnungsrahmen zur Abstraktion der Realität in die Modellwelt und die Übertragung des Modellergebnisses in ein reales Verhalten aufstellen zu können. Das Hilfsmittel des vernetzten Denkens aus der Systemtechnik wurde insbesondere zum Erfassen der Wirkzusammenhänge in der Batteriezellproduktion verwendet. Für die Konzeption der Methodik wurde eine Aufbaustruktur basierend auf dem System Engineering gewählt, in der insbesondere das Prinzip der Phasengliederung angewendet wird. Gemäß der Aufbaustruktur wurde aus den drei Teilforschungsfragen jeweils ein Modul zur Initiierung, der Analyse und der Gestaltung abgeleitet. Um dabei ebenso die formalen Anforderungen zu wahren, wurde eine Modellierungssprache in der Ablaufstruktur definiert.

Die drei Module wurden in ihren Phasen detailliert und dabei das Vorgehen beschrieben. Das **Initiierungsmodul** begann mit der Aufnahme des existierenden Gesamtprozesses aus dem Fertigungslayout der Fertigungslinie und den Anlagendatenblättern, um die Prozessreihenfolge aufzustellen und die Wiederanlaufzeiten der Prozessschritte aufzunehmen. Aus Zelldatenblättern und Roadmaps erfolgte anschließend die Definition der relevanten Qualitätsmerkmale. Diese wurden in lokale Qualitätsmerkmale in den Prozessschritten und globale Qualitätsmerkmale gegenüber dem Kunden unterteilt. Im **Analysemodul** wurden zunächst die Wirkzusammenhänge zwischen den Prozessparametern und den Qualitätsmerkmalen in Kausalitätsdiagrammen erarbeitet und in Qualitätsabhängigkeitsmatrizen überführt. Daraufhin wurden aus den Wiederanlaufzeiten und den analysierten Qualitätsmerkmalen Produktionsleistungsgraphen aufgestellt, um die Produktivität während des Wiederanlaufs zu analysieren. In der nächsten Phase innerhalb des Analysemoduls wurden aus den Wirkzusammenhängen Qualitätskennfelder der lokalen Qualitätsmerkmale in Abhängigkeit von den Prozessparametern aufgestellt. Dazu wurden Versuchspläne entworfen, Wiederanlaufversuche gefahren und für die lokalen Qualitätsmerkmale in Abhängigkeit von den Prozessparametern mittels der Regressionsanalyse Qualitätskennfelder aufgestellt. Innerhalb dieser Qualitätskennfelder findet die Isolinienwanderung statt, ein in der Methodik entwickeltes Werkzeug zur Wiederhochlaufbeschleunigung. Im Rahmen der Isolinienwanderung wurden innerhalb eines Qualitätskorridors für den Wiederanlauf beschleunigende Prozessparameterkonfigurationen gesucht und für das Gesamtoptimum aus Zeit und Qualität ausgewählt, wozu der Einfluss auf die globalen Qualitätsmerkmale berechnet wurde. Im darauffolgenden **Gestaltungsmodul** wurde für die systematische Wiederanlaufplanung ein Wiederanlaufmodell erstellt, das alle Prozessschritte berücksichtigt und die resultierenden Wiederhochlaufkurven zu einem Gesamtverlauf verknüpft. Mit dem Wiederanlaufmodell wurde die optimierte Prozessparameterkonfiguration berechnet. Final fand eine Überprüfung des optimierten Wiederanlaufs statt, indem aus dem Vergleich der Integrale über die optimierte und die ursprüngliche Wiederanlaufkurve das Potenzial zur Verbesserung der Ausbringung berechnet wurde.

Abschließend wurde die Methodik an einer Lithium-Ionen-Batteriezellproduktion validiert. Dazu wurde das Initiierungsmodul einmal durchgeführt, um die Prozessreihenfolge und die Qualitätsmerkmale der Prozessschritte aufzunehmen. Für die Analyse wurden die Kausalitätsdiagramme der Prozessschritte erstellt und in Qualitätsabhängigkeitsmatrizen überführt. Anschließend erfolgte das Aufstellen der Qualitätskennfelder und die Messpunkteaufnahme wurde in einem Wiederanlauf im Prozessschritt Trocknen validiert. Aus den aufgezeichneten Messpunkten wurde das Qualitätskennfeld aufgestellt und die Isolinienwanderung durchgeführt. Für die weiteren Prozessschritte wurden die Wiederhochlaufzeiten aufgenommen, sofern diese nicht bekannt waren. Im Rahmen des Gestaltungsmoduls wurde das Wiederanlaufmodell zuerst mit den Ausgangswerten der Wiederhochlaufzeiten und danach mit den optimierten Wiederhochlaufzeiten gespeist. Das resultierende Potenzial zur Verbesserung der Ausbringung in der Serienproduktion wurde berechnet und die Methodik validiert.

Der wissenschaftliche Beitrag dieser Arbeit umfasst ein Forschungsergebnis im Wiederanlauf der Batteriezellproduktion, womit die Effektivität, die Effizienz und die Wiederanlaufzeit verbessert werden. Weiteres Forschungspotenzial bietet die Standardisierung der Zwischenprodukte und damit eine weitere Prozessentkopplung und -beschleunigung. Gleichzeitig könnte die Methodik auf die Batteriesystem- und Elektromobilproduktion erweitert werden, um durch intelligente Steuerungstechnik weitere Fertigungstoleranzen für eine effektivere Isolinienwanderung zu erhalten und den Ausschuss weiter zu reduzieren. Da die validierte Methodik zur Gestaltung des Wiederanlaufs der Lithium-Ionen-Batteriezellproduktion unabhängig vom Zelldesign ist, kann diese auf heutige und zukünftige Produktionslinien angewendet werden.

Literaturverzeichnis

Aguiar, P. Fernandes de et al. 1995 (D-Optimal Designs):
D-optimal designs. In: Chemometrics and Intelligent Laboratory Systems 30.2, S. 199–210. DOI: 10.1016/0169-7439(94)00076-X.

Ardia, Paola et al. 2021 (Particle Quantification Method):
A quantification method for Fe based particle contaminants in high purity materials for lithium-ion batteries. In: Talanta 224. DOI: 10.1016/j.talanta.2020.121827.

Bauernhansl, Thomas et al. 2014 (Industrie 4.0 in der Produktion):
Industrie 4.0 in Produktion, Automatisierung und Logistik: Anwendung, Technologien, Migration. Wiesbaden: Springer Verlag. DOI: 10.1007/978-3-658-04682-8.

BMW Group 2016 (Datenblatt BMW i3):
Technische Daten BMW i3: Produktkommunikation.

– 2018 (Datenblatt BMW i3 und i3s):
Technische Daten BMW i3 (120 Ah): Produktkommunikation.

BMWK 2021 (Forschung Batteriezellfertigung):
Forschung in der Schwerpunktförderung Batteriezellfertigung. Bekanntmachung im Bundesanzeiger.

Bochtler, Wolfgang et al. 1995 (Simultaneous Engineering):
Simultaneous Engineering: Erfahrungen aus der Industrie für die Industrie. Berlin, Heidelberg: Springer Verlag. DOI: 10.1007/978-3-642-78918-2.

Bockholt, Henrike et al. 2016 (Intensive powder mixing):
Intensive powder mixing for dry dispersing of carbon black and its relevance for lithium-ion battery cathodes. In: Powder Technology 297, S. 266–274. DOI: 10.1016/j.powtec.2016.04.011.

Braess, Hans-Hermann et al. 2016 (Produktentstehungsprozess):
Produktentstehungsprozess. In: Vieweg Handbuch Kraftfahrzeugtechnik. Hrsg. Stefan Pischinger et al. Wiesbaden: Springer Verlag, S. 1257–1369. DOI: 10.1007/978-3-658-09528-4_11.

Buchmann, Isidor 2011 (Batteries in a Portable World):
Batteries in a portable world: A handbook on rechargeable batteries for non-engineers. 3. Aufl. Richmond, British Columbia: Cadex Electronics Inc.

Bullinger, Hans-Jörg 1994 (Einführung in das Technologiemanagement):
Einführung in das Technologiemanagement. Wiesbaden: Vieweg und Teubner Verlag. DOI: 10.1007/978-3-322-84858-1.

CATL Co. Ltd. 2018 (Datenblatt Batteriezelle LEP71H3L7-01):
Product Specification of 302Ah Cell: Cell Model: LEP71H3L7-01.

Chiromo, Forbes et al. 2014 (Investigation of Quality Tools):
An investigation of the extent to which the seven basc quality tools are used to effect improvements in quality and production processes at a battery manufacturing company in southern africa. In: South African Institute of Electrical Engineers Proceedings 26.

Clark, Kim B. et al. 1992 (Automobilentwicklung mit System):
Automobilentwicklung mit System: Strategie, Organisation und Management in Europa, Japan und USA. Frankfurt: Campus Verlag.

Deutsches Institut für Normung e. V. 2000 (DIN EN 61512-1 - Chargenorientierte Fahrweise):
DIN EN 61512-1: Chargenorientierte Fahrweise – Teil 1: Modelle und Terminologie. Berlin.

– **2015 (DIN EN ISO 9000 - Qualitätsmanagementsysteme):**
DIN EN ISO 9000: Qualitätsmanagementsysteme - Grundlagen und Begriffe. Berlin.

– **2016 (DIN 91252 - Elektrische Straßenfahrzeuge):**
DIN 91252: Elektrische Straßenfahrzeuge – Batteriesysteme – Anforderungen an die Gestaltung von Lithium-Ionen-Batteriezellen. Berlin.

– **2020 (DIN 8580 - Fertigungsverfahren):**
DIN 8580: Fertigungsverfahren - Begriffe, Einteilung. Berlin.

Ding, Xiaoyu et al. 2016 (Slot Die Coating):
A review of the operating limits in slot die coating processes. In: American Institute of Chemical Engineers Journal 62.7, S. 2508–2524. DOI: 10.1002/aic.15268.

Dombrowski, Uwe et al. 2009 (Lean Ramp-Up):
Lean Ramp-Up. In: ZWF Zeitschrift für wirtschaftlichen Fabrikbetrieb 104.10, S. 877–883. DOI: 10.3139/104.110161.

Döring, Sebastian Thimo 2010 (Auftragsabwicklung im Werkzeugbau):
Konfliktmanagement in der technischen Auftragsabwicklung im Werkzeugbau. Dissertation. Aachen: RWTH Aachen.

Ecker, Madeleine et al. 2013 (Batterietechnik Lithium-Ionen-Batterien):
8. Batterietechnik Lithium-Ionen-Batterien. In: MTZ - Motortechnische Zeitschrift 74.1, S. 66–70. DOI: 10.1007/s35146-013-0014-9.

Eigner, Martin et al. 2009 (Product Lifecycle Management):
Product Lifecycle Management. Berlin, Heidelberg: Springer Verlag. DOI: 10.1007/b93672.

Ender, Moses J. 2014 (Charakterisierung von Elektroden):
Mikrostrukturelle Charakterisierung, Modellentwicklung und Simulation poröser Elektroden für Lithiumionenzellen. Dissertation. Karlsruhe: Karlsruher Institut für Technologie. DOI: 10.5445/KSP/1000040284.

Eser, Jochen C. et al. 2020 (Hysteresis Behavior in):
Hysteresis Behavior in the Sorption Equilibrium of Water in Anodes for Li-Ion Batteries.

In: Langmuir : the ACS journal of surfaces and colloids 36.22, S. 6193–6201. DOI: 10.1021/acs.langmuir.0c00704.

Europäische Kommission 2019 (Europäischer Güner Deal):
Mitteilung der Kommission an das europäische Parlament, den europäischen Rat, den Rat, den europäischen Wirtschafts- und Sozialausschuss und den Auschuss der Regionen. In: Der europäische Grüne Deal.

Eversheim, Walter, Hrsg. 1990 (Inbetriebnahme komplexer Maschinen):
Inbetriebnahme komplexer Maschinen und Anlagen: Strategien und Praxisbeispiele zur Rationalisierung in der Einzel- und Kleinserienproduktion. Hrsg. Walter Eversheim. Düsseldorf: VDI-Verlag.

Eversheim, Walter et al. 1994 (Information Modelling for Tool Selection):
Information Modelling for Technology-Oriented Tool Selection. In: CIRP Annals 43.1, S. 429–432. DOI: 10.1016/S0007-8506(07)62246-X.

Eversheim, Walter et al. 1997 (Simultaneous Engineering Planning):
Simultaneous engineering approach to an integrated design and process planning. In: European Journal of Operational Research 100.2, S. 327–337. DOI: 10.1016/S0377-2217(96)00293-7.

Fahrmeir, Ludwig et al. 2009 (Regression: Modelle und Methoden):
Regression: Modelle, Methoden und Anwendungen. 2. Aufl. Berlin, Heidelberg: Springer Verlag.

Focke, Markus et al. 2018 (Steigerung der Anlagenproduktivität):
Steigerung der Anlagenproduktivität durch OEE-Management: Definitionen, Vorgehen und Methoden – von manuell bis Industrie 4.0. Wiesbaden: Springer Verlag.

Frank, Felix 2019 (Optimierter Hochvoltbatterieentwurf):
Optimierter Hochvoltbatterieentwurf hinsichtlich mechanischer, thermischer und elektrischer Randbedingungen unter Berücksichtigung der Produktionskosten. Dissertation. Duisburg und Essen: Universität Duisburg-Essen. DOI: 10.17185/duepublico/70278.

Fraunhofer und PEM der RWTH Aachen 2022 (Innovationssystem Batterie):
Umfeldbericht zum europäischen Innovationssystem Batterie 2022. Hrsg. Fraunhofer-Institut für System- und Innovationsforschung.

Füßel, Andreas 2017 (Technische Potenzialanalyse):
Technische Potenzialanalyse der Elektromobilität: Stand der Technik, Forschungsausblick und Projektion auf das Jahr 2025. Research. Wiesbaden: Springer Verlag.

Gentner, Andreas 1994 (Kennzahlensystems zur Effektivitätssteigerung):
Entwurf eines Kennzahlensystems zur Effektivitäts- und Effizienzsteigerung von Entwicklungsprojekten: Dargestellt am Beispiel der Entwicklungs- und Anlaufphasen in der Automobilindustrie. Dissertation. Stuttgart: Universtät Stuttgart.

Glaser, Barney G. et al. 1967 (discovery of grounded theory):
The discovery of grounded theory: Strategies for qualitative research. New York: Aldine.

Gomez, Peter et al., Hrsg. 1989 (Vernetztes Denken):
Vernetztes Denken: Unternehmen ganzheitlich führen. Hrsg. Peter Gomez et al. Wiesbaden: Gabler.

Günther, Till et al. 2016 (Manufacturing of Electrodes):
The Manufacturing of Electrodes: Key Process for the Future Success of Lithium-Ion Batteries. In: Advanced Materials Research 1140, S. 304–311. DOI: 10.4028/www.scientific.net/AMR.1140.304.

Haberfellner, Reinhard et al., Hrsg. 1997 (Systems Engineering):
Systems engineering: Methodik und Praxis. Hrsg. Reinhard Haberfellner et al. 9. Aufl., erg. mit dem SE-Wissensbaum von Mario Becker. Zürich: Industrielle Organisation.

Haselrieder, Wolfgang et al. 2013 (Impact of Calendering):
Impact of the Calendering Process on the Interfacial Structure and the Related Electrochemical Performance of Secondary Lithium-Ion Batteries. In: ECS Transactions 50.26, S. 59–70. DOI: 10.1149/05026.0059ecst.

Hastie, Trevor et al. 2009 (Statistical Learning):
The elements of statistical learning: Data mining, inference, and prediction. 2. Aufl. New York: Springer Verlag.

Heimes, Heiner 2014 (Auswahl von Fertigungsressourcen):
Methodik zur Auswahl von Fertigungsressourcen in der Batterieproduktion. Dissertation. Aachen: RWTH Aachen.

Heimes, Heiner et al. 2018 (Lithium-Ion Battery Production):
Lithium-Ion Battery Production Process. Hrsg. PEM der RWTH Aachen und VDMA. Aachen und Frankfurt.

– **2018 (Produktionsprozess Lithium-Ionen-Batteriezelle):**
Produktionsprozess einer Lithium-Ionen-Batteriezelle. Hrsg. PEM der RWTH Aachen und VDMA. Aachen und Frankfurt.

Heimes, Heiner et al. 2020 (Mechanical and Thermal Loads):
The Effects of Mechanical and Thermal Loads during Lithium-Ion Pouch Cell Formation and Their Impacts on Process Time. In: Energy Technology 8.2. DOI: 10.1002/ente.201900118.

Heimes, Heiner et al. 2022 (Battery Atlas):
Battery Atlas 2022: Shaping the European lithium-ion battery industry. Hrsg. Heiner Heimes. Aachen.

Heimes, Heiner et al. 2023 (Produktionsprozess Lithium-Ionen-Batteriezelle):
Produktionsprozess einer Lithium-Ionen-Batteriezelle. Hrsg. PEM der RWTH Aachen und VDMA. Aachen und Frankfurt.

Heller, Thomas et al. 2018 (Total Productive Management):
Total Productive Management - ganzheitlich: Einführung in der Praxis. Berlin, Heidelberg: Springer Verlag. DOI: 10.1007/978-3-662-53257-7.

Hesse, Holger et al. 2017 (Lithium-Ion Battery Storage):
Lithium-Ion Battery Storage for the Grid—A Review of Stationary Battery Storage

System Design Tailored for Applications in Modern Power Grids. In: Energies 10.12, S. 2107. DOI: 10.3390/en10122107.

Hettesheimer, Tim et al. 2017 (Entwicklungsperspektiven für Zellformate): Entwicklungsperspektiven für Zellformate von Lithium-Ionen-Batterien in der Elektromoblilität. Hrsg. Fraunhofer-Allianz Batterien. Pfinztal.

Holeczek, Harald et al. 2014 (Electrodes and Cells): Electrodes and Cells Manufacturing. Hrsg. Elibama.

Huttner, Fabienne et al. 2021 (Design of Vacuum Drying): Design of Vacuum Post-Drying Procedures for Electrodes of Lithium-Ion Batteries. In: Batteries and Supercaps 4.9, S. 1499–1515. DOI: 10.1002/batt.202100088.

Jaiser, Stefan et al. 2017 (Impact of Drying Conditions): Impact of drying conditions and wet film properties on adhesion and film solidification of lithium-ion battery anodes. In: Drying Technology 35.15, S. 1807–1817. DOI: 10.1080/07373937.2016.1276584.

Jiang, Zhao et al. 2019 (Vacuum Drying Process): Research on vacuum drying process and internal heat conduction of Li-ion battery core. In: Theoretical and Applied Mechanics Letters 9.2, S. 120–129. DOI: 10.1016/j.taml.2019.02.008.

Jinasena, Asanthi et al. 2021 (Benchmarking Battery Manufacturing): A Flexible Model for Benchmarking the Energy Usage of Automotive Lithium-Ion Battery Cell Manufacturing. In: Batteries 7.1. DOI: 10.3390/batteries7010014.

Julien, Christian et al. 2016 (Lithium Batteries): Lithium Batteries: Science and Technology. Berlin, Heidelberg: Springer Verlag. DOI: 10.1007/978-3-319-19108-9.

Kampker, Achim et al. 2013 (Elektromobilität): Elektromobilität. Berlin, Heidelberg: Springer Verlag. DOI: 10.1007/978-3-642-31986-0.

– **Hrsg. 2014 (Elektromobilproduktion):** Elektromobilproduktion. Hrsg. Achim Kampker et al. Berlin, Heidelberg: Springer Berlin Heidelberg. DOI: 10.1007/978-3-642-42022-1.

Kampker, Achim et al. 2023 (Battery System Architectures): Framework and Classification of Battery System Architectures. In: World Electric Vehicle Journal 14.4, S. 88. DOI: 10.3390/wevj14040088.

Kehrer, Mario et al. 2021 (Rejects in Production): Analysis of Possible Reductions of Rejects in Battery Cell Production during Switch-On and Operating Processes. In: Energy Technology. DOI: 10.1002/ente.202001113.

Knoche, Thomas 2017 (Elektrolytbefüllung prismatischer Zellen): Elektrolytbefüllung prismatischer Lithium-Ionen-Zellen. Dissertation. München: Technische Universität München.

Kölmel, Adrian 2016 (Integrierte Messtechnik für Prozessketten): Integrierte Messtechnik für Prozessketten unreifer Technologien am Beispiel der Batterieproduktion für Elektrofahrzeuge. Dissertation. Karlsruhe: Karlsruher Institut für Technologie.

Korthauer, Reiner, Hrsg. 2013 (Handbuch Lithium-Ionen-Batterien):
Handbuch Lithium-Ionen-Batterien. Hrsg. Reiner Korthauer. Berlin, Heidelberg: Springer Verlag. DOI: 10.1007/978-3-642-30653-2.

– **Hrsg. 2018 (Lithium-Ion Batteries):**
Lithium-Ion Batteries: Basics and Applications. Hrsg. Reiner Korthauer. Berlin Heidelberg: Springer Verlag. DOI: 10.1007/978-3-662-53071-9.

Kronthaler, Franz 2015 (Statistik angewandt: Datenanalyse):
Statistik angewandt: Datenanalyse ist (k)eine Kunst mit dem R Commander. 1. Aufl. 2016. Berlin, Heidelberg: Springer Verlag.

Kubicek, Herbert 1977 (Heuristische Bezugsrahmen):
Heuristische Bezugsrahmen und heuristisch angelegte Forschungsdesigns als Elemente einer Konstruktionsstrategie empirischer Forschung. In: Empirische und handlungstheoretische Forschungskonzeptionen in der Betriebswirtschaftslehre. Hrsg. Richard Köhler. Stuttgart: Poeschel Verlag, S. 3–36.

Kuhn, Axel et al. 2008 (Wettbewerbsvorteile druch Anlaufmanagement):
Wettbewerbsvorteile druch erweitertes Anlaufmanagement. In: Wettbewerbsfähigkeit durch Arbeits- und Betriebsorganisation. Hrsg. Norbert Gronau. Schriftenreihe der Hochschulgruppe für Arbeits- und Betriebsorganisation e.V. (HAB). Berlin: Gito.

Kumberg, Jana et al. 2019 (Influence of Thickness on Adhesion):
Drying of Lithium-Ion Battery Anodes for Use in High-Energy Cells: Influence of Electrode Thickness on Drying Time, Adhesion, and Crack Formation. In: Energy Technology 7.11, S. 1900722. DOI: 10.1002/ente.201900722.

Kurzweil, Peter et al. 2012 (Chemie Anwendung und Experimente):
Chemie: Grundlagen, Aufbauwissen, Anwendungen und Experimente. 9., erw. Aufl. Naturwissenschaftliche Grundlagen. Wiesbaden: Vieweg und Teubner Verlag. DOI: 10.1007/978-3-8348-8280-6.

Laick, Thomas 2003 (Hochlaufmanagement: Sicherer Produktionshochlauf):
Hochlaufmanagement: Sicherer Produktionshochlauf durch zielorientierte Gestaltung und Lenkung des Produktionsprozesssystems. Dissertation. Kaiserslautern: Technische Universität Kaiserslautern.

Lanza, Gisela 2005 (Simulationsbasierte Anlaufunterstützung):
Simulationsbasierte Anlaufunterstützung auf Basis der Qualitätsfähigkeiten von Produktionsprozessen. Dissertation. Karlsruhe: Karlsruher Institut für Technologie.

Laufenberg, Ludger 1996 (Projektgestaltung Simultaneous Engineering):
Methodik zur integrierten Projektgestaltung für die situative Umsetzung des simultaneous engineering. Dissertation. Aachen: RWTH Aachen.

Lee, Won-Ju et al. 2018 (Scoot Anode Materials):
Recycling Waste Soot from Merchant Ships to Produce Anode Materials for Rechar-

geable Lithium-Ion Batteries. In: Scientific reports 8.1. DOI: 10.1038/s41598-018-23945-8.

LG Chem Ltd. 2020 (Datenblatt Batteriezelle E66A):
LG Chem E66A.

Liu, Ta-Jo et al. 2018 (Influence of Rheology):
The Influence of Slurry Rheology on Lithium-ion Electrode Processing. In: Printed Batteries. Hrsg. Senentxu Lanceros-Méndez et al. Chichester, UK: John Wiley & Sons, Ltd, S. 63–79. DOI: 10.1002/9781119287902.ch3.

Lunze, Jan 2010 (Regelungstechnik 1):
Regelungstechnik 1. Berlin, Heidelberg: Springer Verlag. DOI: 10.1007/978-3-642-13808-9.

Ma, Shuai et al. 2018 (Thermal Impact in Batteries):
Temperature effect and thermal impact in lithium-ion batteries: A review. In: Progress in Natural Science: Materials International 28.6, S. 653–666. DOI: 10.1016/j.pnsc.2018.11.002.

Ma, Xun et al. 2016 (Electrode Distance Impact):
Investigation of electrode distance impact on PEO coating formation assisted by simulation. In: Applied Surface Science 388, S. 304–312. DOI: 10.1016/j.apsusc.2016.01.030.

Marcu, Daniel et al. 2016 (Simulation of Temperature Effect):
Modeling and simulation of temperature effect in polycrystalline silicon PV cells. In: IOP Conference Series: Materials Science and Engineering 133, S. 012005. DOI: 10.1088/1757-899X/133/1/012005.

Maue, Andreas 2015 (Gestaltung des Produktionsanlaufs):
Aufwandsorientierte Gestaltung des Produktionsanlaufs am Beispiel der Automobilproduktion. Dissertation. Aachen: RWTH Aachen.

McKinsey & Company und Global Battery Alliance 2023 (Battery 2030):
Battery 2030: Resilient, sustainable, and circular: Battery demand is growing - and so is the need for better solutions along thw value chain. Hrsg. Jakob Fleischmann et al.

Merziger, Gerhard et al. 2010 (Formeln höhere Mathematik):
Formeln und Hilfen höhere Mathematik. 6. Aufl. Barsinghausen: Binomi.

Meyer, Chris et al. 2017 (Characterization of Calendering Process):
Characterization of the calendering process for compaction of electrodes for lithium-ion batteries. In: Journal of Materials Processing Technology 249, S. 172–178. DOI: 10.1016/j.jmatprotec.2017.05.031.

Michaelis, Sarah et al. 2023 (Roadmap Batterieproduktionsmittel 2030):
Roadmap Batterieproduktionsmittel 2030: Update 2023. Hrsg. VDMA Batterieproduktion.

Mooy, Robert 2019 (Produktivitätssteigerung durch Materialbewegung):
Beitrag zur Produktivitätssteigerung in der Vereinzelung, Positionierung und Orientie-

rung von Elektrodenfolien durch eine kontinuierliche Materialbewegung. Dissertation. Berlin: Technische Universität Berlin.

Nau, Bastian 2012 (Auswahl von Fertigungstechnologien):
Anlauforientierte Technologieplanung zur Auswahl von Fertigungstechnologien. Dissertation. Aachen: RWTH Aachen.

Nowacki, Christoph 2016 (Konfiguration der Produktmixflexibilität):
Szenariobasierte Konfiguration der Produktmixflexibilität am Beispiel der Fertigung einer Lithium-Ionen-Batteriezelle. Dissertation. Aachen: RWTH Aachen.

Ostheimer, Bernhard et al. 2012 (Overall Equipment Effectiveness):
Overall Equipment Effectiveness: Grundlagen, Konzept, Methoden, Werkzeuge. In: Arbeitspapiere WI 3.

Patzak, Gerold 1982 (Systemtechnik komplexer Systeme):
Systemtechnik — Planung komplexer innovativer Systeme. Berlin, Heidelberg: Springer Verlag. DOI: 10.1007/978-3-642-81893-6.

Paul, Sebastian 2014 (Analyse der Ausfallwahrscheinlichkeiten):
Analyse der Ausfallwahrscheinlichkeiten von Lithium-Ionen-Energiespeichern in elektrifizierten Fahrzeugen. Dissertation. Ulm: Universität Ulm.

Pfeifer, Tilo et al. 2014 (Handbuch Qualitätsmanagement):
Masing Handbuch Qualitätsmanagement. 1. Aufl. Carl Hanser Verlag.

Pistoia, Gianfranco 2014 (Battery: Advances and Applications):
Lithium-Ion Batteries: Advances and applications. 1. Aufl. Amsterdam, Boston und Heidelberg: Elsevier Verlag.

Placke, Tobias et al. 2017 (Rechargeable Battery Technologies):
Lithium ion, lithium metal, and alternative rechargeable battery technologies: the odyssey for high energy density. In: Journal of Solid State Electrochemistry 21.7, S. 1939–1964. DOI: 10.1007/s10008-017-3610-7.

Puente León, Fernando et al. 2011 (Signale und Systeme):
Signale und Systeme. 5. überarb. Aufl. München: Oldenbourg Verlag. DOI: 10.1524/9783486707977.

Quartarone, Eliana et al. 2020 (Trends of Electrolytes):
Review - Emerging Trends in the Design of Electrolytes for Lithium and Post-Lithium Batteries. In: Journal of The Electrochemical Society 167.5, S. 050508. DOI: 10.1149/1945-7111/ab63c4.

Reinhart, Gunter et al. (Production of Large-Area Cells):
Research and Demonstration Center for the Production of Large-Area Lithium-Ion Cells. In: Future Trends in Production Engineering. Bd. 12, S. 3–12. DOI: 10.1007/978-3-642-24491-9_1.

Renner, Tim 2012 (Performance Management im Produktionsanlauf):
Performance-Management im Produktionsanlauf. Dissertation. Aachen: RWTH Aachen.

Reynolds, Carl D. et al. 2021 (Electrode Coating Processes):
A review of metrology in lithium-ion electrode coating processes. In: Materials & Design 209, S. 109971. DOI: 10.1016/j.matdes.2021.109971.

Rieper, Bernd 1992 (Betriebswirtschaftliche Entscheidungsmodelle):
Betriebswirtschaftliche Entscheidungsmodelle: Grundlagen. Herne: Neue Wirtschafts-Briefe Verlag.

Roland Berger und PEM der RWTH Aachen 2022 (Battery Monitor 2022):
Battery Monitor 2022: The value chain in the field of tension between economy and ecology. Hrsg. Heiner Heimes et al.

Ronninger, Curt 2020 (Statistische Qualitäts- und Zuverlässigkeitsmethoden):
Taschenbuch der statistischen Qualitäts- und Zuverlässigkeitsmethoden: Die wichtigsten Methoden und Verfahren für die Praxis. Starnberg: CRGRAPH Verlag.

Roth, E. Peter et al. 2012 (Electrolyte battery safety):
How Electrolytes Influence Battery Safety. In: Interface magazine 21.2, S. 45–49. DOI: 10.1149/2.F04122if.

Samsung SDI Co. Ltd. 2017 (Datenblatt Batteriezelle INR21700-50E):
INR21700-50E Cell Specification.

Sarovic, Nemanja 2018 (Variantenrobuste Produkt-Produktionssysteme):
Gestaltung variantenrobuster Produkt-Produktionssysteme am Beispiel des Lithium-Ionen-Batteriemoduls. Dissertation. Aachen: RWTH Aachen.

Schaaf, Andreas 1998 (Marktorientiertes Entwicklungsmanagement):
Marktorientiertes Entwicklungsmanagement in der Automobilindustrie: Ein kundennutzungsorientierter Ansatz zur Steuerung des Entwicklungsprozesses. Dissertation. Bayreuth: Universität Bayreuth.

Schaefer, Jennifer L. et al. 2012 (Electrolytes for Batteries):
Electrolytes for high-energy lithium batteries. In: Applied Nanoscience 2.2, S. 91–109. DOI: 10.1007/s13204-011-0044-x.

Schiefer, Hartmut et al. 2018 (Statistik für Ingenieure):
Statistik für Ingenieure: Eine Einführung mit Beispielen aus der Praxis. Wiesbaden: Springer Verlag. DOI: 10.1007/978-3-658-20640-6.

Schilde, Jürgen 1982 (Bewertung von Rationalisierungsmaßnahmen):
Ermittlung und Bewertung von Rationalisierungsmaßnahmen im Produktionsbereich: Ein Beitrag zur rationellen Produktionsplanung. Berlin und Heidelberg: Springer Verlag. DOI: 10.1007/978-3-642-81881-3.

Schmidt, Jan Philipp et al. (Integrierte Zell-Sensorik):
Integrierte Zell-Sensorik in Lithium-Ionen-Akkus für Elektro- und Hybridfahrzeuge. In: Automobil-Sensorik. Bd. 226, S. 21–44. DOI: 10.1007/978-3-662-48944-4_1.

Schmitt, Marcel et al. 2013 (Processing of Electrodes):
Slot-die processing of lithium-ion battery electrodes—Coating window characterization. In: Chemical Engineering and Processing: Process Intensification 68, S. 32–37. DOI: 10.1016/j.cep.2012.10.011.

Schmitt, Marcel et al. 2014 (Investigation on Edge Effects):
Slot die coating of lithium-ion battery electrodes: investigations on edge effect issues for stripe and pattern coatings. In: Journal of Coatings Technology and Research 11.1, S. 57–63. DOI: 10.1007/s11998-013-9498-y.

Schmitt, Robert 2015 (Anlaufmanagement):
Anlaufmanagement - Begriffe und Definitionen. Aachen: Apprimus Verlag.

Schmitt, Robert et al. 2015 (Qualitätsmanagement):
Qualitätsmanagement: Strategien, Methoden, Techniken. 5., überarbeitete Auflage. München und Wien: Carl Hanser Verlag.

Schmitt, Sebastian 2012 (Management von Serienanläufen):
Gestaltungsmodell zum qualitätsorientierten Management von Serienanläufen. Dissertation. Aachen: RWTH Aachen.

Scholz-Reiter, Bernd 2010 (Ramp-Up Excellence):
Ramp-Up Excellence: Ein skalierbares Anlaufmanagementprozessmodell für Elektronik Zulieferer. In: Forschungsvorhaben 15072 N der Arbeitsgemeinschaft industrieller Forschungsvereinigungen „Otto von Guericke“ e.V.

Schön, Christoph 2022 (Gestaltung von Technologieketten):
Gestaltung und Bewertung von skalierbaren Technologieketten für die Großserienproduktion von Brennstoffzellen. Dissertation. Aachen: RWTH Aachen.

Schreiner, David et al. 2020 (Modeling Calendering Process):
Modeling of the Calendering Process for Lithium-Ion Batteries with DEM Simulation. In: Procedia CIRP 93, S. 149–155. DOI: 10.1016/j.procir.2020.05.158.

Schuh, Günther et al. 2008 (Anlaufmanagement in der Automobilindustrie):
Anlaufmanagement in der Automobilindustrie erfolgreich umsetzen: Ein Leitfaden für die Praxis. VDI-Buch. Berlin und Heidelberg: Springer Verlag. DOI: 10.1007/978-3-540-78407-4.

Schuh, Günther et al. (Production Ramp-Up):
Holistic Approach for Production Ramp-Up in Automotive Industry. In: Advances in Integrated Design and Manufacturing in Mechanical Engineering, S. 255–268. DOI: 10.1007/1-4020-3482-2_20.

Schünemann, Jan-Hinnerk 2015 (Bewertung der Herstellkosten):
Modell zur Bewertung der Herstellkosten von Lithiumionenbatteriezellen. Dissertation. Braunschweig: Technische Universität Braunschweig.

Sheng, Yangping et al. 2014 (Effect of Calendering):
Effect of Calendering on Electrode Wettability in Lithium-Ion Batteries. In: Frontiers in Energy Research 2. DOI: 10.3389/fenrg.2014.00056.

Siebertz, Karl et al. 2017 (Statistische Versuchsplanung):
Statistische Versuchsplanung: Design of Experiments (DoE). 2. Auflage. VDI-Buch. Berlin und Heidelberg: Springer Verlag. DOI: 10.1007/978-3-662-55743-3.

Sohlenius, Gunnar 1992 (Concurrent Engineering):
Concurrent Engineering. In: CIRP Annals 41.2, S. 645–655. DOI: 10.1016/S0007-8506(07)63251-X.

Stachowiak, Herbert 1973 (Allgemeine Modelltheorie):
Allgemeine Modelltheorie. Wien: Springer.

Stadler, Matthias 2016 (Optimierung von Anlaufmanagement):
Optimierung von Anlaufmanagement und Entwicklungsprozessen. Dissertation. Hamburg: Universität Hamburg.

Stauder, Jens Martin Jacob 2017 (Gestaltung von Fertigungssystemen):
Anlauforientierte Gestaltung von Fertigungssystemen. Dissertation. Aachen: RWTH Aachen.

Straub, Matthias 2012 (EU-Patent: Sicherheitsventil zur Entlüftung):
Batteriezelle mit einem Sicherheitsventil zur Entlüftung und Verfahren zur Herstellung eines Sicherheitsventils in einem Batteriegehäuse: Europäische Patentschrift. WO 2011/095369.

Tesla, Inc. (Tesla Impact Report):
Tesla 2020 Impact Report. Pressemitteilung.

– **(Tesla Impact Report):**
Tesla 2021 Impact Report. Pressemitteilung.

Thielmann, Axel et al. 2017 (Energiespeicher-Roadmap):
Energiespeicher-Roadmap: Hochenergie-Batterien 2030+ und Perspektiven zukünftiger Batterietechnologien. Hrsg. Fraunhofer-Institut für Systemund Innovationsforschung.

Toutenburg, Helge 1994 (Versuchsplanung und Modellwahl):
Versuchsplanung und Modellwahl: Statistische Planung und Auswertung von Experimenten mit stetigem oder kategorialem Response. Springer eBook Collection. Heidelberg: Physica-Verlag. DOI: 10.1007/978-3-642-57980-6.

Tschöke, Helmut 2015 (Elektrifizierung des Antriebsstrangs):
Die Elektrifizierung des Antriebsstrangs: Basiswissen. ATZ / MTZ-Fachbuch. Wiesbaden: Springer Vieweg. DOI: 10.1007/978-3-658-04644-6.

Tsuruta, Kunio et al. 2020 (US-Patent: Tabless Electrode):
Cell with tabless Electrode: United States Patent. US020200144676A1.

Tücks, Gregor 2010 (Ramp-Up Management):
Ramp-Up Management in der Automobilindustrie. Dissertation. Aachen: RWTH Aachen.

Ulrich, Hans 1971 (Systemorientierte Betriebswirtschaftslehre):
Der systemorientierte Ansatz in der Betriebswirtschaftslehre. In: Auffassungen und Wissenschaftsziele der Betriebswirtschaftslehre, S. 270–291.

Ulrich, Hans et al. 1984 (Management):
Management. Bd. 13. Schriftenreihe Unternehmung und Unternehmungsführung. Bern & Stuttgart: Paul Haupt Berne.

Ulrich, Peter et al. 1976 (Grundlagen der Betriebswirtschaftslehre):
Wissenschaftstheoretische Grundlagen der Betriebswirtschaftslehre (Teil I). In: Wirtschaftswissenschaftliches Studium 5.7, S. 304–309.

Verein Deutscher Ingenieure 2000 (Norm: VDI 3780):
VDI 3780: Technikbewertung Begriffe und Grundlagen.

Volkswagen AG 2021 (Power Day Präsentation):
Power Day: Battery / Charging / Energy Management. Pressekonferenz 15.03.2021. Wolfsburg.

– **2021 (Power Day Pressemitteilung):**
Power Day: Volswagen praesentiert Technology-Roadmap für Batterie und Laden bis 2030. Pressemitteilung 15.03.2021. Wolfsburg.

vom Brocke, Jan et al. 2009 (Reconstructing the Giant):
Reconstructing the Giant: On the Importance of Rigour in Documenting the Literature Search Process. In: ECIS 2009 Proceedings 161.

Wang, Ming et al. 2020 (Effects of Mixing):
Effects of the Mixing Sequence on Making Lithium Ion Battery Electrodes. In: Journal of The Electrochemical Society 167.10, S. 1–11. DOI: 10.1149/1945-7111/ab95c6.

Wangenheim, Sascha von 1998 (Steuerung des Serienanlaufs):
Planung und Steuerung des Serienanlaufs komplexer Produkte: Dargestellt am Beispiel der Automobilindustrie. Dissertation. Stuttgart: Universtät Stuttgart.

Weber, Thomas et al. 2016 (Roadmap Battery Production):
Roadmap for an Integrated Cell and Battery Production in Germany: Battery Technology. Hrsg. Federal Government's Joint Office for Electric Mobility. Berlin.

Westermeier, Markus 2016 (Analyse komplexer Prozessketten):
Qualitätsorientierte Analyse komplexer Prozessketten am Beispiel der Herstellung von Batteriezellen. Diss. München: Technische Universität München.

Wiendahl, Hans-Peter et al. 2009 (Handbuch Fabrikplanung):
Handbuch Fabrikplanung: Konzept, Gestaltung und Umsetzung wandlungsfähiger Produktionsstätten. München: Hanser.

Winkler, Helge 2007 (Modellierung vernetzter Wirkbeziehungen):
Modellierung vernetzter Wirkbeziehungen im Produktionsanlauf. Dissertation. Hannover: Leibniz Universität Hannover.

Winkler, Helge et al. 2007 (Controlling System for Ramp-Up):
A controlling system based on cause–effect relationships for the ramp-up of production systems. In: Production Engineering 1.1, S. 103–111. DOI: 10.1007/s11740-007-0011-2.

Winter, Martin et al. 1998 (Electrode Materials for Batteries):
Insertion Electrode Materials for Rechargeable Lithium Batteries. In: Advanced Materials 10.10, S. 725–763. DOI: 10.1002/(SICI)1521-4095(199807)10:10<725::AID-ADMA725>3.0.CO;2-Z.

Yamanouchi, Teruo 1989 (Canon Personal Copier):
Breakthrough: The Development of the Canon Personal Copier. In: Long Range Planning 5, S. 11–21.

Zeugträger, Karsten 1998 (Anlaufmanagement für Großanlagen):
Anlaufmanagement für Großanlagen. Dissertation. Hannover: Universtät Hannover.

Zhao, Fan et al. 2020 (Moisture Vacuum Drying):
A novel online moisture monitoring method for vacuum drying of lithium ion battery powder. In: Powder Technology 375, S. 244–248. DOI: 10.1016/j.powtec.2020.07.046.

Zheng, Honghe et al. 2012 (Calendering Effects on Cathode):
Calendering effects on the physical and electrochemical properties of $Li[Ni_{1/3}Mn_{1/3}$-$Co_{1/3}]O_2$ cathode. In: Journal of Power Sources 208, S. 52–57. DOI: 10.1016/j.jpowsour.2012.02.001.

Zheng, Liu-Qun et al. 2014 (Water Contamination Effects):
Effects of water contamination on the electrical properties of 18650 lithium-ion batteries. In: Russian Journal of Electrochemistry 50.9, S. 904–907. DOI: 10.1134/S1023193514090122.

A Anhang

A.1 Kausalitätsdiagramme der Prozessschritte

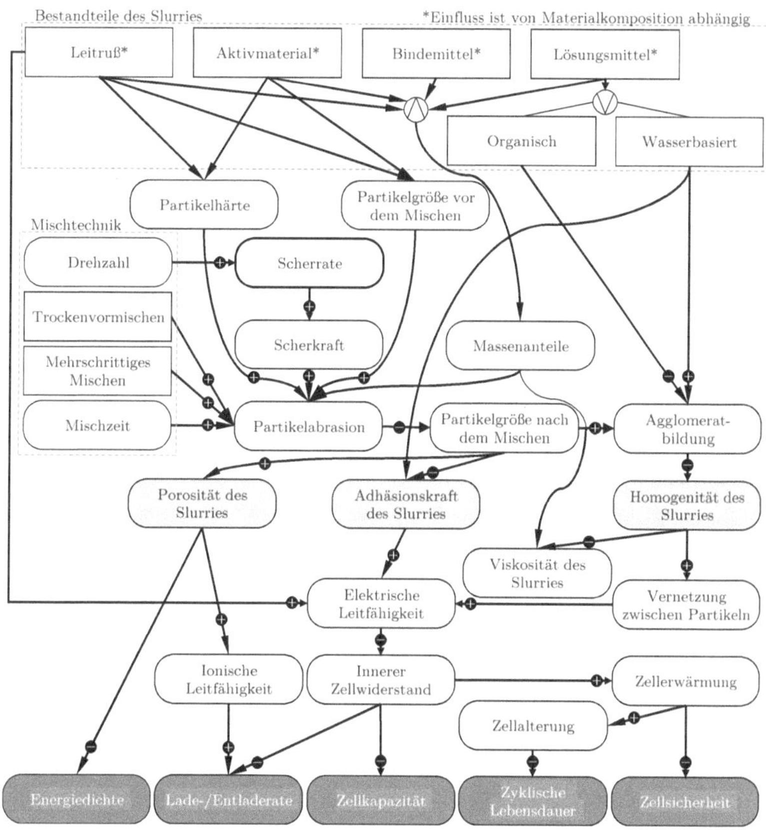

Abb. A.1: Netzgraph des Mischprozesses[542]

[542] Vgl. Wang et al. (Effects of Mixing), 2020, S. 1; Günther et al. (Manufacturing of Electrodes), 2016, S. 308; Bockholt et al. (Intensive powder mixing), 2016, S. 266; Liu et al. (Influence of Rheology), 2018, S. 65, 69

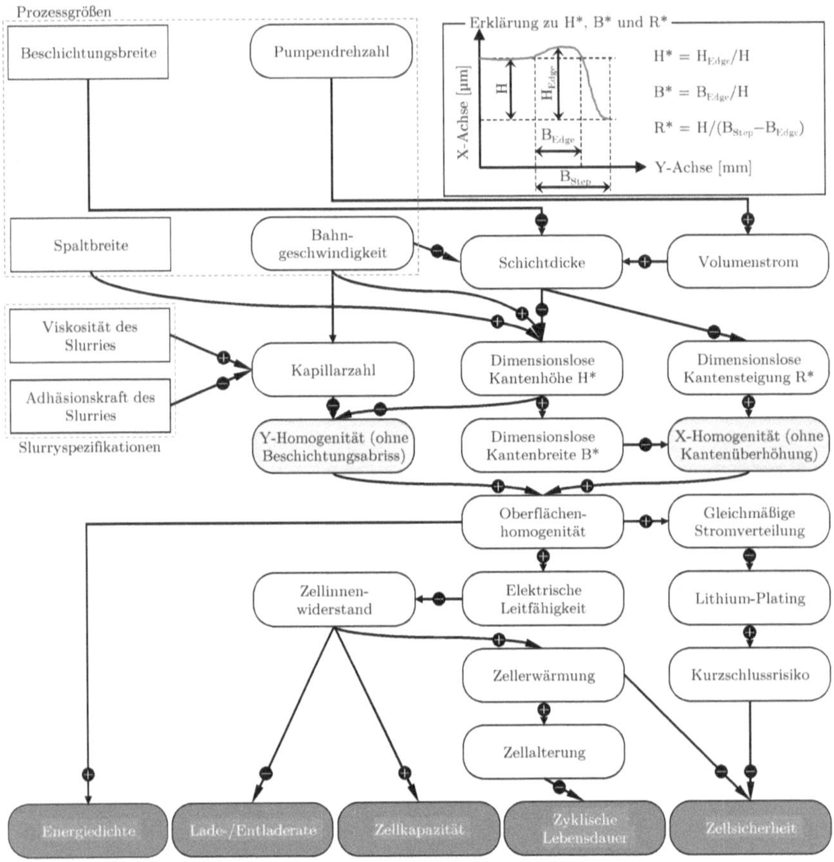

Abb. A.2: Netzgraph des Beschichtungsprozesses[543]

[543] Vgl. Ding et al. (Slot Die Coating), 2016, S. 2509; Reynolds et al. (Electrode Coating Processes), 2021, S. 4; M. Schmitt et al. (Investigation on Edge Effects), 2014, S. 60; M. Schmitt et al. (Processing of Electrodes), 2013, S. 35; X. Ma et al. (Electrode Distance Impact), 2016, S. 312

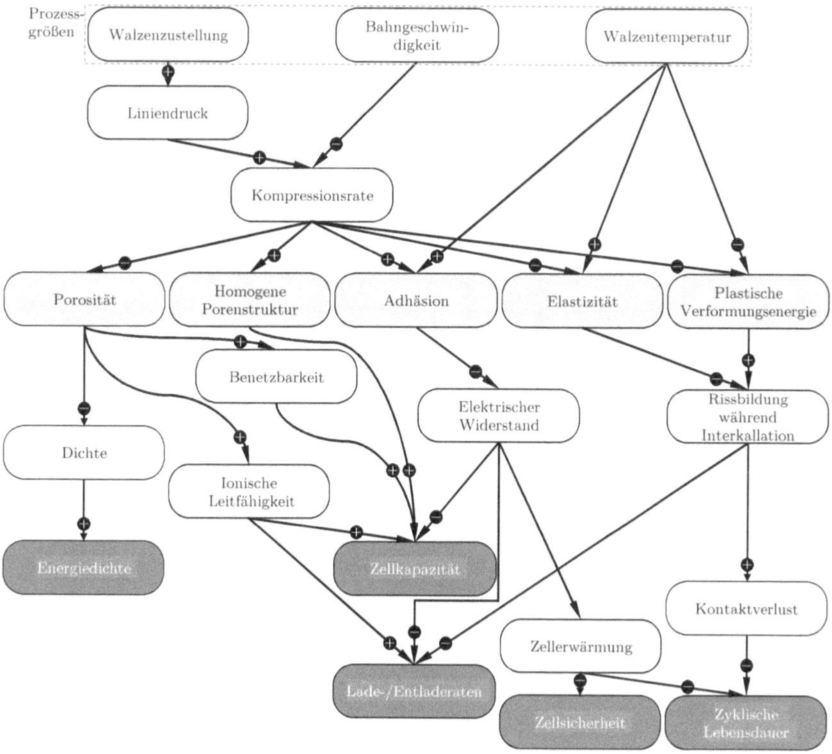

Abb. A.3: Netzgraph des Kalanderprozesses[544]

[544] Vgl. Haselrieder et al. (Impact of Calendering), 2013, S. 59, 65, 66, 68; Meyer et al. (Characterization of Calendering Process), 2017, S. 3, 10; Schreiner et al. (Modeling Calendering Process), 2020, S. 152, 153; H. Zheng et al. (Calendering Effects on Cathode), 2012, S. 54, 56; Sheng et al. (Effect of Calendering), 2014, S. 1, 7

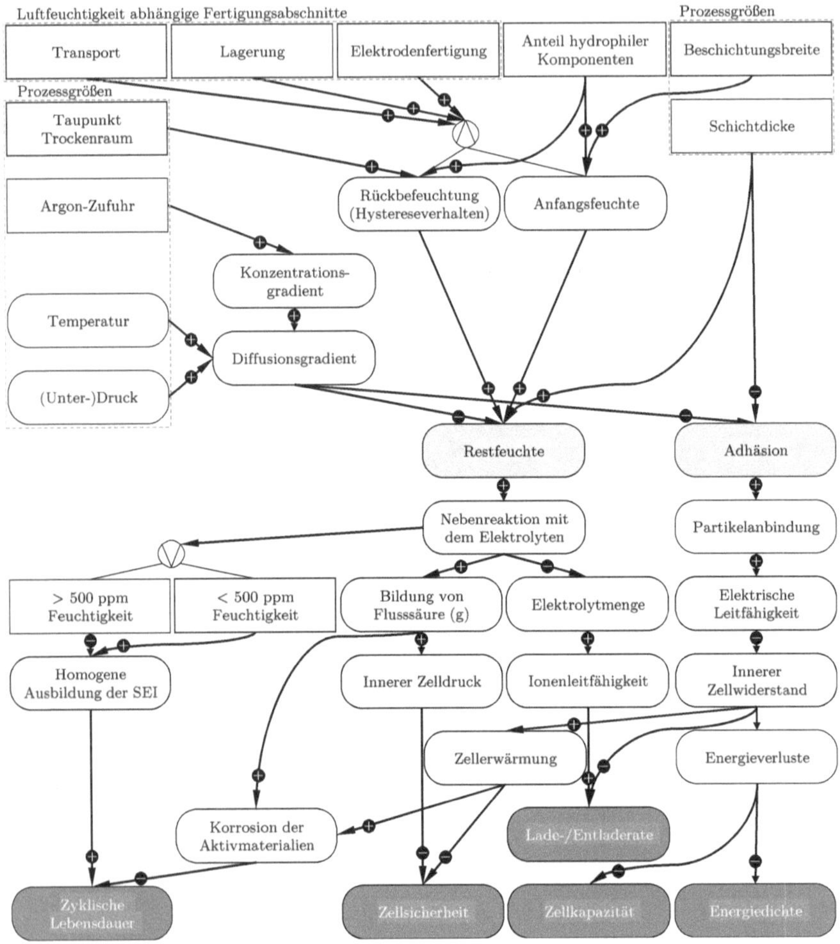

Abb. A.4: Netzgraph des Vakuumtrocknungsprozesses[545]

[545] Vgl. Huttner et al. (Design of Vacuum Drying), 2021, S. 1-3, 5; Zhao et al. (Moisture Vacuum Drying), 2020, S. 245-246; Eser et al. (Hysteresis Behavior in), 2020, S. 6194, 6199

A.2 Qualitätsabhängigkeitsmatrizen der Prozessschritte

Matrixdiagramm lokaler Qualitätsmerkmale		Lokale Qualitätsmerkmale		
		Adhäsion	Homogenität	Porosität
Prozessparameter	Mischzeit	1	1	−1
Prozessparameter	Drehzahl	1	1	−1

Matrixdiagramm globaler Qualitätsmerkmale		Globale Qualitätsmerkmale				
		Energiedichte	Lade-Rate	Zellkapazität	Lebensdauer	Zellsicherheit
Lokale Qualitätsmerkmale	Adhäsion	0	1	1	1	1
Lokale Qualitätsmerkmale	Homogenität	0	1	1	1	1
Lokale Qualitätsmerkmale	Porosität	−1	1	0	0	0

Abb. A.5: Qualitätsabhängigkeitsmatrizen des Mischprozesses

* Nicht direkt im Prozess steuerbarer Prozessparameter, wird durch Prozessgestaltung vorgegeben		Lokale Qualitätsmerkmale	
		Y-Homogenität	X-Homogenität
Prozessparameter	Pumpendrehzahl	1	−1
Prozessparameter	Bahngeschwindigkeit	−1	1
Prozessparameter	Beschichtungsbreite*	−1	1
Prozessparameter	Spaltbreite*	−1	−1
Prozessparameter	Viskosität des Slurries*	−1	0
Prozessparameter	Adhäsionskraft des Slurries*	1	0

Matrixdiagramm globaler Qualitätsmerkmale		Globale Qualitätsmerkmale				
		Energiedichte	Lade-Rate	Zellkapazität	Lebensdauer	Zellsicherheit
Lokale Qualitätsmerkmale	Y-Homogenität	1	1	−1	1	1
Lokale Qualitätsmerkmale	X-Homogenität	0	0	0	0	0

Abb. A.6: Qualitätsabhängigkeitsmatrizen des Beschichtungsprozesses

Matrixdiagramm lokaler Qualitätsmerkmale	Lokale Qualitätsmerkmale: Porosität	Homogene Porenstruktur	Adhäsion	Elastizität	Plastische Verformungsenergie
Prozessparameter: Walzenzustellung	−1	1	1	−1	−1
Bahngeschwindigkeit	1	−1	−1	1	1
Walzentemperatur	0	0	1	1	−1

Matrixdiagramm globaler Qualitätsmerkmale	Globale Qualitätsmerkmale: Energiedichte	Lade-Rate	Zellkapazität	Lebensdauer	Zellsicherheit
Lokale Qualitätsmerkmale: Porosität	−1	1	1	0	0
Homogene Porenstruktur	0	0	1	0	0
Adhäsion	0	1	1	1	1
Elastizität	0	1	0	1	0
Plastische Verformungsenergie	0	−1	0	1	0

Abb. A.7: Qualitätsabhängigkeitsmatrizen des Kalanderprozesses

* Nicht direkt im Prozess steuerbarer Prozessparameter, wird durch Prozessgestaltung vorgegeben	Lokale Qualitätsmerkmale: Restfeuchte	Adhäsion
Prozessparameter: Temperatur	−1	−1
(Unter-)druck	−1	−1
Argon-Zufuhr	−1	−1
Beschichtungsbreite*	1	0
Taupunkt Trockenraum*	1	0
Beschichtungsdicke*	1	−1

Matrixdiagramm globaler Qualitätsmerkmale	Globale Qualitätsmerkmale: Energiedichte	Lade-Rate	Zellkapazität	Lebensdauer	Zellsicherheit
Lokale Qualitätsmerkmale: Restfeuchte	0	−1	0	−1	−1
Adhäsion	1	1	1	1	1

Abb. A.8: Qualitätsabhängigkeitsmatrizen des Vakuumtrocknungsprozesses

A.3 Wiederanlaufmodell in Matlab Simulink

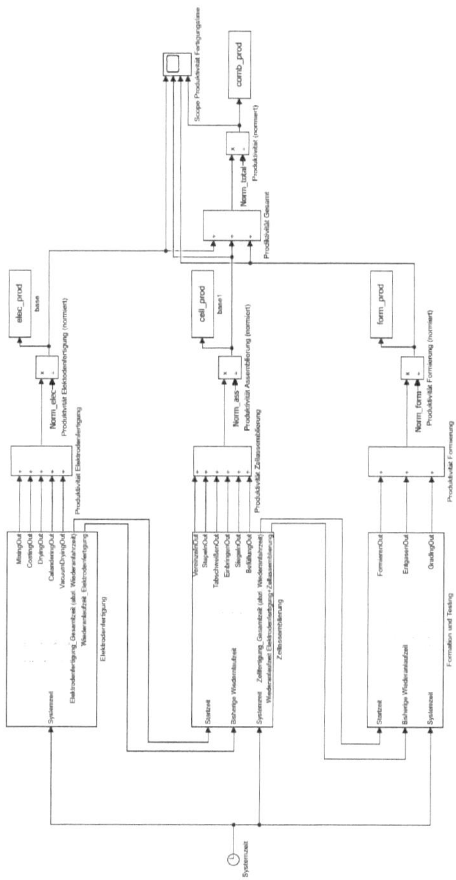

Abb. A.9: Wiederanlaufmodell in MATLAB Simulink

A.4 Prüfstandsaufbau und Parameterset

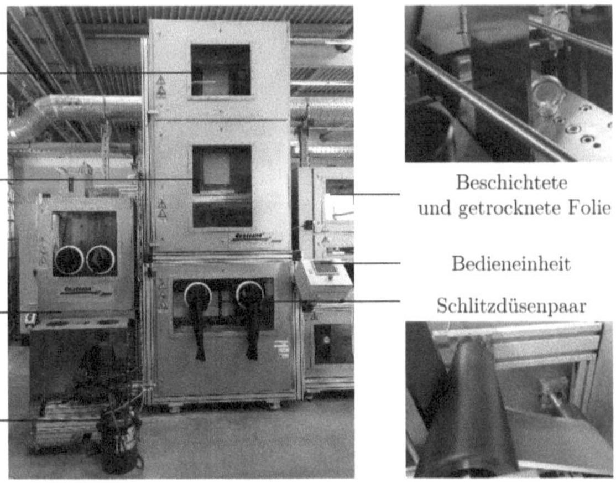

Abb. A.10: Beschichtungsanlage BC 37

Tab. A.1: Beschichtungsanlage BC 37 – Relevante Spezifikation

Eigenschaft	Spezifikation
Substratbreite	Max. 280 mm
Beschichtungsbreite	Max. 250 mm
Walzenbreite	300 mm
Lösemittel	Wasser und NMP
Maschinengeschwindigkeit	0,2-5 $\frac{m}{min}$
Zugspannung	25-250 N
Trocknertemperatur IR Trockner	60 bis 170 °C
IR Einheiten im Trockner	3 auf jeder Seite
IR Leistung	1,2 kW je Einheit
länge Trockenereinheit	1300 mm
Gesamtlayout	IP 54

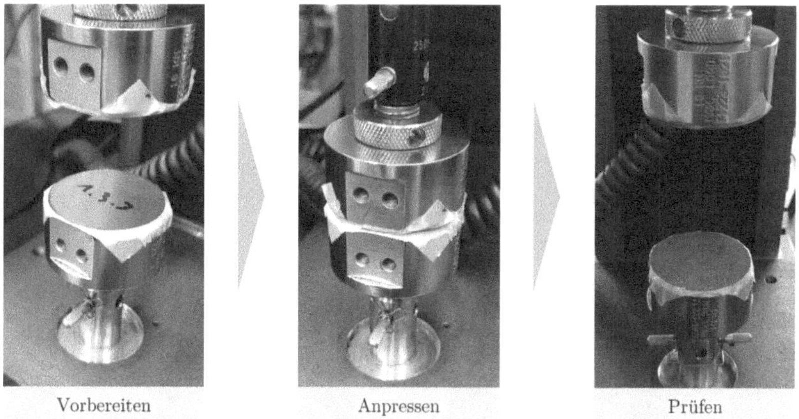

Abb. A.11: Adhäsionsprüfung mit der Zugprüfmaschine

Tab. A.2: Gemessenes Parameterset der Adhäsion im Prozessschritt Trocknen

Ver.-Nr.	Bahngeschwindigkeit [m/min]	Behälterdruck [bar]	Beschichtungsdicke [μm]	Adhäsion [N]
1	0,3	3,0	139	1220
2	0,4	3,0	124	1220
3	0,4	2,5	67	1425
4	0,5	2,5	75	1330
5	0,5	4,0	135	1175
6	0,6	4,0	127	1300
7	0,7	3,0	69	1675
8	0,8	3,0	74	1480
9	0,9	4,0	128	1120

Tab. A.3: Mittels Regressionsanalyse erzeugtes Parameterset der Elektrodenfertigung

Ver.-Nr.	Bahngeschwindigkeit [m/min]	Beschichtungsdicke [μm]	Adhäsion [N]
1	0,3	139	1220
2	0,4	..	..

In der Reihe **Ergebnisse aus der Elektromobilproduktion** zuletzt erschienen:

Kehrer, Mario:
Methodik zur Gestaltung des Wiederanlaufs der Lithium-Ionen-Batteriezellproduktion
ISBN 978-3-98555-192-7
Erscheinungsdatum: 18.12.2023

Kraus, Andreas:
Anwendungsorientierte Methodik zur frühzeitigen Integration datenbasierter Ansätze in die Anlaufphase disruptiver Produkte
ISBN 978-3-98555-179-8
Erscheinungsdatum: 13.11.2023

Treichel, Patrick-Emanuel:
Hybride Prototypen im Anforderungsmanagement disruptiver Produktionstechnik der Elektromotorenproduktion
ISBN 978-3-98555-166-8
Erscheinungsdatum: 28.08.2023

Offermanns, Christian:
Reduzierung der Fertigungsprozesszeit von Lithium-Ionen-Batteriezellen durch eine parametergestützte Analyse der Formierung in der Batteriezellproduktion
ISBN 978-3-98555-156-9
Erscheinungsdatum: 17.04.2023

Edition Wissenschaft
Apprimus

Bührer, Ulrich Tobias:

Methodik zur proaktiven Integration von Data Analytics in die Serienfertigung

ISBN 978-3-98555-104-0
Erscheinungsdatum: 25.08.2022

Kawollek, Sebastian:

Systematische Gestaltung additiv gefertigter Vorrichtungen für die Automobilmontage

ISBN 978-3-98555-101-9
Erscheinungsdatum: 22.08.2022

Hehl, Fabian:

Resiliente Baukastengestaltung durch Risikomanagement in der Automobilindustrie

ISBN 978-3-98555-085-2
Erscheinungsdatum: 23.06.2022

Schön, Christoph:

Gestaltung und Bewertung von skalierbaren Technologieketten für die Großserienproduktion von Brennstoffzellen

ISBN 978-3-98555-056-2
Erscheinungsdatum: 23.03.2022

FSC
www.fsc.org
MIX
Papier | Fördert
gute Waldnutzung
FSC® C083411

Zeitfracht Medien GmbH
Ferdinand-Jühlke-Straße 7
99095 Erfurt, Deutschland
produktsicherheit@kolibri360.de